The Construct of Time Studies

時間学の構築V

宇宙と時間

山口大学時間学研究所

恒星社厚生閣

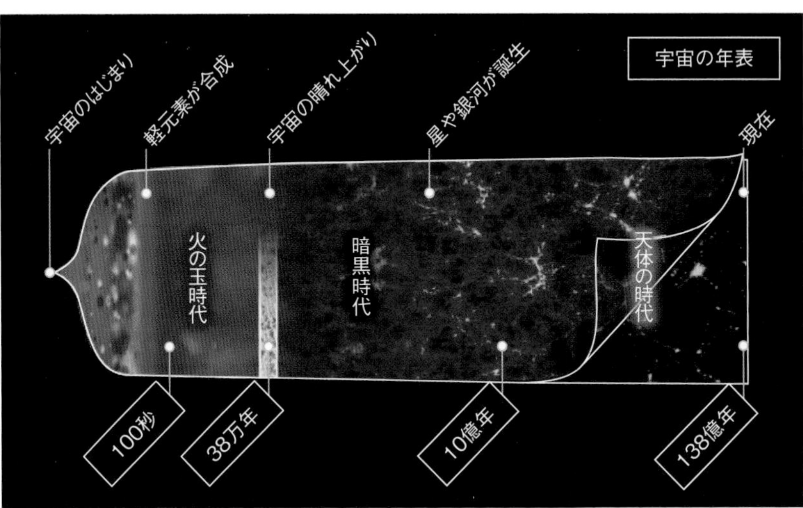

図1・1　宇宙の年表　©ESA–C. Carreau（一部改変）.

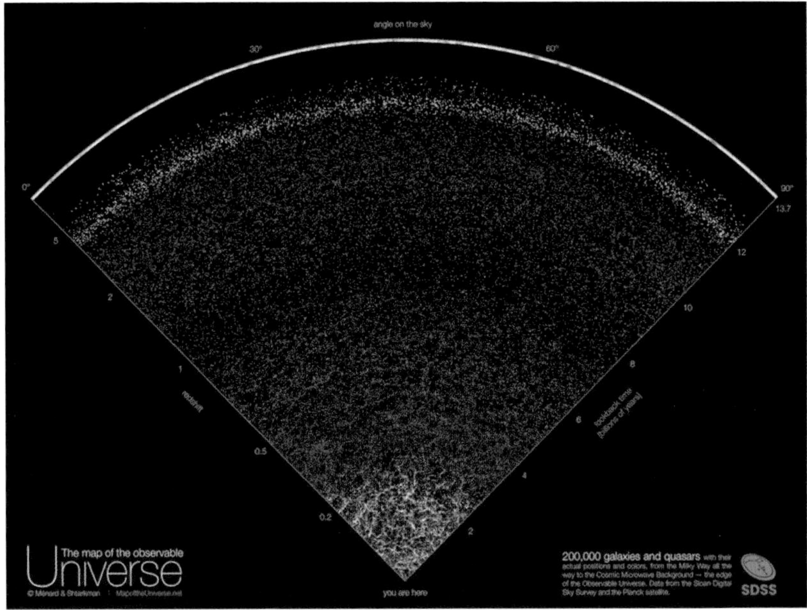

図1・2　スローン・デジタル・スカイサーベイ（SDSS）による銀河の地図. ©B. Ménard, N. Shtarkman.

第1章

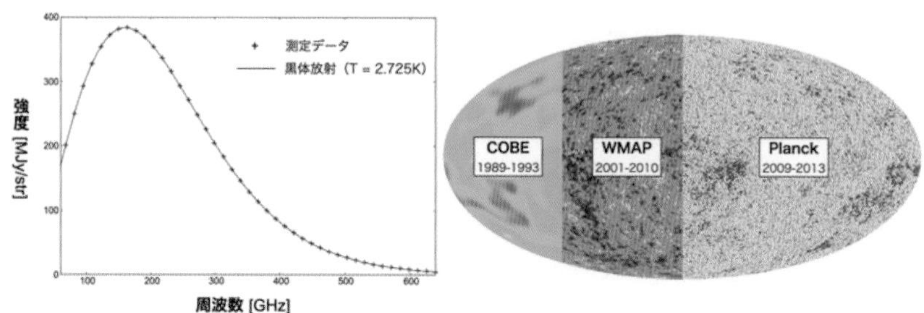

図1・5　宇宙マイクロ波背景放射の周波数依存性（左）と温度異方性（右）. ©COBE/WMAP/PlanckのHP掲載のデータや図より作成.

コラムII

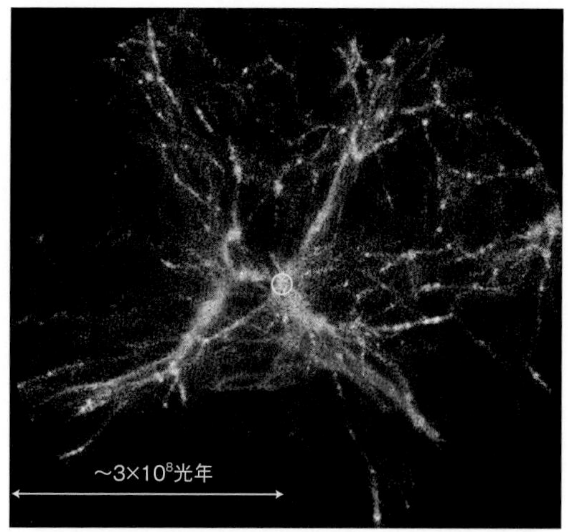

図II・1　コンピューターシミュレーションによって得られた網の目状の宇宙の大規模構造. 色はダークマターの分布を表し, 濃いところほど密度が大きい. ビッグバン時のごくわずかな密度の揺らぎが, 自身の重力により成長することにより数億年後にはこのような分布ができる. 網の目が交差する中心部（円で囲った部分）が一番星誕生の舞台となる（提供：京都大学, 喜友名正樹氏）.

第2章

図2・2
ジェイムズ・ウェッブ宇宙望遠鏡で撮影された惑星状星雲M57（こと座のリング星雲）の近赤外線画像.
©ESA/Webb, NASA, CSA, M. Barlow (UCL), N. Cox (ACRI-ST), R. Wesson (Cardiff University).

第3章

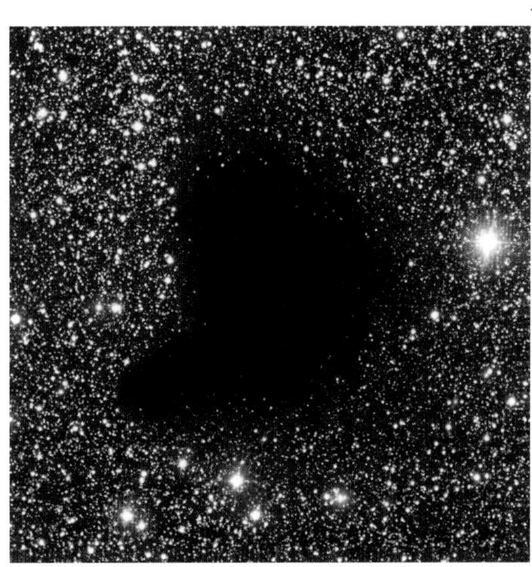

図3・2
VLT 8.2 m望遠鏡で撮影された高密度コアB68の可視光と赤外線の合成画像. 密度が高い分子雲コアでは, 濃いダストによって赤外線でも透過できない赤外線暗黒星雲としても認識される. 暗くなって見えている高密度コア部分の大きさはおよそ0.1光年程度となっている.
©ESO (https://www.eso.org/public/images/eso0102a/).

第3章

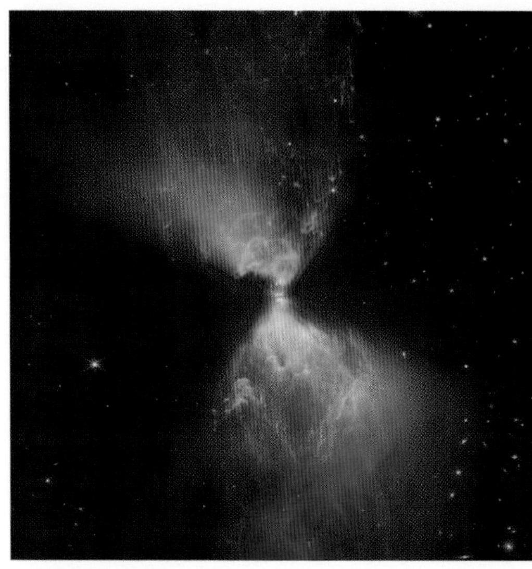

図3・3
ジェイムズ・ウェッブ宇宙望遠鏡で撮影された原始星L1527からのアウトフローの近赤外線イメージ．中心のくびれた部分に見える横向きの黒い筋がダストで光が遮られる円盤を真横から見ているシルエットであり，そこから上下方向にガスが広がりながら噴き出されている．視野は1辺が0.3光年に相当する．
©SCIENCE: NASA, ESA, CSA, STScI, IMAGE PROCESSING: Joseph DePasquale（STScI），Alyssa Pagan（STScI），Anton M. Koekemoer（STScI）(https://webbtelescope.org/contents/media/images/2022/055/01GGWCXTEXGJ0C3FWSCB3SDBV5?page=4&filterUUID=91dfa083-c258-4f9f-bef1-8f40c26f4c97)．

図3・4
大型ミリ波サブミリ波干渉計アルマ望遠鏡が観測したクラスII天体(おうし座T型星)のおうし座HL 星の周囲に広がるダストの円盤．円盤の半径は約100天文単位であり，その内側には明るいリングと暗いギャップが同心円状にならぶ構造が明らかにされている．
©ALMA（ESO/NAOJ/NRAO）; https://www.eso.org/public/images/eso1436a/

コラムⅢ

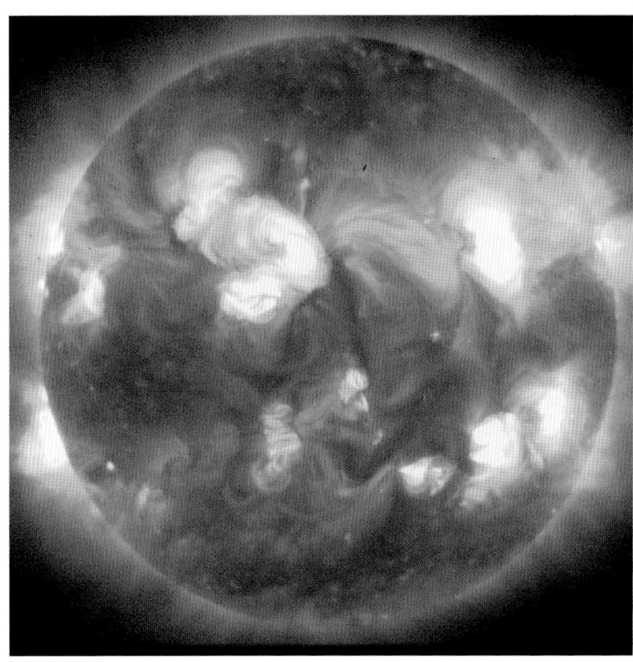

図Ⅲ・1
ひので衛星X線望遠鏡が捉えた太陽コロナのX線画像（2011年11月11日撮影）。©国立天文台/JAXA

第6章

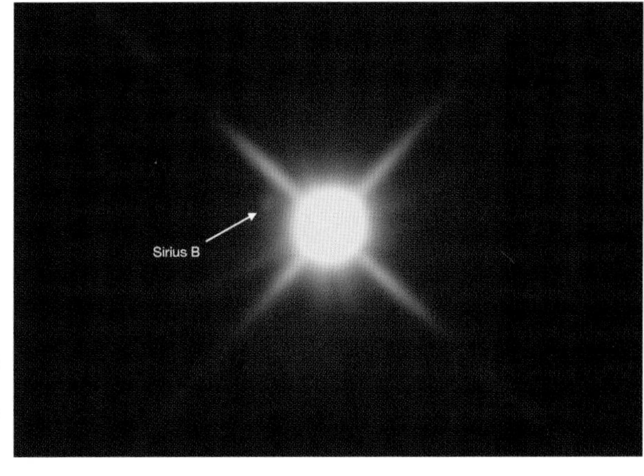

図6・1
シリウスとその伴星の画像. ©国立天文台.
(https://www.nao.ac.jp/gallery/stellar.html).

第6章

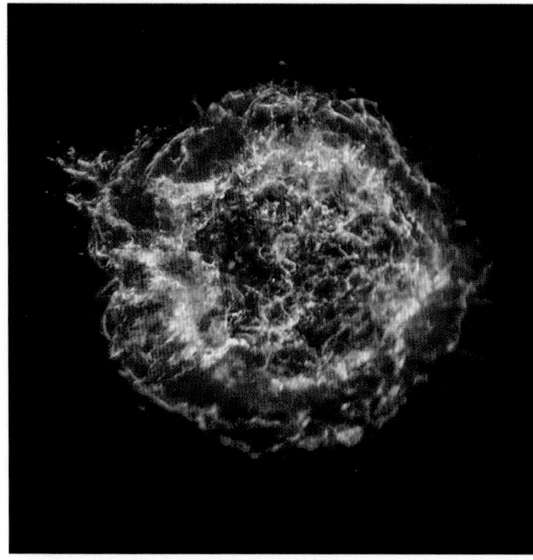

図6・6　米国の宇宙X線衛星Chandraが観測した超新星残骸Cassiopeia Aの画像. ©NASA/CXC/SAO）（https://chandra.harvard.edu/photo/2017/casa_life/）.

第7章

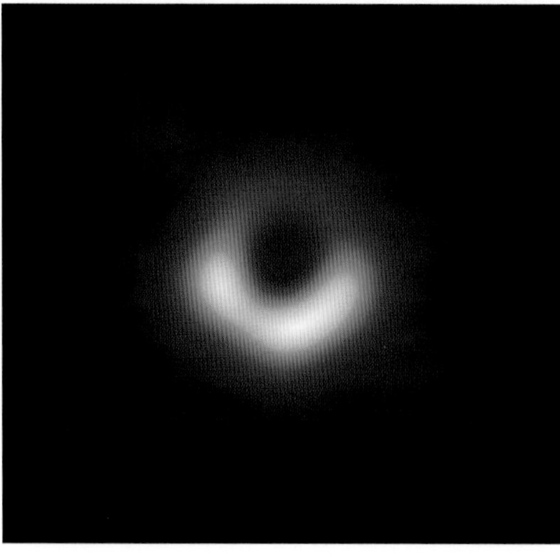

図7・5　EHTが撮影した楕円銀河M87の中心にある巨大ブラックホールの姿. ©Event Horizon Telescope Collaboration.

目次

第3章 廣田朋也
星・惑星の形成と太陽系の起源 069

第4章 佐々木貴教
地球が「生命を宿す惑星」になるまで 095

第5章　大路樹生
地球の歴史と生物の進化　123

コラムⅢ　太陽と地球の将来　浅井 歩　151

コラムⅣ　系外惑星のハビタビリティーと時間　藤井友香　157

第9章　細川瑞彦
時間計測精度の向上がつなぐ人と宇宙　253

コラムⅧ　文化人類学とコスモロジー　山口 睦　275

索引　281

執筆者一覧　285

あとがき　289

時間学の構築Ⅴ
宇宙と時間

序章

『宇宙と時間』

はじめに

嶺重 慎

本書は、山口大学時間学研究所がお届けする「時間学の構築」シリーズ第Ⅴ巻として企画された。「宇宙」がテーマの小論集であるが、ひも解けば、対象も手法も、そして「時間」との関わり方においても多岐にわたることを感じ取っていただけるだろう。多様性こそがまさに本書の一大特徴であり、編者が構想を練っている段階から感じていることでもある。編者がいかにわくわくした思いに満たされ、本書の編集を進めてきたか、その興奮をそのままお伝えしたいと願うばかりである。

何が多様か？ まずは扱う「時間スケール」の多様性である。われわれは時間を計測するにあたり、対象ごとに、あるいは現象ごとに、最適の物差しを用意する。その物差しの長さを「時間スケール」と呼ぶ。たとえば、宇宙の進化(銀河や星・惑星の形成と進化)を記述するには、数百万年とか数十億年という時間スケールを考える(第２～５章、コラムⅡ、Ⅳ)。しかしながら、宇宙初期の進化を記述するには、それでは長すぎる、数分、数秒、いや１秒以下の時間スケールで状態が変移する(第 1章)。一方でコンパクト天体という日常感覚を超えた極限天体では、ミリ秒単位の短い時間が流れている(第６～７章)。ちなみに人間の生きる時間スケールはたかだか数十年である(これは、「宇宙と時間」を研究するうえで重要なファクターとなる)。では、文明の存続時間は？ コラムⅤを参照されたい。

宇宙の中の多様な時間の流れは、多様な空間スケールとも密接に関連する。参考のため、宇宙に関わる代表的な空間スケールを**表0・1**にまとめた。中でもpc(パーセク)[注1)]は天文学でよく用いられる単位である。宇宙の長さスケールはしばしば「光の速さでかかる時間」で表されるが、1 pcは光速で約3.3年かかる距離(3.3光年)に相当する。

表0・1 宇宙のさまざまな長さスケール

記号	天体の諸量	長さスケール	光速でかかる時間
	中性子星半径	10 km(10^4 m)	0.03ミリ秒
R_s	シュバルツシルト半径(恒星質量ブラックホール)	30 km(3×10^4 m)	0.1ミリ秒
	地球半径	6400 km(6.4×10^6 m)	0.02秒
$R_\odot$	太陽半径	70万km(7.0×10^8 m)	2.3秒
1 au	天文単位(太陽・地球間距離)	1億5000万km(1.5×10^{11} m)	500秒
R_s	シュバルツシルト半径(大質量ブラックホール⁺)	200 au(3×10^{13} m)	10^5秒(約1日)
1 pc	星と星の平均距離*	3×10^{16} m	3.3年
10 kpc	銀河半径*	3×10^{20} m	3.3万年
1 Mpc	銀河と銀河の距離*	3×10^{22} m	330万年
4.3 Gpc	宇宙(地平線)半径**	1.3×10^{26} m	138億年

+質量が太陽質量の10^{10}倍として計算. /*いずれも典型的な値を示す. /**宇宙膨張を考慮するとさらに大きな領域まで見通せる.

注1)地球の太陽周りの公転に伴い、地球から見た星の見かけの位置(方向)は微妙に変化する。その変化量の半分が1秒角(1度の1/60の1/60)となる距離をいう。

ところで、同じ天体の中でもさまざまな時間が流れている。たとえば太陽、太陽はいつも同じように光っているように見えるが、実際にはさまざまな時間スケールで変動している。太陽表層はおよそ5分の時間スケールで振動しており、太陽フレアと呼ばれる太陽表面の爆発現象は数時間の時間スケール、太陽黒点数の増減の周期はおよそ11年だ。一方、太陽の進化の時間スケールは数十億年と長大である(コラムⅢ)。地球だって、ウィルソンサイクル(数億年)やミランコビッチサイクル(数万年～数十万年)など複数の時間スケールをもっていたことが知られているし(第5章)、ここ数十年で地球温暖化が顕著になってきたことはわれわれの一大関心事である。

第二の特徴は、時間がさまざまな「様態」として現れてくることだ。先に例示した「時間スケール」は、宇宙の現象を「特徴づける時間」といえる。時間はまた、「道具としての時間」ともなる。すなわち、空間を測るときに、(空間を光速で割り算して)時間に換算して測定するということがある。これがVLBI観測である(コラムⅦ)。さらに時間は「用いるもの」「守るもの」であり、暦はその好例である(第8章)。時間はまた、物理現象の進行を特徴づける「パラメータ」ともなる。たとえばブラックホールに流れる時間、それはその大きさ(あるいは質量)に比例する[注2)]。天の川銀河(銀河系)にあまた存在する恒星質量ブラックホールの時間スケールはミリ秒～数週間であり、その5～9桁重い「大質量ブラックホール」の時間スケールは、数時間～数万年(以上)である。何桁も異なる時間スケールの現象が、同じ物理方程式で表すことができるのだ[注3)]。

第三に「時間」と「空間」との密接な関係が挙げられる。時間と空間は交じり合う！これはアインシュタイン理論(相対性理論)から導き出された、現代天文学(物理学)における最重要知見の1つである(第1章、第7章、第9章、コラムⅠ)。

注2)回転していないブラックホールの大きさ(半径)であるシュバルツシルト半径は $2GM/c^2$ と表され(G は万有引力定数、M はブラックホール質量、c は光速)、最も基本的な時間スケールはそれを光速で割った $2GM/c^3$、すなわち質量 M に比例する。

注3)同様の例は宇宙に遍在している。たとえば動的時間(自己重力に関わる時間)。これは天体の平均密度を ρ として $\sim(G\rho)^{-1/2}$ で表され、中性子星($\rho\sim10^{14}\,\mathrm{g/cm^3}$)でミリ秒、太陽($\rho\sim1\,\mathrm{g/cm^3}$)で1時間、宇宙($\rho\sim10^{-29}\,\mathrm{g/cm^3}$)で100億年となる。20桁異なる時間が1つの数式で表される。

その関係を突きつめることにより、タイムトラベルの可能性まで論じられているのだ(コラムⅥ)。

さて、「時間」と「空間」が関連しているのなら、宇宙(という空間)の誕生は、時間の誕生ともつながり合っているのではないか？ 然り、本書は「時間が生まれる」といったテーマも扱う。宇宙に関する一般講演をすると、よく「宇宙の年齢は有限ですか、無限ですか」と訊かれる[注4)]。現代天文学はこの問いにどう答えるのだろうか？ 第1章およびコラムⅠを参照されたい。

第四の特徴は、「物理学的時間」だけではなく、「生物学的時間」がところどころに顔を出していることである[注5)]。これは、「地球と生命の共進化」(第5章)および生物の中の「時計遺伝子」(第9章)に如実に現れている。かつて(20世紀半ば～後半)は物理帝国主義、という言葉も生まれるほど、自然科学の発展を物理学がリードしてきた(DNAの発見といった生物学上の重要な発展もあったのだが)。しかし今世紀に入り、生物学も急速な進展を遂げている。そもそも、物理学と生物学とは、(自然科学としての共通点はあるものの)その基盤となる考え方が大きく異なる。両者を橋渡しすべく発展した「複雑系の物理」の探究は、そのギャップを象徴するスローガンを掲げた。曰く"More is different"[注6)]。かつて、物理現象には基本となる時間スケールや空間スケールが存在し、それらを指定すると物理的ふるまいが定まり、その単純な足し合わせでおよその物理現象が理解できる、と思われていた[注7)]。しかし、実際はそうはならなかった。ミクロスケールの物理を足し合わせても(ブロックを積み上げても)マクロスケールの現象は理解できなかったのだ[注8)]。これが、物理学的自然(宇宙)観と、生物学的

注4)哲学者I.カントは、『純粋理性批判』の中で、「世界(宇宙)は時間的な始まりをもつか、もたないか」という問いを、「世界は空間的に有限か、無限か」の問いとともにアンチノミー(二律背反)の例として提出した。有限と仮定しても、無限と仮定しても矛盾が生じる、というのだが、さて、その証明は正しいだろうか？

注5)物理学的時間スケールは(多くの場合)時間反転可能であるが、生物学的時間スケールは時間反転できない(時間の向きが決まっている)。もっとも、物理学的時間といっても、力学方程式は時間反転可能だが、熱力学方程式はそうではない。エントロピーは増大するのだ(コラムⅠ参照)。

注6)ノーベル物理学賞受賞のP.アンダーソンの言葉。

注7)だから、より根本となる素粒子スケールにまで細かくしていき、その素粒子現象が理解できれば、その「足し合わせとして」すべての自然現象が説明できると人々は考えたのだ。

自然(宇宙)観の差を生み出す[注9]。

第五の特徴は、「宇宙における時間」の探究は、「それをどう計測するか」というチャレンジの歴史でもあることだ(第9章)。現在流れる時間は、工夫すれば計測可能である。しかし、光の速さでも数万年、数億年かかるかなたの天体を流れる時間はどうすれば計測できるのか? それはたとえば、大きさと速さがわかれば、割り算して時間が求まる。では大きさや速さはどう計測するのか? 天文学では創意工夫を凝らして、大きさ、距離、速さを測定し、遠くの時間を計測してきた。そのような例を、各章でみることができる。

第六の特徴として、こうした宇宙の現象を研究する天文学者・地球物理学者の過ごす時間も、本書の根底を流れる大事なテーマであることだ。なぜなら、われわれが宇宙を探究する時間スケールは、われわれ自身の時間スケールに準拠するからだ。われわれは、その寿命である数十年を超えた時間スケールの現象を「実感する」ことは難しい。いや、それでも方策はある。天文学・地球物理学研究のデータが残されている数百年の時間スケールの現象もまな板にのる[注10]。

時間は、138億年前に「生まれ」た後、継続して宇宙の現象を「支配」してきた。一方で人間は時間を「計測」し、「利用」して宇宙の探究にいそしんできた。本書はその全貌……とまではいかないが、「宇宙と時間」というテーマの一端を垣間見る、希有な機会を読者に提供することであろう。

さて、最後に「宇宙と時間」に関して2つのことを指摘しておきたい。

1つ目は、「われわれが今、ここに生きている」ということと、宇宙における時間の流れがうまくマッチしていることである。さまざまな実例があるが、その1つは「恒星進化の時間」である。どういうことか。恒星進化の時間はその質量により大きく異なることがわかっている。たとえば太陽質量の恒星進化時間は

注8)各構成要素が「非平衡開放系」である場合、全体は個々の単純な足し合わせにはならない。興味をもたれた方は、「複雑系の科学」の関連書物を参照していただきたい。

注9)決して「どちらが正しいか?」という問題ではない。

注10)20世紀後半、日本の「ぎんが」X線天文学衛星は、恒星質量ブラックホールが突然明るく光る「ブラックホールX線新星」を次々と発見した。その現象は1回限りの現象か、それとも過去にあったのか? 100年にわたって記録されたパロマ天文台の写真プレートを精査した結果、同様の増光現象が、数十年ごとに起こっていたことが確認された。

100億年だが、10太陽質量の恒星の進化時間はわずか数千万年だ[注11]。もし太陽の進化時間(赤色巨星になるまでの時間)が数千万年だったらどうだろう？ 答えは、「われわれはここにいない」だ。というのも、地球上で生命が生まれて人間に進化するまで数十億年の時間が必要だからだ(われわれ人間どころか単細胞生物もいないだろう)。逆に、もし10太陽質量の恒星の進化時間が100億年だったらどうか？ 答えはやはり「われわれはここにいない」だ。というのも、われわれがここにいるのは、大質量星がつくる重元素が宇宙に広く充満する時間が必要だからだ(われわれの体は、大質量星が生成した重元素で満ちており、その体をつくるには、大質量星が短い時間で重元素をつくっては超新星爆発で周囲にばらまく必要がある、第2章)。

このように、宇宙に流れる多様な時間が、結果的にわれわれの存在をサポートするかのようにさえ思えるのだ[注12]。

2つ目は、宇宙の時間の流れには2通りありそうだということだ。ゆったりとした時間の流れ(物理の言葉で「準静的現象」)と、激しい状態変化を伴う時間の流れ(物理の言葉で「相転移」ないしは「突発的現象」)である[注13]。後者は「カタストロフィ」といってもよいだろう。カタストロフィとは、無限小の変化が有限の変化を生み出すことをいい、それは科学の分野だけでなく、人間社会にもしばしば見られることは、読者もおわかりだろう。

ふとある言葉が浮かびあがってきた。C. レヴィ＝ストロース著『野生の思考』に登場する「冷い」社会、「熱い」社会という言葉である。彼は、発展・進歩・生産性を旨とする現代社会(「熱い」社会)に対し、未開部族の社会を「冷い」社会と呼ぶ[注14]。

> 「冷い」社会は、自ら創り出した制度によって、歴史的要因が社会の安定と連続性に及ぼす影響をほとんど自動的に消去しようとする。熱い社会の方は、歴史的生成を自己のうちに取り込んで、それを発展の原動力とする。〔…〕さらに、史的連鎖にもいくつかの型を区別しなければならない。ある種の史的連鎖は、持続〔時間〕の中にあるとは言うものの、回帰性をもっている。たとえば四季の循環、人間の一

生の循環、社会集団内の財物と奉仕の交換の循環などがそれである。〔…〕「冷い」社会の目的は、時間的順序が連鎖それぞれの内容にできるだけ影響しないようにすることである。

本書のテーマは、宇宙であって、人間社会ではないのだが、お読みいただくと共通点を見出せるかもしれない(と期待する)。超新星など見るからにどんどん形を変える天体もあれば、みかけ上ほとんど変化しないが、内実は活動性で満ちている天体もある。実際、数千万年・数億年で「進化」する天体も、われわれの生きる時間で探究してみると、「史的連鎖」に満ちているものの、カタストロフィックな変化はうまく避けられていることがわかる。こうした視点をもって、宇宙に流れるさまざまな時間を考えてみるのも一興であろう。

注 11)数式で表すと、およそ(進化時間)＝100 億年×(星質量/太陽質量)$^{-2.5}$。

注 12)決して「われわれ人間が存在するために宇宙における時間の流れがこのように定められた」という人間至上的な主張をしているのではない。「今、われわれがここにいる」宇宙が実現する条件の1つがここにある、と主張しているのである。仮に「われわれが存在しない」宇宙があったとしても、われわれはそれを知らない。知らない宇宙を考えることは、(実証を旨とする)科学の探究とはいえない。

注 13)科学研究の進捗においても2つの時間の流れがあることをT.クーンが指摘した(T.クーン 1971)。通常の発展と「パラダイム変換」を伴う革命的発展である。

注 14)決して「冷い」社会を、「冷え冷えとした人間関係の社会」と誤解しないよう注意されたい(C. レヴィ＝ストロース 1976)。コラムⅧも参照されたい。

参考文献

レヴィ＝ストロース, C., 1976 , 『野生の思考』(大橋保夫訳)みすず書房, pp.280-281 .

Kuhn,T.S.,(中山 茂訳), 1971 , 『科学革命の構造』みすず書房.

第1章

宇宙の始まり

齊藤 遼

1. 現代宇宙論:『宇宙の始まり』の科学

時間をどこまでも遡っていったら、どうなるのだろうか。それ以上遡れない始まりの瞬間、つまり宇宙の始まりはあるのだろうか。こうした疑問は誰もが持つものだろう。しかし、同時に、この疑問は思弁的だと感じたのではないだろうか。科学的ではないといい換えてもよい。答えはきっとあるだろう。だが、考えたところで確かめようもなさそうだ。これは20世紀中頃までの大勢の科学者たちの態度でもある。20世紀を代表する物理学者であるS. ワインバーグの言葉を借りれば、「初期の宇宙の研究は、立派な科学者が時間を割くべき種類の問題ではない」と一般には考えられていた(Weinberg 1993, 小尾訳 2008)。これは、ワインバーグが1950年代当時の状況を振り返って述べた言葉だ。しかし、現代では状況は大きく変わっている。われわれの宇宙がいつ誕生したのか、そして時間を遡った初期の宇宙で何が起こったのか、こうした疑問にも科学的アプローチが可能だと現代の科学者たちは考えている。宇宙の始まりについて科学的に探求する学問は、「現代宇宙論」と呼ばれる。もしくは、対応する英語を直訳すれば、「物理的宇宙論」(physical cosmology)という。「宇宙の始まり」と題した本章では、現代宇宙論が誕生間もない宇宙の姿をどのように明らかにしてきたのか、そして現在どこまで宇宙の誕生についてわかっているのか、最新の観測結果を交えて紹介する。“物理的”宇宙論の別名が示すとおり、現代宇宙論において重要な役割を演じているのが物理学である。本章を通して、身近な現象の理解を突き詰めていくことが、広大な宇宙の歴史を知ることにつながるという驚きを伝えられたらと思っている。

まず、現在明らかとなっている宇宙史の一部を概観しておこう(**図1・1; 口絵**p. iii)。左から右に宇宙で起こった出来事が年代順に記されている。まず現在に対応する右端に目を向けると、現在は宇宙誕生後138億年が経過していると推定されている。そして、左に時間を遡っていくと、星や銀河が誕生する時期が現れる。宇宙が誕生して2～3億年頃には、最初の星や銀河が誕生していたと考えられている。これより前の宇宙には光を放つ天体が存在していなかったため、宇宙の「暗黒時代」と呼ばれる。さらに暗黒時代を左に向かって、宇宙誕生後38万年頃まで遡る。すると、宇宙空間を浮遊する原子は、その構成要素である電子と原子核に分かれてプラズマ化する。暗黒時代とはうってかわって、熱いプラズマと光で宇宙は満たされる。このときのプラズマの温度は3000度を超え、宇宙全体がまさに“火の玉”のような状態になる。現在の宇宙とは、似ても似つかない姿である。光はプラズマ中を直進できないため、プラズマで満たされた“火の玉”宇宙は、まるで雲の中にいるかのように見通しが悪い。そのため、プラズマで満たされた状態から暗黒時代に移り変わる時期を「宇宙の晴れ上がり」という。そして、さらに遡って宇宙が誕生して数分頃になると、プラズマの温度は10億度近くにも達する。このような高温下では、原子核でさえ陽子と中性子に分かれてしまう。われわれを構成する原子が宇宙で初めて合成された瞬間である。

古代の時代から同じ位置で輝く星々を見ていると、宇宙は変わることのない静的なものだという印象を受ける。しかし、このように見ていくと、生物が進化の過程で姿を変えてきたように、宇宙も時代ごとにまったく異なる姿をしていたことがわかる。この動的で進化する宇宙像は、いかにして見出されたのだろうか。その発見の契機は、今から100年ほど前、当時26歳の青年であったA. アインシュタインによる時空(時間と空間)概念の変革に遡る。そこで、青年アインシュタインが見出した時空の物理学「相対性理論」について、まずは見ていくことにしよう。

2. 相対性理論：動的な宇宙の発見

現代宇宙論の出発点となったのは、相対性理論による「動的な宇宙」の発見である。本節では、アインシュタインの相対性理論がもたらした重要なアイデアを紹介し、相対性理論が動的な宇宙をいかに導き出すかを見ていこう。

2-1. 特殊相対性理論：時空概念の変革

われわれは普段の生活の中で、自身の運動状態によらず、時計は同じように時を刻んでいると考えている。電車に乗る際に、外で待つ相手の時計とずれてしまうことを心配する人はいないだろう。物差しで長さを測る場合も同様である。こうした素朴な時空の概念に対して異を唱えたのが、若き日のアインシュタインである。

アインシュタインが少年時代を過ごした19世紀後半は、電磁現象に対する理解が大きく進んだ時代であった。イギリスの物理学者J. マクスウェルは、それまで経験的に得られていた電場と磁場の法則を整理し、光は電場と磁場の振動が波として伝わる現象「電磁波」であることを1864年に予言していた。この予言は、アインシュタインが9歳になる1888年にH.ヘルツによって実証されていた。しかし、光が波であるとすると、1つ奇妙な点があった。われわれに馴染みのある波は、媒質の一部で起こった振動が次々と周囲に伝わる力学的な現象である。たとえば音は、媒質である空気の振動が伝わる現象だ。このような現象を媒質に対して相対的に運動する人が観測すると、媒質が移動しているように見える。そして、振動が伝わる速さはその分だけ変化する。しかし、相対運動に伴う光の速度変化を検出しようと行われた試みは、すべて失敗に終わっていた。光を音と同様に力学的に理解しようとした当時の人々にとって、これは大きな問題であった。ここで登場するのが、当時26歳であったアインシュタインである。彼は、光の速さが観測者の運動状態によらないことを出発点として、物理学を再構築することを提案する。光を仮想的な媒質の運動として理解するのではなく、観測できる事実だけに基づいて考えようというわけだ。これを「光速度不変の原理」という。彼はさらに、物理法則は運動状態によらず同様に成り立つという「相対性原理」を仮定する。そして、これら2つを指導原理として、冒頭で述べたわれわれが素朴に持つ時空概念を見直す必要があることを示した(Einstein 1905, 内山訳 1988)。今日、「相対性理論」として知られる理論である。特に1905年に発表された理論は、次節で述べる「一般相対性理論」と区別して、「特殊相対性理論」と呼ばれている。

特殊相対性理論によれば、同時性の概念は観測者の運動状態に依存する。ある観測者にとって同時に起こった現象でも、相対的に動いている観測者から見ると異なる時刻で起こった現象に見える。さらに、アインシュタインは、運動する観測者の時計の進みは遅くなり、物差しの長さは短くなることも見出した。日常で生じる時間や長さの変化は非常に小さい。たとえば、時速200 kmで走る新幹線に2時間乗っても、時間は0.1ナノ秒ほど遅れるにすぎない。そのため、われわれが日々の生活で相対論的な効果を感じることはない。しかし、現代では運動によって生じる時間の遅れや長さの短縮は実際に確認されており、アインシュタインの正しさが証明されている。

2-2. 一般相対性理論:時空と物質の結びつき

特殊相対性理論によって、時空の概念は観測者の運動状態に依存するものだと明らかになった。ここから動的な宇宙に至るには、もう少し相対性理論について話を続ける必要がある。

特殊相対性理論には、いくつか不満足な点がある。1つは、観測者の運動状態として、一定の速度で動く観測者のみを対象としている点である。特殊相対性理論がその基礎とする相対性原理は、物理法則が運動状態によらず同様に成り立つことを仮定する。この仮定が正しいならば、自身が運動しているかどうか物理法則を使って調べることはできない。しかし、それは加速運動する観測者に対しては正しくない。これは、たとえば、電車に乗っているときの吊り革の動きを思い返してみればわかる。電車が等速で動いている際には、吊り革は停車時と同じように下に垂れている。窓の外を見ないかぎり、観測者は自身が運動していると認識できない。対して、加速している電車内では、電車の加速方向と反対に力(慣性力)を感じ、吊り革は斜めに傾く。つまり、吊り革の動きを観察することで、観測者は自身が運動していると認識することができる。特殊相対性理論のもう1つの難点は、I.ニュートンの重力理論に対して適用できないことである。ニュートンの重力理論では、あらゆる物体間にはその距離の2乗に反比例した力が働く。万有引力の法則として知られるこの重力理論をもとに、ニュートンが惑星の運動を見事に説明したことは、誰もが知るとおりである。問題は、物体間に重力が瞬間的に働いていることだ。たとえば、一方の物体が消失すると、もう一方に働く重力は“同時に”消えてしまう。しかし、特殊相対性理論によれば同時性は観測者に依存する概念であり、重力の法則は相対性原理に反することになる。

アインシュタインは2つの問題を一挙に解決するアイデアを思いつく。重力と慣性力は少なくとも局所的には区別ができない、というのがそのアイデアだ。この仮説を「等価原理」と呼ぶ。先述の電車の例であれば、電車の加速時に働く慣性力は、外から働く重力と区別できない。すなわち、観測者は動いておらず、吊り革は外から加えられた重力の作用で傾いていると解釈することもできる。もう1つ例を挙げよう。宇宙ステーション内部は、無重力空間となっている。大気圏の外でも、地球の重力は働いているはずである。しかし宇宙飛行士が重力を感じないのは、宇宙ステーションは地球に向かって落下運動しており、その慣性力によって重力が打ち消されるためである。等価原理によれば、この無重力が自身の落下運動による見かけ上のものなのか、地球の重力がなくなってしまったせいなのか、少なくとも局所的には判別できない。こうして、アインシュタインは、加速運動する観測者へと相対性原理を一般化することに成功した。さらに、この一般化された相対性原理を指導原理として、相対性理論と整合的な重力理論を導くことにも成功する。長い試行錯誤の末に理論が完成したのは、特殊相対性理論の発表から10年が経過した1915年のことである(Einstein 1915, 小玉訳 2023)。この1915年に発表された理論は、「一般相対性理論」と呼ばれている。

一般相対性理論の大きな特徴は、重力が時空の変化として表されるという点である。宇宙ステーションの例で見たように、重力は観測者の加速運動によって生じる見かけの効果と区別できない。そして、2-1節で見たように、運動する観測者の時計の進みや物差しの長さは、静止している観測者のものから変化する。これら2つの事実を組み合わせると、重力は時空の変化によって表せるという結論に達する。さらに、すべての物質は重力を生み出すので、その周囲の時空を変化させる。物質によって、時空が歪むと表現されることもある。そして、この時空の歪みは重力として働くので、周囲にある物質の運動に影響する。こうして、時空と物質が互いに絡み合いながら変化していく。それまで物質が運動する舞台であった時空が、物質とともに力学的に変化する物理的な対象となったわけである。変化する時空像の登場である。

一般相対性理論の変化する時空像から、さまざまな興味深い予言が導かれる。ここでそのすべてを紹介することはできないが、本書の第7章で登場する光さえも抜け出せない天体「ブラックホール」や、本章の最後で登場する時空の歪みが波として伝わる「重力波」が挙げられる。一般相対性理論のさまざまな予言やその検証については他に譲ることにして、以下では一般相対性理論がもたらした新たな宇宙像について見ていこう。

2-3. 動的な宇宙の発見

物理学における1つの目標は、より普遍性の高い理論を見出すことである。たとえば、ニュートンの理論は、惑星の運動もリンゴの落下運動も同じ枠組みの中で記述できる。地球上で見出された理論は遠く離れた星でも適用できるし、今日発見した理論は100年後でも正しいと物理学者は考えている。もちろん、それではうまくいかない場合もある。ニュートンの理論が、相対性理論によって修正を迫られたのがその典型である。しかし、物理学者は自身が手にした理論の普遍性をまず仮定する。そして、うまくいかなくなったときに初めて理論をどう修正すべきか考える。物理学はこうして研究対象を拡大し、大きな成功を収めてきた。このような物理学の方法論に従えば、宇宙そのものも物理学によって記述しようと試みたくなる。アインシュタインも、自身の一般相対性理論を宇宙全体に適用することを試みた(Einstein 1917, 須藤編 2022)。

一般相対性理論は、時空と物質を結びつける。そこで、まず宇宙全体に物質がどのように分布しているか知る必要がある。アインシュタインは、宇宙には特別な場所も方向もないと仮定した。細かく見れば、明らかに場所ごとに物質の分布は異なる。しかし、宇宙全体のことを考えるならば、そうした細かな構造は無視してよいだろうという考えである。「宇宙原理」として知られるこの仮定は、今日でも妥当な仮定であると考えられている。**図1・2**(**口絵**p. iii) に示したのは、スローン・デジタル・スカイサーベイ(SDSS)によって得られた銀河の地図である。SDSSは、2000年に観測が開始された銀河の詳細な地図を作ろうというプロジェクトだ。図には、観測された20万の銀河の位置が示されている。扇の要部分にわれわれはおり、空の各方向に見える銀河が点で示されている。要部分からの距離が銀河までの距離を表しており、端までがわれわれが観測可能な宇宙の範囲だと考えてよい。光で100億年以上もかかる途方もない距離である。遠くの銀河ほど光が届くまでに時間がかかるので、半径ごとに異なる時代の宇宙を見ていることになる。局所的には疎密構造が見てとれるが、大きく均してみれば、どの時代でも銀河が一様に分布していることがわかる。また、後の節で登場する宇宙マイクロ波背景放射があらゆる方向から同じ強さでやってくることも、宇宙原理を支持している。

こうした一様に物質が分布した宇宙のふるまいを、まずはニュートンの重力理論で考えてみよう。宇宙空間のある一点にわれわれがいるとして、その周囲いっぱいに物質が一様に分布しているさまを想像してほしい。宇宙に特別な場所はないので、物質は果てしなく広がっている。この宇宙を初めて考えたのはニュートン自身で、ニュートンの無限宇宙として知られている。物質間に作用する重力は互いに釣り合っているため、この宇宙は静的である。しかし、この釣り合いは非常に微妙なバランスのうえに成り立っている。空間中に球状の領域を考え、その外部の物質を取り除いてみよう。重力によって物質は中心に向かって落下し、球はそのうち潰れてしまう。球の半径を有限の範囲でいくら大きくしても、同様である。球の半径を無限遠まで拡大して、初めて釣り合いが成り立つ。宇宙のどこかで少しでも物質分布に偏りが生じれば、密度が高くなった場所に物質は落下していく。重力で支配された静的な宇宙は不安定で、動的である方が自然な状態であることがわかる。次に、物質で一様に満たされた宇宙を、一般相対性理論で考えてみる。一般相対性理論では、時空も変化する。そのため、一様な分布を保ったまま、すべての物質が"落下する"ことが可能となる。紙面を宇宙空間だと思って、適当に円を書いてみよう。そして、紙面全体をゴム膜のように一様に縮めたと想像してみてほしい。すると、どの位置に円を書いても、円は中心に向かって収縮していく。つまり、一様な分布を保ったまま、すべての物質が落下する状況が存在する。また、時間を反転した過程を考えれば、宇宙空間の膨張によって物質が一様に拡がっていく状況も考えることができる。一般相対性理論においては、一様な宇宙でも動的になる。ニュートンの重力理論におけるよりも、さらに宇宙は動的である方が自然である。

アインシュタインは、自身の発見した一般相対性理論の方程式には、ニュートンの無限宇宙のような静的な宇宙を表す解がないことに気がついた。しかし、そこからただちに動的な宇宙に辿り着いたわけではない。彼自身は宇宙項と呼ばれる新たな項を方程式に導入し、静的な宇宙を表す解を持つように理論を修正することを選択する。当時は宇宙が動的であると示す観測的証拠はなく、宇宙は静的なものだと考える方が自然であった。アインシュタインの論文を読むと、観測されている星々の速度が小さいことを、静的な宇宙を考える根拠としている。実際に動的な宇宙を表す解を導き出したのは、ロシアの物理学者A.フリードマンである(Friedmann 1922, 須藤編 2022)。しかし、フリードマンが動的な解を導いたのは数学的な動機によるもので、積極的に動的な宇宙を支持したわけではない。状況が大きく変化するのは、1929年、アメリカの天文学者E.ハッブルが宇宙膨張を観測的に発見してからである。

3. 宇宙膨張:動的な宇宙像の確立

一般相対性理論が導く変化する時空像は、動的な宇宙の可能性を開いた。しかし、あくまでそれは理論上の産物であり、すぐさまそれが現実を表すものであると認められたわけではない。当時は、宇宙が動的であることを示す観測的証拠はなかった。観測的証拠が見つかるのは、一般相対性理論が出されて14年後の1929年のことである。本節では、動的な宇宙像を確立した1929年のハッブルによる宇宙膨張の発見について見ていこう。

3-1. 宇宙膨張の観測的発見

宇宙空間が膨張しているとして、どのように観測的に検証すればよいのだろうか。想像力をたくましくして、膨張する宇宙空間に身をおいたときに何が見えるか考えてみよう。2-3節でも使った紙面に書いた円の例を思い浮かべるとよいだろう。われわれは円の中心にいる。そして、紙面の所々に星が輝いている。宇宙空間である紙面が広がると、それに伴って円は大きくなっていく。円の中心にいるわれわれから見ると、円とともに星々が遠ざかっていく様子が見えるだろう。特筆すべきは、どんなに大きな円を考えても、円上の星々はすべて同じ速さで遠ざかっていくことだ。また、遠方にいくほど星々が後退する速さは大きくなっていく。たとえば、距離が2倍だけ異なる2つの星を考えてみる(**図1・3左**)。黒い星は、白い星の2倍離れた距離に描かれている。宇宙の大きさが2倍になると、これらの星までの距離も2倍になる。速度を求めるには移動距離

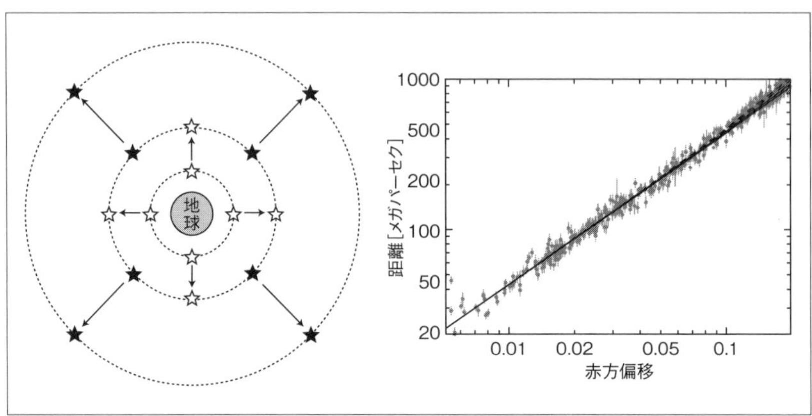

図1・3　宇宙膨張による後退運動(左)と赤方偏移・距離関係の観測データ(右). 右: ©Particle Data Group 2022 (一部改変).

を時間で割ればよいので、星までの距離が2倍になると、後退速度も2倍大きくなることがわかるだろう。これが星固有の運動だと考えると、非常に不思議である。互いに遠く離れた星々が、示し合わせたように同じ法則に従って後退していることになるからだ。しかし、宇宙が膨張していると考えると、この現象は自然に理解できる。

はじめて星々の後退運動を発見したのは、アメリカの天文学者V.M. スライファーである。どのようにして、遠く離れた星がわれわれから遠ざかっていることがわかったのだろうか。われわれが見る空全体を、天球面と呼ぶ。天球面上での星の動きを見ても、奥行き方向の速度はわからない。スライファーはその決定に、光の「赤方偏移」を利用した。走行する救急車のサイレン音は近づくときには高くなり、遠ざかるときには低くなる。ドップラー効果として知られるこの効果は、波に特有の現象である。光源が遠ざかる方向に動いていると、光の周波数も同様に低くなる。可視光では低周波は赤色に対応するので、この周波数変化は赤方偏移と呼ばれている。後退速度が大きくなれば、それだけ赤方偏移も大きくなる。スライファーは渦巻銀河の赤方偏移を測定することで、それらがみな非常に大きな速さで遠ざかっていることを発見した。ちょうどアインシュタインが宇宙論の論文を発表した1917年頃のことである。しかし、この発見がすぐに宇宙膨張と結びつけられたわけではない。その要因の1つは、遠方の天体までの距離を正確に測定する手段が当時なかったことにある。われわれのいる銀河は、天の川銀河、もしくは単に銀河系と呼ばれている。**図1・2**が示すように、宇宙にはわれわれの住む天の川銀河以外にも、無数の銀河が点在している。しかし当時は、天の川銀河の外側まで宇宙が広がっているという考えは確立されていなかった。スライファーが観測した渦巻銀河も、天の川銀河の内側と外側のどちらにあるのかで、論争が行われていた。天の川銀河内にある天体の運動は、近傍の物質が生み出す重力の影響で、宇宙膨張による後退運動からずれている。われわれから遠ざかっている天体もあれば、近づいている天体もある。天体までの距離がわからない状況では、宇宙膨張を示す遠方天体の後退運動を、これら近傍にある天体の固有運動と区別することは困難である。そのため、スライファーの観測結果だけから、宇宙が膨張しているとすぐさま結論づけることはできない。

ハッブルは、渦巻銀河が天の川銀河の内側と外側のどちらにあるか決着をつけるため、渦巻銀河までの距離を決定しようと試みていた。ハッブルが距離測定に用いたのは、天体の見かけの明るさを使う方法である。遠くのものほど暗く見える、という原理を使った方法だ。この方法の鍵は、「標準光源」と呼ばれる本来の明るさが推定できる天体を見つけることにある。標準光源の候補は、アメリカの天文学者H. S. リービットによって1910年代にすでに発見されていた。天体の中には周期的にその明るさを変えるものがあり、変光星と呼ばれている。リービットはセファイドと呼ばれる変光星の変光周期を調べ、明るいものほど長い変光周期を持つことを発見した。この性質を使って変光周期からセファイド本来の明るさを推定し、標準光源として使うことができる。ハッブルは、セファイドを標準光源として渦巻銀河M31（アンドロメダ銀河）とM33までの距離を測定し、これらの銀河がわれわれの住む天の川銀河の外側にあることを示した。この発見以降もさらに多くの系外銀河の距離測定を続けたハッブルは、銀河までの距離と後退速度の間に比例関係があることを発見した

(Hubble 1929, 須藤編 2022)。ハッブルが観測した遠方銀河までの距離は、最大で2 Mpcにもなる[注1)]。これは現在知られている天の川銀河の大きさより、1000倍以上も大きい。また、ハッブルのデータを用いて、カトリック司祭でもあったベルギーの物理学者G. ルメートルも、同様の比例関係を同時期に発見している(Lemaître 1927, 須藤編 2022)。この比例関係は、本節冒頭で見た膨張宇宙における天体の運動と同じ特徴である。すなわち、後退速度は天体までの距離だけで決まり、天体までの距離が2倍になると、後退速度も2倍大きくなる。この関係は「ハッブル・ルメートルの法則」と呼ばれ、宇宙が膨張していることを示した初めての観測的証拠である。この宇宙膨張の発見によって、動的な宇宙像が徐々に受け入れられるようになった。アインシュタインが後年になって、宇宙を静的に保つために宇宙項を導入したことを人生最大の失敗として後悔した、という話が残っている。相対性理論は、物理理論の整合性を追求することで生まれた理論である。物理学の歴史の中では、こうした純粋な理論的追求から、誰もが予想していなかった発見に至ることがある。宇宙膨張の発見は、その最たる例の1つである。

ハッブルが行った赤方偏移と距離の関係を調べるプログラムは、現在も進められている。**図1・3**右は、最新の観測データを用いて作成された赤方偏移と距離の関係である。縦軸が遠方銀河までの距離で、1 Gpcに達する。ハッブルの時代の数百倍だ。横軸は赤方偏移で、後退速度に対応する。無数に描かれている点が、実際の観測データを表している。ハッブル・ルメートルの比例関係が成り立っていることが見てとれるだろう。実はさらに遠方まで観測は行われており、宇宙膨張が加速しているという報告がなされている。これは非常に不可解な現象で、例えるなら、放り投げたボールがだんだんと速度を上げて空に登っていくような現象だ。その原因の有力な候補となっているのが、宇宙項である。一度は取り下げられた宇宙項だが、新たな形で復活を遂げている。宇宙を静的に

注1)pc(パーセク)は天文学でよく使われる距離の単位で、1 pcはおよそ31兆kmに相当する。光でも、およそ3.3年かかる距離である。Mpc(メガパーセク)は100万pc、Gpc(ギガパーセク)は10億pcである。

することから示唆されるとおり、宇宙項は実効的に斥力を生み出す働きがある。この斥力が十分に大きければ、宇宙膨張を加速させることができる。しかし、観測から推定される宇宙項の値が理論的な期待値と大きく異なっているなど、加速膨張の原因が完全に解明されたとはいえない状況にある。

4．ビッグバン理論:進化する宇宙

前節までで、一般相対性理論による動的な宇宙の発見から、ハッブルの宇宙膨張発見へと至る流れを見てきた。その原動力の1つとなったのが、物理理論の持つ普遍性である。すなわち、われわれの物理理論は宇宙のあらゆる場所で成立し、宇宙全体にも適用することができる。その普遍性への信頼を、もう一段さらに深めよう。われわれの物理理論は、時間を遡っても常に正しいとする。「宇宙の始まり」について、物理学は何を教えてくれるだろうか。その追求の結果として到達したのが、本節で紹介する「ビッグバン理論」である。

4-1．ビッグバン理論

物理学を使って、宇宙の時間を巻き戻してみよう。一般相対性理論によれば、宇宙は絶えず膨張を続けていたと推測される。膨張に伴う後退運動が、重力による落下運動と関係していたことを思い出そう。ボールが空中で静止できないように、宇宙は過去も止まらず膨張していたはずである。よって、時間を遡ると、宇宙はどんどん収縮していくことになる。それに従って、宇宙空間に存在する物質も圧縮され、密度が上昇していく。密度が十分に高くなると、物質を構成する粒子は互いに衝突を繰り返し、熱平衡状態になる。暖かい空気と冷たい空気を混ぜて放っておくと、やがて温度が均一になって平衡状態に落ち着く現象と同じである。そして、熱平衡状態になった物質は、初期宇宙でさらに圧縮されていく。圧縮すると温度は上昇するので、過去の宇宙は、超高温·高密度のいわゆる“火の玉”状態にあったことがわかる。さらに時間を遡っていくと、ある時刻で密度が無限大に発散する。これ以上は、時間を遡ることはできない。すなわち、宇宙には始まりがあったはずだという結論に達する。これは、宇宙に存在するすべてのものに、始まりがあったことを意味する。夜空に輝く星々にも、われわれを構成する元素にさえも、生まれた瞬間があったはずだ。そして、物質は宇宙膨張とともに進化を続け、現在の姿になった。これが、「ビッグバン理論」の基本的なアイデアである。

われわれの物理理論の正しさを信じるならば、以上のことは宇宙膨張の自然な帰結である。ハッブルが宇宙膨張を発見して2年後の1931年には、ルメートルによって宇宙が有限の年齢を持つ可能性がすでに示されている。しかしながら、動的な宇宙のときと同様に、ビッグバン理論もすぐに受け入れられたわけではない。その理由の1つは、やはり直接的な観測的証拠がなかったことである。さらに今回は、遠い過去に起こったことを検証しなければならない。当時の人々には、それが可能だとは考えられなかった。また、宇宙膨張が見つかってすぐの1930年代当時では、宇宙初期を物理的に研究するための知識も不足していた。検証が行えるほど、確かな議論もできなかったのである。宇宙初期の高温環境下では、物質は原子、原子核、素粒子に分解されていく。こうしたミクロな世界の物理学は、当時はまだ発展の途上にあった。J. チャドウィックにより中性子が発見され、原子核が陽子と中性子で構成されていることが確立するのは1932年のことである。宇宙膨張が確立するのと、ちょうど同時期にあたる。さらに、原子核反応の豊富なデータが手に入るようになるのは1940～50年代以降、高エネルギー粒子加速器によって素粒子物理学が花開くのは1950年代以降のことである。そして、ビッグバン理論が抱えていた問題は、もう1つある。当時推定されていた宇宙年齢が小さすぎた、という問題だ。宇宙の年齢が、地球の年齢よりも小さくなってしまっていたのである。この年齢問題は1950年代終わり頃に解消されるまで、人々がビッグバン理論を受け入れる障害となっていた。この年齢問題を背景として、1948年にイギリスの3人の物理学者H. ボンディ、T. ゴールド、F. ホイルによって提案されたのが「定常宇宙論」である。定常宇宙論では、物質が絶えず生成されることで、宇宙膨張で物質が薄まることはないと仮定する。そのため、時間を遡っても、物質が圧縮されて高温·高密度になることはない。宇宙は定常に保たれ、始まりもない。その代償として、この理論は、物理学の基本的な法則である「エネルギー保存則」を破っている。しかし、当時の数値に基づけば、その破れは1000万年で1 m^3 あたり水素原子5個分(エネルギーに換算すると約10^{-9}J)という検出不可能なほどの大きさでしかない。物理理論の普遍性を信じることはあくまで方法論であって、無批判に行ってよいものではない。この可能性を、即座に退けることはできない。定常宇宙論が退けられるのは、1960年代になってからである。それ以降は、ビッグバン理論は現在のような地位を確立していく。その要因は、大きく分けて2つある。1つは「ビッグバン元素合成」の成功、そしてもう1つが「宇宙マイクロ波背景放射」の発見である。続く2つの小節で、これらビッグバン理論の2つの証拠について紹介していこう。

4-2. ビッグバン元素合成:元素の起源

ビッグバン理論は、宇宙初期に超高温の環境があったことを予言する。宇宙初期の高温環境下での物質の進化は、「宇宙の熱史」と呼ばれている。宇宙の熱史を物理的に記述する基礎を築いたのが、G. ガモフを中心とするアメリカの物理学者たちである[注2)]。ガモフらは、1940年代に進展した原子核物理の知見に基づいて、宇宙初期の高温環境下で元素が誕生したというシナリオを提案した(Gamow 1946; Alpher, Bethe, Gamow 1948, 須藤編 2022)。このシナリオは、「ビッグバン元素合成」として知られている。元素の起源については第2章で詳しく説明されるので、ここではビッグバン理論の検証と関連する部分に焦点を当てて紹介する。

注2)現代的なビッグバン元素合成の理解に至るまでに、日本の林忠四郎も重要な貢献をしたことを指摘しておく(林 1950, 須藤編 2022)。林は現在も活躍する多くの宇宙物理学者を育てたことでも有名である。後に登場する佐藤勝彦も、林の弟子の1人である。

われわれを含めて、地球、太陽、そして遠方の星々も、すべて元素で構成されている。人体を構成する主な元素は、酸素、炭素、水素である。地球であれば、鉄、酸素、マグネシウム、ケイ素になる。それでは、宇宙で最も豊富にある元素は何であろうか。答えは、水素、ついでヘリウムである。割合にして、全体の重量の71％が水素で、27％がヘリウムで占められる。これら宇宙を構成する元素は、どのように誕生したのだろうか。すべてのものに始まりがあるとするビッグバン理論は、この疑問に答える必要がある。

元素がどのように生み出されたか考えるために、まずは元素(原子)とは何か、少し詳しく見ていこう[注3)]。物質を構成する不可分な要素として導入された原子であるが、さらに電子と原子核に分割されることがわかっている。電子と原子核は反対の電荷を持っており、電気的な力で引き合っている。この力で電子が原子核近傍に捕らえられ、全体として中性の状態を作っているのが原子である。原子核は、さらに陽子と中性子に分割される。中性子はその名の通り電荷を持たず、原子核の電荷を担っているのは陽子である。陽子と中性子はまとめて、核子と呼ばれる。現在知られている元素は、118種類にも及ぶ。こうした元素の多様性は、その原子核を構成する陽子の数の違いによって生み出されている。元素の違いを表す原子番号は、そのまま陽子の数に対応する。また、核子の総数を質量数という。中性子の数のみ異なる原子は、同位体と呼ばれる。核子どうしは、核力と呼ばれる力で結びついている。核力は近距離でのみ働き、陽子間に働く電気的な反発力に打ち勝つほどの非常に強い力である。核力が働く範囲はおよそ10^{-15} mで、原子の典型的な大きさの10万分の1しかない。以上が、原子の内部構造の概略である。

元素合成とは、ばらばらだった核子が結びつき、生まれた小さな原子核がさらに互いに融合を繰り返すことで、さまざまな原子核を作り出す過程である。こうした反応が進むためには、非常に高い温度と密度の環境が一般に必要となる。次世代のエネルギー技術として開発が進む核融合炉が、超高温･高密度を作り

注3)「原子」と「元素」の使い分けはややこしいが、物質を構成する一つ一つの粒子について述べるときは「原子」、種類について述べるときは「元素」を使う。

出そうとしているのもそのためだ。こうした極限的な環境がどうして必要になるのかは、上述の原子核の構造から理解できる。2つの原子核を結びつけるためには、核力が働く距離まで互いに接近させる必要がある。しかし、離れた原子核同士には、電気的な反発力が働いている。この電気的な反発力に打ち勝つには、原子核同士を非常に大きな速さで衝突させる必要がある。これは、高温環境で実現される。熱の正体は粒子の乱雑な運動であり、温度が高いほど激しく運動しているからだ。必要な温度を評価すると、10億度という超高温になる[注4)]。また、十分な数の衝突を起こすためには、高い密度も必要となる。宇宙には、こうした極限的な環境が実現されている場所がある。その1つが、ビッグバンが予言する“火の玉”状態の初期宇宙である。

第2章で説明されるように、恒星内部をはじめとして、初期宇宙でなくても元素を合成することはできる。それでは、ビッグバン元素合成が起こったと考える根拠は何だろうか。それは、本節の冒頭で見た宇宙に大量に存在するヘリウムにある。それを見るために、恒星内部における核融合反応を簡単に見ていこう。孤立した中性子は不安定で、約15分で陽子へ崩壊してしまう。そのため、材料となるのは陽子である。恒星は、陽子4つからヘリウム原子核(陽子2個+中性子2個)を合成する。この反応はp-pチェイン(陽子-陽子連鎖反応)と呼ばれ、太陽といった小さな恒星の主要なエネルギー源となっている。しかし、恒星内部の温度はせいぜい1000万度で、先ほど述べた10億度には及ばない。このような低温でも反応が起こるのは、「量子トンネル効果」のためである。10億度という温度は、陽子にニュートン力学が適用できるとして評価した値だ。しかし、陽子のようなミクロな対象に対しては、ニュートン力学を適用することはできない。ミクロな世界の物理学である「量子力学」が必要となる。量子力学を使って考え直すと、核融合反応を起こす確率が非常にわずかながら存在する。そのため、1000万度でもp-pチェインが進行する。ただし、反応は非常にゆっ

注4)注意深い読者は、中性子を次々と衝突させていけば低温でもよいことに気づくだろう。この考えは正しい。しかし、孤立した中性子は不安定なため、この反応で十分な量の元素を合成するには特別な環境が必要である。詳細は、第2章を参照してほしい。

くりとしか進まない。その1つの理由は、上述のように量子トンネル効果が起こる確率は小さいためである。さらに、p - pチェインの第1段階では、2つの陽子から重水素原子核(陽子1個+中性子1個)が合成される。この反応が起こるためには、核子同士を結びつける反応だけでなく、陽子が中性子に変化する反応も同時に起こる必要がある。これは非常に稀にしか起こらないため、全体の反応を律速する。この反応速度の遅さが、ビッグバン元素合成が必要となる理由である。p - pチェインによって宇宙に存在するヘリウムをすべて合成するには、恒星の年齢以上の時間が必要となる。そのため、恒星が形成された宇宙初期には、すでに大量のヘリウムが存在したはずだと結論される。宇宙初期におけるヘリウム量は、星形成があまり進んでいない領域の観測から推定できる。その推定値は、全元素に対する質量比で24〜25%である。つまり、恒星によって作られたヘリウムは、全体の1割ほどにすぎない。

ビッグバン元素合成で、大量のヘリウムが合成されることを見ていこう。恒星内部との大きな違いが3つある。宇宙初期で作られた中性子が残っていること。10億度という環境が実現可能であること。そして、宇宙膨張によって温度と密度はすぐに低下し、核融合に必要な超高温・高密度環境は数分しか持続しないことである。この環境下で起こる核融合反応を、**図1・4**左に示す。矢印の始点にある原子核に他の核子や原子核が衝突すると、終点の原子核が合成される。主に合成されるのは、リチウム(Li)までの質量数の小さい元素(軽元素)である。その理由は、質量数が5と8の安定な原子核が存在しないことにある。これらの原子核は、合成されてもすぐに壊れてしまう。より重い原子核を合成するには、原子核が壊れる前に新たな核子と遭遇する必要がある。その確率は非常に小さいため、宇宙初期の短い時間ではほとんど起こらない。次に、図の矢印の方向に注目しよう。矢印を辿っていくと、ヘリウム4(^{4}He:質量数4の同位体)へと最終的に向かっていることがわかる。すなわち、反応が進むとすべてヘリウム4になる。これは、軽元素の中でヘリウム4が最も安定なことが理由である。ヘリウム4よりも重いリチウム7(^{7}Li)やベリリウム7(^{7}Be)が合成されても、ほとんどが壊されてヘリウム4になってしまう。よって、材料である陽子2個

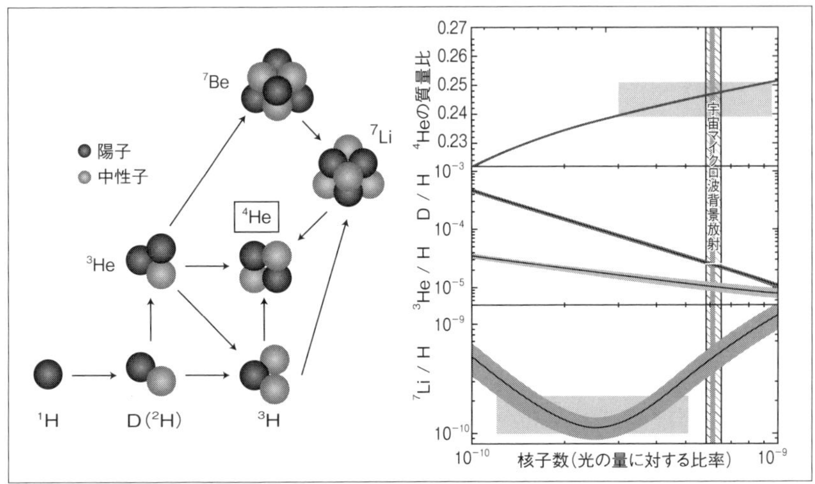

図1･4　ビッグバン元素合成で起こる核融合反応(左)と軽元素合成量(右). 右:©Particle Data Group 2022(一部改変).

と中性子2個が揃っていれば、それらのほとんどがヘリウム4原子核を形成する。

図1・4右に、ビッグバン元素合成による軽元素の合成量と観測値との比較を示す。合成量は、ビッグバン元素合成時の核子数に依存する。横軸を核子数として、対応する合成量が各元素について描かれている。値に幅があるのは、計算に必要な中性子の寿命や核反応率に不定性があるためだ。四角で囲まれている領域は、理論値と観測値が一致している範囲を表す。観測値がよく定まっている重水素(D)の量を使うと、横軸の核子数は斜線領域の範囲に定まる。斜線領域でのヘリウム4の存在量を読み取ると、観測値である24～25％に見事に一致している。ここで定められた核子数は、後述する「宇宙マイクロ波背景放射」からの推定値(斜線内帯状の領域)とも整合的である。この一致が、ビッグバン元素合成が起こった、すなわち宇宙にきわめて高温の時期があったと考える理由である。ただし、リチウム7については、理論値と観測値に不一致が見られる。この不一致は、「リチウム問題」として知られている。リチウムは壊されやすく、観測値が初期の値から変化した可能性が指摘されているが、まだ解決には至っ

ていない。

4-3. 宇宙マイクロ波背景放射:宇宙最古の光

遠くを見ることは、過去を見ることでもある。光源が遠くにあるほど、光はより多くの時間を経て辿り着いたはずだからだ。であれば、宇宙のずっと奥深くを見ていけば、初期の宇宙の姿が見えてくるだろう。われわれが観測できる最も古い宇宙からやってくる光、それが本小節の主題である「宇宙マイクロ波背景放射」である。英語では“Cosmic Microwave Background”と書かれるので、その頭文字をとったCMBという略称を以下では使うことにする[注5)]。

本章の冒頭で示した宇宙史を思い出してほしい(**図1・1**)。宇宙を遡って温度が上昇すると、ある時刻で原子は電子と原子核に分かれてプラズマ状態になる。これより奥の宇宙は“曇っていて”見ることができない。この「宇宙の晴れ上がり」の瞬間が、われわれが光で観測できる最古の宇宙である。宇宙がはじまって、38万年後であると考えられている。この時代に熱いプラズマから放たれ、長い時間を経てわれわれまで辿り着いた光がCMBである。

CMBの発見は1964年に遡る。それは偶然の発見であった。アメリカのベル研究所に勤めていたA.A. ペンジアスとR.W. ウィルソンは、彼らが使用していた電波アンテナに付随するノイズを調べていた。彼らはその過程で、天の川銀河から外れた方向からも微弱な電波がやってくることを発見した。その電波は天球面の至る方向からほぼ同じ強さでやってきて、季節による変動もない。彼らが観測した周波数帯は4GHz(ギガヘルツ)で、マイクロ波帯に対応する。電子レンジ、携帯電話などの通信機器でも使われている周波数帯である。「宇宙マイクロ波背景放射」という名称は、“宇宙のあらゆる方向からやってくるマイクロ波”という意味だ。しかし、その放射源がわからない。CMBはどこからやってきたのだろうか。

歴史の偶然か必然か、彼らの発見と同時期にCMB検出を計画していたグルー

注5)CMB研究において、日本の研究者も重要な貢献を行っている。当事者たちによって書かれた一般書があるので、参考文献に挙げておく(小松・川端 2015;杉山 2020)。

プがあった。プリンストン大学のR.H. ディッケたちのグループである。ディッケとグループの一員であったP.J.E. ピーブルスは、ビッグバン理論に基づけば、宇宙は初期宇宙の高温プラズマから放たれた光で満ちているはずだと予言していた[注6)]。この結果を伝え聞いたペンジアスはディッケに連絡をとり、彼らの発見したCMBがビッグバンの残光である可能性を知る。このやりとりから程なくして、ディッケらによる宇宙論的解釈を説明する論文とともに、CMB発見を伝えるペンジアスとウィルソンによる報告が発表された(Dicke et al. 1965；Penzias and Wilson 1965，須藤編 2022)。彼らがCMBを初検出してから1年が経過した1965年のことである。

CMB発見は大きな注目を集め、ビッグバン理論は人々に受け入れられていった。しかし、CMBがビッグバンの残光であると確実に示されたわけではない。その決定的な証拠が報告されるのは、1990年になってからである。1989年にNASAによって打ち上げられたCOBE衛星は、地上では観測が困難だった高周波帯でのCMB観測を行った。その結果を図示したものが**図1・5**左(**口絵**p. iv)である。十字印が観測データであり、実線は「黒体放射」と呼ばれる特徴的な光の周波数分布を描いたものである。黒体放射は熱平衡にある物質が放つ光で、物質の温度だけで定まる周波数分布を持つ。たとえば、人体も黒体放射を放っている。コロナ禍以降よく目にするようになった非接触型の温度計は、この黒体放射を利用して温度測定を行う装置である。CMBの周波数分布は、黒体放射の分布とよく一致している。CMBがあらゆる方向から到来することと組み合わせれば、この観測結果は、宇宙全体が過去のどこかで熱平衡状態にあったことを示している。ビッグバン理論の揺るぎない証拠である。

CMBはビッグバン理論を証明するだけでなく、はじまって間もない宇宙の姿を“直接見る”手段も与えてくれる。**図1・5**右(**口絵**p. iv)は、COBE衛星、そして後継機であるWMAP衛星、Planck衛星によって観測されたCMB強度の方

注6）CMBの存在は、1940年代にガモフたちによってすでに予言されていた。しかし、ディッケたちはガモフらの研究を知らず、CMBの予言は独立に行われた。本章冒頭でも引用したワインバーグの本で、なぜCMBの発見がもっと早く行われなかったかについて、彼自身の考えが述べられている(Weinberg 1993，小尾訳 2008)。示唆に富んだ内容であるので、一読をお勧めする。

向分布である。色は強度の違いを表しており、およそ10万分の1の異方性が存在する。時代とともに検出器の精度が上がり、ぼやけていた細かな構造が鮮明になっている。この図は、いわば誕生後38万年頃の宇宙の姿を写したスナップショットである。CMB異方性から、初期宇宙に関するさまざまな情報を引き出すことができる。異方性を詳しく解析すると、波のような構造が見えてくる。これは、初期宇宙を満たすプラズマの「音響振動」を見たものだと考えられている。その名が示す通り、音響振動はプラズマに生じた音波である。CMB異方性に刻まれた音響振動の特徴を調べることで、たとえばプラズマを構成する核子の数がわかる。前節の**図1・4**に描かれた核子数の推定値は、こうして得られたものである。さらには、光とは相互作用[注7)]せず、重力のみを生み出す「暗黒物質(ダークマター)」と呼ばれる物質の存在も明らかになっている。暗黒物質は他のいくつかの観測からも存在が示唆されているが、その正体がわかっていない謎の物質である。一般相対性理論においては、物質構成を決めれば宇宙の進化は完全に決定される。"標準的な物質"に加えて"宇宙項"と"暗黒物質"で構成された宇宙モデルを、「Λ(ラムダ)CDMモデル[注8)]」という。CMB異方性は宇宙モデルを精密に検証する手段として、宇宙論が精密科学となるのに重要な役割を果たした。

CMB異方性の重要性は、それだけではない。非常に小さな異方性は、初期宇宙の物質密度にわずかな非一様性があったことを示している。この初期宇宙に存在した密度の非一様性は、「原始密度ゆらぎ」と呼ばれている。2-3節で見たように、一様な物質分布は宇宙空間が膨張しても一様なままである。しかし、**図1・2**の銀河分布が示すように、現在の宇宙には非一様な構造がある。初期宇宙に、何かしら構造の起源となる非一様性の種があったはずだ。この"構造の種"が、原始密度ゆらぎであると考えられている。では、原始密度ゆらぎから最初の天体はどのように生まれたのだろうか。これについてはコラムⅡ「宇宙の一番星」を参照してほしい。

注7)相互作用とは、衝突、吸収、放射などをすること。

注8)Λは宇宙定数を表す。CDMとはCold Dark Matter(冷たい暗黒物質)の頭文字。

5．どこまで時間を遡ることができるのか？

本章の冒頭で遡ったのは、ビッグバン元素合成が起こる宇宙誕生後数分までである。では、どこまで時間を遡ることができるのだろうか。

今のところ、ミクロな世界に対する最も基礎的な理論は、「素粒子標準モデル」である。素粒子標準モデルは、物質を構成する最小単位である素粒子とその相互作用を記述する理論で、スイスとフランスの国境にある大型ハドロン衝突型加速器(LHC)を使って非常に高いエネルギーまで正しいことが示されている。そのエネルギーは温度に換算すると10京度にもなり、誕生してわずか10^{-15}秒の宇宙の温度に対応する。ここが、現状の物理理論で遡ることができる最も初期の宇宙だ。では、さらに初期の宇宙で何が起こったのか、手がかりはないのだろうか。1つ有力な説がある。それが、「インフレーション理論」である。

われわれの宇宙には、いくつか不自然な点があることが知られている。そのうち、インフレーション理論と関係する「地平線問題」と「平坦性問題」について説明しよう。「地平線問題」は、CMBがなぜ高い精度で等方的なのかという問題である。宇宙に始まりがあるならば、ある時刻までに情報が伝達できる範囲には限りがある。その境界を「宇宙の地平線」という。晴れ上がり時点の地平線の大きさを計算すると、われわれの視野に収まるほどの大きさにしかならない。つまり、われわれの視野内には、晴れ上がりの時点で情報のやりとりを一度もしていない複数の領域が含まれている。因果関係を持たない領域同士で、プラズマの温度が一致している理由はない。それにもかかわらず、あらゆる方向からやってくるCMBの温度が10万分の1の精度で一致している。たとえるなら、今日初めて会う人たちが皆まったく同じ服を着て現れたようなものだろうか。偶然にしては、できすぎである。一方で、「平坦性問題」とは、宇宙空間の曲率がなぜゼロに近いのかという問題である。三角測量の原理を使って空間の曲率を測ることで、その値はほぼゼロであることがわかっている。一般相対性理論では、時空の幾何学は物質で決定される。そのため、これは宇宙の物質密度が非常に特殊な値を持っていることを意味している。

これらの問題を解決する仮説として、1980年代にD.カザナス、佐藤勝彦、A.グースは独立に「インフレーション理論」を提唱した。詳細をここで説明することはできないが、宇宙誕生直後にインフレーションと呼ばれる加速膨張期があったとすると、地平線問題と平坦性問題は一挙に解決できる[注9)]。そこで次に問題となるのが、インフレーションはどうやって起こったのかである。3-1節の最後でも述べたように、加速膨張を起こすには、実効的に斥力を生み出す機構が必要である。現状の物理理論の枠内には、そのような機構は存在しない。インフレーション期に斥力を生み出す正体不明の物質は、「インフラトン」と名付けられている。今回は、宇宙項はその候補から外れる。宇宙項が起こす加速膨張は、永遠に続いてしまうからだ。インフレーションを起こすには、現状の物理理論を何かしら拡張する必要がある。以前のように既存の物理理論だけを使って、何が起こるか議論することはできない。さまざまな提案を行って、それらを検証していくことになる。つまり、インフレーション理論の検証は、新たな物理理論を発見することでもある。検証する手段はある。それが、4-3節で登場した「原始密度ゆらぎ」、そして「原始重力波」である。

原始密度ゆらぎは、現在の宇宙にある多様な構造の種である。では、それ自身はいつどうやって生じたのだろうか。インフレーション理論は、この疑問にも答えを与える。インフレーションは、宇宙初期に起こった空間の急激な膨張である。そのため、インフレーションが起こる前まで遡ると、CMBで観測している空間領域はきわめて小さなサイズになる。そのサイズは、原子核の大きさと比べてもはるかに小さい。この領域を支配している物理学は、ミクロな世界の物理学「量子力学」だ。そして、その基本原理の1つとして、「不確定性原理」がある。不確定性原理によれば、物質は静止していることが許されない。そのため、インフレーションを引き起こす物質であったインフラトンも、常にわずかに振動している。この振動は波となって、物質分布に非一様性(量子ゆらぎ)を生じ

注9)インフレーション理論を提案した本人たちによる解説があるので、詳しくはそちらを見てほしい(佐藤2010;Guth 1998,はやし訳1999)。

させる。この量子ゆらぎが原始密度ゆらぎの起源である、というのがインフレーション理論による冒頭の疑問に対する答えである。原始密度ゆらぎには、インフラトンの情報が刻まれている。そのため、CMB異方性や銀河分布等に残る“原始密度ゆらぎの痕跡”を調べることで、インフレーション理論を検証することができる。インフレーション理論は観測された原始密度ゆらぎの特徴をよく説明し、インフレーションが起こった傍証となっている。また、CMB異方性や銀河分布等をさらに詳細に調べることで、インフレーションを起こす宇宙モデルの絞り込みも行われている。

ビッグバン理論に対するCMBのように、インフレーションが起こった決定的な証拠はあるのだろうか。インフレーション理論を証明する決定打になると考えられているのが、原始重力波である。一般相対性理論によれば、時空も変化する。ならば、時空も量子力学的に振動し、至る所に時空のさざ波が発生しているはずだ。インフレーションが起こると、このミクロな領域に生じた時空のさざ波は、マクロなサイズまで拡大される。こうして生まれたのが、原始重力波である。重力波は2015年に初めて検出され、宇宙を探る新しい手段として注目を集めている。その特徴は、高い透過力である。重力波を使えば、晴れ上がり以前の曇った宇宙の中も“直接見る”ことができる。もし原始重力波が検出されれば、インフレーション理論の証拠となるだけでなく、これまでよりもはるかに深い宇宙を探ることができるだろう。そこには、既存の物理理論では記述できない何かがあるはずだ。原始重力波の検出を目指して、さまざまな観測プロジェクトが計画されている。原始重力波やその観測プロジェクトについて、日本語で参照できるものをいくつか参考文献に挙げておく(羽澄 2015; 安東 2016;POLARBEAR; LiteBIRD;DECIGO)。興味を持った読者は、さらに調べてみてほしい。

駆け足ではあったが、20世紀初めから現在に至る宇宙論の進展を紹介した。現代宇宙論は、物理学の知識を時に大胆に適用し、宇宙に始まりがあることを示した。さらに、始まりから現在に至るまでの宇宙史を描き出すことにも成功した。20世紀中頃までの科学者たちが考えていたように、初期宇宙の研究は困難な道である。われわれは、初期宇宙に関する限られた痕跡を見つけ出す必要

時代	年齢	大きさ	温度	できごと
?				インフレーション[5節]
火の玉時代	1分	10^{-9}	10^{9}K	ビッグバン元素合成[4-2節] (陽子と中性子から軽元素が合成される)
				原子核と電子が結合し、宇宙が中性化する
	38万年	0.001	3000K	宇宙の晴れ上がり[4-3節] (光が宇宙空間を直進できるようになる 光で観測できる最古の宇宙)
暗黒時代	1億年	0.03	80K	
				最初の星や銀河が誕生する
天体の時代	10億年	0.15	18K	
	92億年	0.7	3.8K	太陽系・地球が形成される
	138億年	1	2.7K	現在

図1・6 宇宙の歴史.

がある。そのために不可欠であるのが、物理学による解釈や予測である。物理学の目を通すことで、正体不明のノイズであったCMBも、初期宇宙を知る手掛かりになる。そして、ここ数十年で大きく進展した現代宇宙論は、現状の物理学の限界に迫りつつある。初期や現在の加速膨張、正体不明の暗黒物質など、宇宙には既存の物理理論では説明できない謎がある。宇宙の始まりや進化の研究は、確かに困難な道だ。しかし、決して不可能な道ではなく、その先には既存の知識を塗り替える新しい発見が待っている。ニュートンやアインシュタインがかつて起こしたような物理学の変革が、今度は宇宙を舞台に起こるかもしれない。宇宙は、今、非常に“熱い”研究対象になっている。

参考文献

安東正樹, 2016,『重力波とは何か――「時空のさざなみ」が拓く新たな宇宙論』講談社.

COBE：https://lambda.gsfc.nasa.gov/product/cobe（閲覧日 2023年4月30日）.

DECIGO：https://decigo.jp（閲覧日 2023年4月30日）.

Einstein, A.,（内山龍雄 訳・解説）, 1988,『相対性理論』岩波書店.

Einstein, A.,（小玉英雄 編訳・解説）, 2023,『一般相対性理論』岩波書店.

Guth, A. H.,（はやしはじめ・はやしまさる 訳）, 1999,『なぜビッグバンは起こったか――インフレーション理論が解明した宇宙の起源』早川書房.

羽澄昌史, 2015,『宇宙背景放射「ビッグバン以前」の痕跡を探る』集英社.

小松英一郎・川端裕人, 2015,『宇宙の始まり、そして終わり』日本経済新聞出版社.

LiteBIRD：https://www.isas.jaxa.jp/missions/spacecraft/future/litebird.html（閲覧日 2023年4月30日）.

Planck：https://www.cosmos.esa.int/web/planck（閲覧日 2023年4月30日）.

POLARBEAR：https://cmb.kek.jp/polarbear（閲覧日 2023年4月30日）.

佐藤勝彦, 2010,『インフレーション宇宙論』岩波書店.

Sloan Digital Sky Survey（SDSS）：https://www.sdss.org（閲覧日 2023年4月30日）.

須藤靖 編, 2022,『現代宇宙論の誕生』岩波書店.

杉山直, 2020,『宇宙の始まりに何が起きたのか――ビッグバンの残光「宇宙マイクロ波背景放射」』講談社.

Weinberg, S.,（小尾信彌 訳）, 2008,『宇宙創成はじめの3分間』筑摩書房.

WMAP：https://map.gsfc.nasa.gov（閲覧日 2023年4月30日）.

Workman, R. L., et al.,（Particle Data Group）, PTEP 2022, 083C01（2022）.
［URL: https://pdg.lbl.gov］

コラムⅠ　宇宙における時間の矢

早田次郎

生物には「時計遺伝子」が存在することが知られているが、それは長い“時間”をかけて環境によって形成されたものである。そこでは、太陽あるいは地球の周期運動が重要であったことは想像に難くない。太陽暦も、地球の公転周期を基にしている。現在では、原子時計が使われているが、これはセシウム原子の固有共鳴周波数を利用している。このように、何か変化するものと比較することで時間という概念は形成されてきた。しかし、状態の変化といったとき、すでに時間を想定していないだろうか？ ここでは、このような哲学的な問題には深入りせずに、時間、特に時間の方向性を示す「時間の矢」を物理の視点から眺める。

17世紀頃、ニュートン力学における時間は絶対的なものであった。質量mの物質に、力$\vec{F}$が働くとき、座標$\vec{x}$に関するニュートン方程式は、

$$m\frac{\mathrm{d}^2\vec{x}}{\mathrm{d}t^2}=\vec{F}$$

と与えられる。ここに現れる時間tはすべての観測者に共通な時間である。この方程式が時間反転対称性を持つことに注意してほしい。つまり、ある現象を記述したとき、その時間を反転した現象もニュートンの運動方程式の解として存在する。しかし、現実には卵が机の上から落ちて割れるという現象の時間反転は観察されたことがない。現実の世界には時間の向き、「時間の矢」が存在する。どのような法則が、この時間の矢を生み出すのか？ このことは、多くの物理学者を悩ませてきた。

時間の矢に関連すると思われるのが、1854年にR. クラウジウスによって発見された熱力学の第二法則である。第二法則によると、エントロピーSは常に

増大する。

$$dS \geq 0$$

この単調性は、われわれが日常経験する不可逆現象に符合していて、時間の方向を決定する。これが熱力学における時間の矢である。このエントロピー増大則とニュートン方程式を結びつけるためにL. ボルツマンは多大な労力を注ぎ込んだ。一方、1948年、C. シャノンが「情報の数学的理論」を発表し、情報エントロピーという概念を発見した。それ以降、エントロピー増大則の研究は情報理論と結びつき、非平衡統計物理学は大きく進展した。今では、時間の向きを決定する熱力学的エントロピー増大則は、情報エントロピーまで含めたものに拡張されている。

1905年、A. アインシュタインは、特殊相対論を発見し、時間の概念に変革をもたらした。どの観測者にとっても光の速さcが同一であるという光速度不変の原理を認めると、異なる場所にある2つの時計を同期させるという操作は観測者に依存する。これは、走っている列車の中央から光を発する状況を考えれば明らかである。列車にいる人にとっては、光は列車の前方と後方に同時に到達する。一方、地上にいる観測者から見ると列車の後方は光源に近づいてくるので後方に早く到達する。つまり、同時刻という概念は観測者に依存する。このようにして、時間は完全に相対的なものであり、絶対的時間は意味を持たなくなることが明らかになった。それぞれの観測者は、それぞれで同期された時計を持っている。相対速度vで運動している異なる観測者の間の時間と空間座標は、ローレンツ変換

$$\bar{t} = \gamma\left(t - \frac{v}{c^2}x\right)、\quad \bar{x} = \gamma\,(x - vt)、\quad \gamma = \frac{1}{\sqrt{1 - \frac{v^2}{c^2}}}$$

によって関係づいていて、時間と空間を分離して考えることができないことは

明らかである。それにもかかわらず、時間と空間は本質的に違うように思える。たとえば、ある空間の１点に止まり続けることはできるが、ある時間の１点に止まることはできない。これは、速度が光速を超えられないことに起因し、相対論的な因果関係を作る。これが相対論的な意味での時間の矢である。

一般相対論は、特殊相対論に重力を取り入れた。一般相対論では、時間は単なるパラメータである。座標x^{μ}、計量$g_{\mu\nu}$を用いて、世界間隔は

$$ds^2 = g_{\mu\nu}(x^{\mu})dx^{\mu}dx^{\nu}$$

と表されて、これは一般座標変換のもとで不変である。局所的には時間の矢としての因果構造が存在する。しかし、ブラックホールの地平面の中では時間と空間の役割が入れ替わる。回転するブラックホールでは、地平面の外側であっても、エルゴ領域の中では、空間の１点に止まることはできず、物質は回転し続けなくてはならない、これは回転方向が時間的になったということを意味している。このように、重力が強いと因果構造は複雑になる。

重力が大きな影響を及ぼすのはブラックホールだけではない。宇宙もそうである。宇宙論では時間は赤方偏移で表されることが多い。赤方偏移zというのは、その時刻の宇宙のスケール因子$a(t)$を使うと

$$1 + z = \frac{a(t_0)}{a(t)}$$

と表される。ここでt_0は現在の時刻である。つまり、スケール因子が時間の役割を果たしている。ところが、ペンローズ･ホーキングの特異点定理より、宇宙初期には必ず特異点があって、そこではスケール因子は物理的意味を失う。これは時間が存在しなくなることを意味するのか？　この疑問に答えるには量子重力理論が必要だと信じられている。

量子力学は、N. ボーアなどによる前期量子論を経て、1925年のW. ハイゼン

ベルクの行列力学、1926年のE. シュレーディンガーによる波動方程式によってほぼ完成した。量子力学では物理量の観測が重要な役割を持つ。観測によって波動関数の収縮が起こると解釈されるが、これも不可逆的な過程であり、時間の矢を生じさせている。

量子力学と重力理論を融合した量子重力理論の構築は簡単ではない。一因は、実験的な困難にある。実際、量子力学はミクロな世界でしか検証されておらず、重力はマクロな世界でしか測定されていない。興味深いことに、プランク質量(約0.01 mg)では、量子力学にも重力にも実験的な証拠がない。量子と重力が同時に重要となる実験がないのである。このように、実験的な手助けはないが、いくつかの量子重力理論の候補は存在する。

重力の正準量子化はその1つであり、それを宇宙に適用したものが量子宇宙論である。一般座標変換不変性を要求することで得られるホイーラー・ドウィット方程式

$$i\frac{\partial}{\partial t}\Psi(h)=\hat{H}\Psi(h)=0$$

から宇宙の波動関数Ψが時間に依存することはできなくなる。これから、半古典近似を使って、量子力学の基礎方程式であるシュレーディンガー方程式を導くと、宇宙のスケール因子が時間の役割を担うことが導かれる。この場合、宇宙が膨張する方向が時間の向きである。

さて、量子宇宙論は、宇宙の初期特異点について何をいえるのだろう？ 1982年、その答えを出したのがA. ヴィレンキンである。ヴィレンキンによると、スケール因子、つまり、時間は、何もないところから突然創生され、特異点は回避される。1983年には、J. ハートルとS. ホーキングが無境界仮説を唱えた。これは、時間が虚数となるような世界があり、そこから通常の時間が生まれたとする仮説である。虚数には順序がないので、時間の向きは存在しないし、空間との区別もなく、因果関係も存在しない。いずれにしても、量子宇宙論では、何もないところ

から時間は生まれたと考えられている。時間は無から生まれ、やがて宇宙が収縮しビッグクランチを起こす場合は、時間は再び無に帰すのかもしれない。

今のところ、これまでに紹介した熱力学的時間の矢と量子宇宙論的な時間の矢がどう結びつくのかはわかっていない。これに関して最近興味深い進展があった。もう1つの量子重力理論の有力候補である弦理論研究の中で、1997年、J. マルダセナによって、量子重力理論と平坦時空の場の量子論の間の対応関係が発見された。その研究の進展に伴い、時空と量子情報理論の興味深い関係が明らかになってきている。時空とは、結局情報にすぎないのかもしれない。そして、スケール因子の時間の矢は、この対応を通して熱力学的時間の矢として統一的に理解できるようになるかもしれない。近い将来、時間の矢の理解が一層進むことを期待したい。

コラムⅡ　宇宙の一番星

細川隆史

読者諸氏は、ここまででこの宇宙に始まりがあるということが、単なる仮説などではなく、きちんと実証された厳然たる事実であることがおわかりいただけたと思う。いったんこれを認めると、この世の中にあるあらゆるものに始まりがあることになる。夜空に輝く満天の星、どんな人でも宇宙を身近に感じられるあのたくさんの星、あれらはいつから宇宙に存在するようになったのだろうか。たとえば、地球を含む太陽系の年齢は46億年である。太陽がたくさんある恒星の中でたまたま一番古いなんて確率は低いだろうから、これよりも前には別の恒星がきっとあっただろう。では見えている宇宙で一番古い星はどれくらい古いか……。こうして考えを巡らせていくと、宇宙で最初に誕生した星、いわば"宇宙の一番星"という存在に思い当たる。138億年前に起こったビッグバンから宇宙の歴史が始まったとして、そうした宇宙の一番星が何らかのプロセスを経て誕生したに違いない。それはいつ、どこで、どんな風に誕生したのだろう？ われわれの母なる太陽と同じような恒星が、宇宙で最初にいきなり生まれたのだろうか？ これらの問いに、宇宙に始まりがある、という事実と同じように確信をもって、こうなのだとここに述べることは残念ながらできない。誰にもわからず、誰にもできないのだ。そうであるからこそ、この誰もが思いつく問いに決着をつけるべく、日夜、世界中でさまざまな研究が繰り広げられている。

なぜ、宇宙の一番星のことをそんなに知りたいのか？ それまでに何の天体もなかった暗黒の宇宙に初めて星の光をもたらした一番星、こういうだけで何となくロマンチックだから？ これにはさまざまな答えがあるし、人それぞれであってよいと思う。筆者も何通りかの答えを思いつくが、ここではそれにまつわる個人的経験を述べておきたい。この本の著者はみな研究者だが、どんな研究者でも駆け出しの時代というものがある。最近は若手の研究者がどういう待遇で研究生活を送っているか、比較的社会に知られるようになったので読者の中にはネガティブなイメージを持つ方もいるかもしれない。よくいうように、博士号を取得しても大学で安定した職を得るのは簡単でなく、そのチャンスが巡ってくるまで国内外で数年任期の職を渡り歩いたりする。この現実をどう受け止めるかは人それぞれだが、例に漏れずこのような経験をした筆者にとっては、実はそう悪い思い出ではない。不安定な一方で、最も自由に、やりたいだけ研究に打ち込めた貴重な時間だったからだ。そういう生活を、米国カリフォルニアで送っていた時のことだ。あるとき、余暇でサンフランシスコを訪れた。港のある、坂の多い、思ったよりコンパクトな街だ。いろいろ見どころがあるが、街中にゴールデン·ゲート·パークという大きな公園がある。地元の人も家族連れで訪れて１日楽しめるような、とてもよいところだ。公園の中に、大きな科学博物館がある。こういうところの主役は子どもなので、１人だった私はやや躊躇したが、職業上の興味もあったので入ってみた。中に大きなホールがあり、そのときは短い科学映画が特別上映されていた。タイトルは“生命の起源”だったと思う。ありきたりな作品で、できたばかりの地球でアミノ酸がどうできて、とか定番の話を中心に、太陽系がどうできるか、くらい宇宙の話も少し出てくるかもしれないと想像した。しかし、その内容に驚いた。いきなり宇宙開闢（かいびゃく）のビッグバンから始まり、宇宙で最初の星ができる話がかなりの尺を使って語られた。ダークマターの大規模構造の中で、一番星が誕生するのを追跡したコンピューターシミュレーションの動画がとても美しく印象的に示された。筆者はすでにこの分野を研究していたので、米国にいる著名研究者の仕事だとすぐにわかった。プロの研究者向けの国際会議で出てきてもおかしくないような本気の内容がなぜいまここで……となったが、すぐに意図がわかった。これはまさに生命の起源となる最初の一歩なのである。われわれの体をつくるアミノ酸、元素でいえば酸素、炭素、窒素などだがこれらはビッグバン時の宇宙には存在しない。これらは星、しかも太陽よりも重い星の内部で水素とヘリウムから核融合反応を経て合成されるのだ。宇宙で最初の星がそういう星なら、星内部で宇宙最初の、アミノ酸の材料が作られる。これは生命に至る第一歩、他でもない生命の起源である。もともと、筆者は生命の起源に興味を抱いて宇宙の一番星の研究を志したわけではなかったが、このとき、何か腑に落ちたというか、自分がこの内容の研究をしていてよかったなと感じた。

宇宙に生命をもたらす宇宙の一番星、これはその正体がどういう恒星であっても同じなのだろうか？ 実はそうではないというのは物理学を学べばわかる。たとえば、一番星がぜんぶ太陽の1000倍くらいの重さをもつ大きな星だったとしよう。これらの星内部では酸素などの元素が合成されるのだが、星の外に出てこない。星内部の核融合は100万年くらい続くが、その後は星がブラックホールに崩壊してせっかく合成した元素も失われてしまう。逆に、一番星がぜんぶ太陽の0.1倍くらいの小さな星だったとしよう。これらの星では元からある水素を燃やし尽くすまでに現在の宇宙年齢、138億年以上かかる。これでは酸素などの元素は合成されない。つまり、一番星の重さによって、われわれを含むその後の宇宙の命運は左右されてしまうのである。では、一番星は太陽の何倍の質量を持つ星だったのだろう？ 上述したように、どの教科書も、世界中の誰も、はっきりとした答えを知らない。だからこそ研究することができる。上では、“一番星が誕生するのを追跡したコンピューターシミュレーション”とも書いた。研究者である筆者の専門分野はと聞かれれば、よく天体・宇宙物理学と答えるのだが、この分野は他の物理学の分野とは大きく違っている。実験室でビッグバンを引き起こすことは他の研究室の迷惑にもなるし、第一できない。しかし、コンピューターの中で、われわれの知る物理法則が支配する仮想的な宇宙を作り出すことならできる。今や驚くべき精度でわかっているビッグバン直後の宇宙から、実に138億年間の進化、宇宙のいつどこで何が起こるのか、パソコンにつながれたモニター上では見ることができる。科学博物館で子どもたちが見ていたのはそうやって作られた動画だったのだ。これまでの数十年にわたる多くの研究の結果、今では宇宙の一番星はビッグバンから数億年後には誕生すると予想されている。それらは太陽よりもずっと大きく、数十〜数百倍は重い星であると考えられている。この重さがあれば、星内部で合成された元素が宇宙にもたらされる。星内部の核融合が終わった時、超新星爆発によって元素がばら撒かれるからだ。撒かれた元素は周りにあるガスと混ざり、そこから次の星ができればその内部でまた元素が合成され、それがまた撒かれ……を100億年以上、何度も繰り返してガスに含まれる元素の組成が進化してきた。そうして、太陽くらいの星が最も典型的に誕生するような、現在の宇宙の姿になったのだ。

コンピューターのモニターに映し出される、見てきたような宇宙の姿、これと同じことが本当に現実の宇宙で起きたのだろうか(**図Ⅱ・1；口絵**p. iv)？ 一番星の姿に迫るための方法、研究手法は他にもいくつもある。最新の望遠鏡で、最も古い銀河、星の光を目指して宇宙をくまなく探すのも1つ。最も古いとは？これにもいくつか異なるやり方があるが、いちばん安直なのは最も遠いもの、その記録を更新していけばよい。ビッグバンから数億年後に生まれる銀河や星は、観測可能な宇宙に存在することは確実だ。記録更新を続ければ、宇宙の時間をどんどん遡り、どんどん最初の星に近づくことができる。これは、ビッグバンから始めて時間の流れに沿って進化を追跡する、コンピューターシミュレーションとは逆方向だ。そして両者がいつか出会うときがやってくる。時間軸上での出会い、これは常に目指されてきたし、これからも目指される。思えばこれは、宇宙の歴史、138億年間の時間を自由に往来して、生命の起源を探す研究でもあるのだ。

第２章

宇宙の物質進化

諸隈智貴

本章では宇宙における重元素の合成現場についてまとめる。第１章のビッグバン元素合成では軽い元素のみが合成されたが、その後の宇宙において、時間の経過とともにどのような「重元素」がどこでどのような天体現象において合成されてきたかについて説明する。ここで重元素とは、ビッグバン元素合成（第１章４節）で作られる元素（水素、ヘリウム、リチウム）より重い元素のことを指す。これらの理解をもとに、宇宙の時刻を測るための重元素の測定などにも触れる。

１．重元素の生成される現場

まず第１章（主に4-2節）で学んだことの要点を復習しよう。ビッグバン元素合成で生成される元素は、わずか３種類である。水素が大部分を占め、残りはヘリウム、ごく少量のリチウムである（ベリリウムも生成されるが不安定なため、すぐにリチウムへと放射性崩壊する。）このビッグバン元素合成の後、わずか３種類の元素しか持たない宇宙から、現在に見られる多種多様な元素からなる宇宙へ、どのように変化してきたのか、その変化の担い手は何か、ということを本章では中心に見ていく。

本題に入る前に、同位体と、その表記について復習しておく。原子番号は、原子核に含まれる陽子の数である。一方、原子核には陽子だけでなく、それとほぼ同じ質量を持つ中性子も含まれる。日常生活で意識することはほとんどないが、元素には、陽子の数が同じ（つまり同じ原子番号、つまり同じ「元素」名）であっても、中性子の数の異なる「同位体」という原子が存在する。宇宙物理学的には、さまざまな場面でこの同位体が重要な役割を果たす[注1)]。この陽子の数と中性子の数の和を質量数（その元素の質量を表すので）と呼び、この質量数は、元素記号の左上に小さく記すことで、異なる同位体を表現する。たとえば、低温の星間ガスに多く含まれる一酸化炭素（CO）の炭素には、^{12}Cと^{13}Cの2種類が多く含まれるが、これはそれぞれ質量数が12・13、陽子数は（炭素なので）6であるから、つまり中性子の数がそれぞれ6・7の原子である。陽子・中性子の質量（両者の質量はほぼ同じ）と比べて、電子の質量は非常に小さいので、質量数は元素の質量を表すと考えてほぼよい。

前述のように、宇宙誕生とされるビッグバンの際には、水素とヘリウム、少量のリチウムしか生成されなかったと考えられている。つまり、最も大きな原子番号はわずか3だったのである。周期表を見ると、最も大きな原子番号は118である。

では、これらの重元素は宇宙空間のどこで、いつ、作られたのか？ それは大きく分けて以下の2つである。1つ目は、恒星の内部における核融合反応による元素合成によるものである。2つ目は、星の最期の大爆発である超新星爆発およびそれに類する爆発現象に起因するものである。以下に詳しく見ていく。

注1）長寿命放射性崩壊元素（宇宙年代計）、すなわち、非常に長い半減期（10^5～10^{11}年程度）を持つ放射性同位体の量から、宇宙におけるさまざまな年代を計測することができる。これを宇宙核時計と呼ぶ。10億年以上の半減期を持つ放射性同位体は長寿命放射性同位体と呼ばれる。長寿命放射性同位体は、天の川銀河の形成初期に生まれた星の年代や、太陽系の年齢の見積もり等に使われている。一方で、1億年以下の半減期の放射性同位体は、短寿命放射性同位体（もしくは消滅核種）と呼ばれる。短寿命放射性同位体は、惑星、地殻、隕石の母天体等が形成された年代等を見積もる際に使用される（消滅核種を生成した天体現象から太陽系形成までの時間を評価するために使われている）。

1-1. 恒星内部での重元素生成

恒星（以下、本章では「星」と略記）と呼ばれる星は、自身の中心において、核融合反応を起こし、絶えずエネルギーを生成することでその形状および高温状態を維持している。生成されるエネルギーによる外向きの圧力と、星自身の持つ質量による内向きの（自己）重力とが釣り合った力学的平衡状態にある。つまり、星は潰れることもなく膨らむこともなく、その形状を保っているのである。

星の一生の道筋は、質量によって大きく異なる（**図２・１**）。0.08 太陽質量より重い星の進化の初期段階では、星の中で最も多い元素である水素が、その中心部（コア）で核融合（以下、「燃焼」と書くこともある）する。太陽のような比較的軽い星の内部では、水素の原子核である陽子（p）どうしの衝突から出発して、結果的に４個の陽子から１個のヘリウム原子核が合成される。この核融合燃焼反応をｐ‐ｐチェインと呼ぶ。なお星の中心部は 1500 万度と非常に高温な環境の

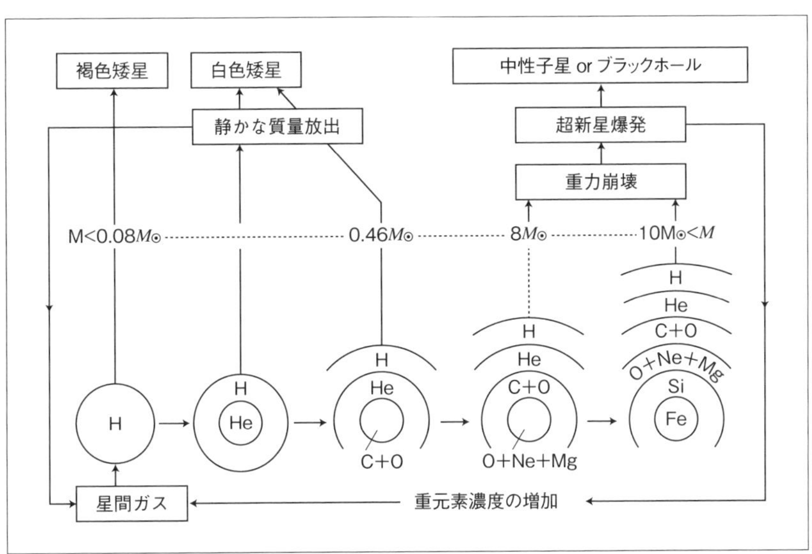

図２・１　星の進化の終末（野本憲一・定金晃三・佐藤勝彦編, シリーズ現代の天文学第７巻『恒星』日本評論社より転載）.

ため、電子は原子核(陽子と中性子からなる)に束縛されていないプラズマ状態にある。水素燃焼は、p - pチェインのほかに炭素・窒素・酸素が触媒として働いてヘリウムを生成するCNOサイクルと呼ばれる過程もあり、これは主に太陽より重い星の内部で起こる。このように中心部で水素の核融合反応を起こしている星を主系列星と呼ぶ。太陽でも、中心部での水素の核融合反応により生成されるエネルギーによって、その誕生以来現在に至るまで光り輝いているのである。

このように星の中心部で水素が消費され、ヘリウムが生成されていくと、いずれ中心部で水素が枯渇する時期がやってくる。その時点での星中心部の温度は、まだヘリウムが核融合反応を起こす温度(～1億度)に達しない。よって、星のコアはエネルギーを生み出すことができないため外向きの力(圧力)を失う。しかし内向きの力(自己重力)は依然働いているので、コアは収縮することになる。この時、このヘリウムからなるコアの外側に殻(シェル)状に存在している水素に火がつき、星の光度(明るさ)は上昇し、星の外層は膨張する。このように、星は赤色巨星と呼ばれる巨大な星へと変貌をとげる。たとえば太陽の場合、その大きさは現在の太陽の100～200倍ほどになる。中心部は収縮を続けており中心温度が上昇している。やがて中心温度が1億度以上になるとヘリウムに火がつく。3つのヘリウム原子核から1つの炭素原子核が生成されるトリプルアルファと呼ばれる反応が起こるのである。これにより生み出されるエネルギーにより外向きの圧力が生じ、コアの収縮は止まるとともに、水素外層は逆に収縮する。

太陽の約8倍より小さな質量を持つ星では、ヘリウム燃焼により生成された炭素・酸素に火がつくほどの高温(約6億度)になりえず、中心部でヘリウムも枯渇すると、核融合の火が消えて中心部は再び収縮を始める。しかし、ヘリウム層の外側に存在する水素シェルの燃焼により、星の外層は膨張する。このような星を漸近巨星分枝(AGB)星と呼ぶ。たとえば太陽の場合、その大きさは地球の公転軌道を覆うほどまで膨らむと考えられている。

AGB星では、ヘリウム殻の暴走的燃焼(ヘリウム殻フラッシュ)と水素殻の燃焼とを繰り返し起こすことが知られている。このAGB星段階では、s過程という重元素合成が起こる。星内部で中性子が多くなり、いわゆる中性子過剰という状態になると、遅い(slow)中性子捕獲反応が起こる。その後、ベータ崩壊により鉄族より重い、(核図表で安定線上の)原子核が形成される。これは後述する速い(rapid)中性子過剰反応(r過程)とは異なる元素を主に生成する。AGB星で生成されたs過程元素は、ヘリウム殻フラッシュによる汲み上げにより星の外層·表面へと運ばれていく。

赤色巨星·AGB星などの巨星の時期には、巨大な星の表面近くに存在するガスは、星の重力によってつなぎとめられてはいるものの、その力は非常に弱く、何らかのきっかけで星から剥がれて星間空間へと放出されてしまう。この現象を質量放出と呼ぶ。巨星は質量放出により水素·ヘリウムからなる外層を失うとともに、次第に高温の中心部が露わになっていく。この成れの果てが白色矮星(第6章参照)と呼ばれる天体である。やがて中心部から出た放出したガスを、自身の光のエネルギーで電離させ、リング、鉄アレイ、猫の目などのように見えるさまざまな形で美しく輝く惑星状星雲という時期を迎える(**図2·2;口絵** p. v)。

一方、太陽質量の8倍より重い星では、複雑な元素合成が進行する。まず、3つのヘリウムが衝突して生成した炭素 ^{12}C は、さらにヘリウムと核融合反応を起こし、^{16}O が生成される。このヘリウムの燃焼により、炭素と酸素が生成されていくところまでは、軽い星と同様である。やがて星の中心部で燃えているヘリウムも枯渇する時期がやってくる。ヘリウムの核融合反応が止まることによりコアは収縮し、温度が上昇する。温度が約6億度に達すると、炭素からネオン(Ne)·マグネシウム(Mg)が生成される。太陽より10倍以上重い星は、酸素·ネオンがつくられたあと、中心温度が約10億度に達すると、酸素からケイ素(Si)·硫黄(S)が生成され、最後にケイ素·硫黄から鉄(Fe)·ニッケル(Ni)が生成される。このように、星の内部では、ある元素の核融合反応、その元素の枯渇による核融合反応の停止、コアの収縮、温度の上昇、より重い元素の核融合反応、という流れを繰り返す。この流れがどこまで進むか、どこで止まるかは星の質量に依存しており、質量の大きな星ほど、より先まで反応が進む。これにより、異なる元素によるいわゆるタマネギ構造ができあがる(**図2・1**)。たとえば、鉄まで生成されるためには、質量が太陽の10倍程度以上でなければならない。ここで注意したいのは、鉄、特に^{56}Feが自然界で最も安定な核種である、ということである。^{56}Feは、1核子(陽子および中性子)あたりの質量(エネルギー)が最小の核種である。言い換えると、最も安定な核種であり、これ以上の核融合反応は基本的には生じない。

余談になるが、星の光度Lと質量Mとの間の関係は、およそ$L \propto M^{3.5}$にあることが知られている。光度はすなわち単位時間あたりに星という系から失われるエネルギーと考えることができる。つまり、重たい星ほど燃料を早く使い尽くし、寿命を迎えることがわかる。たとえば、太陽程度の質量の星の寿命は100億年程度であり、現在の太陽はその寿命のおよそ半分を経過したところといえる。

1-2. 超新星爆発における重元素生成

2つ目に、超新星爆発と呼ばれる現象で非常に短い時間に生成される重元素についてまとめる。超新星爆発とは、大質量星など一部の星がその一生の最期に起こす大爆発のことであり、星のほぼ全体が宇宙空間にまき散らされることになる。このとき、超新星爆発の際に生成された重元素だけでなく、それまでに長い時間をかけて星の内部で粛々と作られてきた重元素も同時に星間空間にまき散らされる。

大まかに分けて、超新星爆発には2種類ある。1つは質量の大きい星、太陽のおよそ8倍以上の重い星がその最期に起こす重力崩壊型超新星と呼ばれるものである。もう1つは、それより軽い星が、その最期に白色矮星となった後、その質量が何らかの原因で白色矮星の限界質量を超えたときに起こすIa型超新星と呼ばれるものである。

(1)重力崩壊型超新星

まずは重力崩壊型超新星についてみてみよう。前述のように、星は、まずはその中心部で水素の核融合反応が起き、恒星としての一生を開始する。その後、ヘリウム、炭素・酸素・ネオン・ケイ素と燃焼し、やがて鉄のコアができあがる。鉄は核融合反応を起こさないため、圧力を生み出せず、重力により鉄のコアは収縮する。これにより温度が上昇するが、およそ50億度を超えると、ガンマ線が鉄に衝突し、^{56}Feが13個の^{4}Heと4個の中性子へと分解される「光分解反応」が起こる。これは吸熱反応なのでエネルギー・圧力が低下する。その結果、鉄のコアは重力に抗うことができなくなり、爆発的に収縮が進む。やがて中心部に、中性子の縮退圧(第6章)によって支えられたコアが成されると、コアはもうそれ以上収縮しない。後から中心に向かって落ちてきたガスは、そのコアにぶつかり、跳ね返されることによって強い衝撃波が発生する。この衝撃波が星の外側へ向かって伝播し、星の外層を吹き飛ばし、ついには超新星爆発として星のほぼ全体を宇宙空間へとまき散らすのである。これが重力崩壊型超新星爆発である。ほぼ全体と書いたのは、中心に中性子星やブラックホールなどの高密度かつコンパクトな天体が残ることがあるからである(第6章、第7章)。

重力崩壊により衝撃波が生成されると、その衝撃波の背後で高温となった場所で、元素合成が爆発的に進む。特に、アルファ粒子(^{4}He)を捕獲してガンマ線を放出するアルファ捕獲反応によって、大量の^{56}Niが生成されることがその特徴の1つである。^{56}Niは放射性元素と呼ばれる不安定な元素の1つで、^{56}Niのまま長く存在することはできず、およそ1週間程度で^{56}Coに、さらに80日程度で安定な^{56}Feに放射性崩壊する。この放射性崩壊のときに放出されるガンマ線が元となり、超新星爆発は明るく輝くのである。典型的には、通常の重力崩壊型超新星で生成される^{56}Niの質量は太陽の0.1倍程度である。

重力崩壊型超新星のもう1つの特徴は、生成されるアルファ元素の量が多いことである。アルファ元素とは、^{12}C, ^{16}O, ^{20}Neなど、中性子の数と陽子の数が偶数でかつそれぞれ等しい原子核をもつ元素であり、アルファ粒子(^{4}He)の集まりと見なすこともできる。これらの元素は、重力崩壊型超新星を起こすような大質量星におけるヘリウム、炭素、酸素の燃焼により生成されることから、重力崩壊型超新星において宇宙空間に大量にまき散らされる元素の一種であり、この後に述べるIa型超新星とは異なる特徴である。

ここまで重力崩壊型超新星としてあたかも1種類のように書いてきたが、実は重力崩壊型超新星には爆発する時点での星の状態によっていくつか種類がある。観測的には、超新星の分光観測によって、そのスペクトル上に水素が観測されるものはII型、水素が観測されないものはI型と分類される。このI型、II型にさらに小分類がある。この区分が生じる物理的な理由は以下の通りである。最も多いのは、II型超新星と呼ばれるもので、これは爆発時に、星の表面に水素が大量に残っていた場合の爆発である。重力崩壊型超新星は、質量の大きな(太陽の8倍程度以上)星の爆発だが、その中でも比較的軽めの星の爆発がII型超新星となる。ハッブル宇宙望遠鏡などにより、爆発前の星が偶然観測されていたり、超新星爆発の光度曲線·スペクトルを理論モデルと詳細に比較したりすることで、爆発前の星の質量を推定でき、およそ太陽の質量の8～20倍と考えられている(Smartt 2009)。

より重い星はIb型·Ic型などと呼ばれる超新星爆発を起こす。前述の質量放出の際に、星表面の、重力で弱く束縛された水素やヘリウムが星間空間へどんどん放出されていく過程で、星表面の水素がほとんどなくなってしまう。その内側のヘリウムが星表面に露出した星が爆発を起こすとIb型として観測される。すなわちIb型は水素が観測されないがヘリウムが観測される重力崩壊型超新星のことを指す。さらに質量放出が進んで、ヘリウムもほとんどなくなるとどうなるか？ このような超新星爆発はIc型として分類され、そのスペクトルには水素もヘリウムも観測されない。このような爆発を起こす星は、「より重い星」と書いたが、それ以外にも、他の星と連星をなしている場合に起こることが多い。これは、相手の星との相互作用により、(単独で存在する星に比べて)効率的に外層がはぎ取られていると考えられている。

このような超新星の多様性は、21世紀になり活発に行われている超新星を探査する多数の観測プロジェクトにより明らかになりつつある。しかし、1つ明らかになると1つ謎が出てくるというのも学問の常であり、いまだ謎も多い。今後もさまざまな超新星探査観測プロジェクトが計画されており、多様な爆発現象が発見され、その素性が明らかにされることを期待したい。

(2) Ia型超新星

星の最期の爆発は、重力崩壊型超新星だけではなく、Ia型超新星と呼ばれる種類の爆発も存在する。これは、白色矮星となった星が連星系、つまり、もう1つの星とお互いの周りを回っている際に(連星系と呼ぶ)、ある条件をみたした場合に起こる爆発である。その条件とは、この白色矮星がチャンドラセカール限界質量(およそ太陽の1.4倍の質量、第6章参照)を超えるかどうか、である。これは連星系にあることと深く関係している。何らかの原因(後述)で相手の星から質量を獲得することにより、チャンドラセカール限界質量を超えて初めて、Ia型超新星として爆発することができるのである。爆発するのは白色矮星であり、水素を(ほとんど)持たない天体であることから、観測される超新星のスペクトルにも水素が見られないのでI型に分類され、また後述するようにケイ素の特徴が見られることからIa型と呼ばれる種類に分類されている。

白色矮星の質量がチャンドラセカール限界質量に達するとなぜ爆発するのか。後述のように、白色矮星は、電子の縮退圧と重力とが釣り合った系である。白色矮星の質量が増えていくと、白色矮星の密度が上がり、中心の温度もそれに伴い上昇する。中心部がおよそ3000万度を超えると、白色矮星の主たる構成要素である炭素が熱核反応を起こし、温度がさらに上昇する。この後が通常の星と異なる。通常の星では、温度が上がると圧力も上がるため、星が膨張し、それにより温度が下がる、という機構が働くが、縮退圧の強さは温度に依らないため、温度が上がっても圧力が変化しない。つまり、温度を下げる機構が働かない。これにより核反応が暴走的に進み、白色矮星全体が爆発することになるのである。

では、白色矮星はどのようにして質量を獲得するのだろうか。実はIa型超新星を起こす白色矮星の相手の星は、赤色巨星や主系列星のような通常の恒星か、白色矮星か、この2通りがありうると考えられている(**図2・3**)。相手の星が通常の恒星の場合、その恒星から白色矮星へのガスの流入が起こりうる。それにより、粛々と白色矮星の質量が増え(時には新星爆発として質量が減るが)、やが

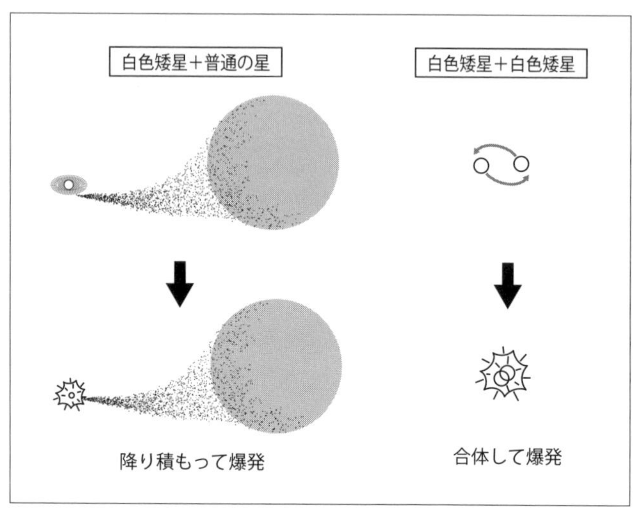

図2・3　Ia型超新星の想像図(田中雅臣著『星が「死ぬ」とはどういうことか』ベレ出版より転載).

てチャンドラセカール限界質量に達すると大爆発を起こす。これを、質量降着説という。一方、相手も白色矮星の場合は、そのようなガスの流入ではなく、白色矮星同士の衝突･合体により合計の質量がチャンドラセカール限界質量を超えた場合に爆発が起こる。この場合は白色矮星合体説という。理論的に提唱されたこの両者の説の観測的な検証が、個別の爆発および大量のIa型超新星爆発サンプルに対して、これまで多数なされてきている。たとえば、Ia型超新星爆発そのものの特徴を詳細に調べること、星が誕生してからIa型超新星爆発を起こすまでの経過時間を調べること、Ia型超新星爆発を起こして数百年たった超新星残骸を調べること、などにより研究が進んでいる。まだ確実な結論には至っていないが、おそらく両方のケースが存在するのではないかと考えられている。

では、Ia型超新星爆発ではどのような元素が作られるのだろうか？ それは重力崩壊型超新星とはどのように異なるのであろうか？ 大きな違いの1つは ^{56}Niが大量に生成されることである。およそ0.7太陽質量の ^{56}Niが生成されるが、これは重力崩壊型超新星の場合のおおよそ10倍にもなる。前述のように ^{56}Ni

は放射性崩壊により ^{56}Feとなる。これがIa型超新星において鉄が大量に生成される理由である。この違いは、次節で「宇宙の時計」を語る際にも重要となる。

2. 宇宙を測る道具としての超新星爆発

2-1. 標準光源: Ia型超新星

多くの種類に分類されている超新星爆発のうち、そのいくつかは宇宙の膨張の歴史を測定するのに使われている。いずれも、その超新星爆発を「標準光源」、つまり「決まった明るさ(個々の爆発が同じ明るさ)」であることを利用したものである。ここで「同じ」と書いたのは、正確には「ほぼ同じ」ないし「光度[注2)]曲線の形を使って"較正"した明るさがほぼ同じ」という意味である。

元々の明るさ(光度)がわかっていると、われわれが望遠鏡で観測したときの見かけの明るさと比較することで、その天体までの「距離」を計算することができる。単純には、見かけの明るさは距離の－2乗に比例するので、遠方の天体は暗く見える。つまり、天体の明るさを観測すれば距離がわかるのである。一方で、天体は宇宙の膨張に従って観測者から後退しており、その「膨張速度」は赤方偏移(第1章3-1節参照)という量として明るさとは独立に測定することができる。この「距離」と「膨張速度」の関係は、実は、宇宙にどのくらい物(エネルギー[注3)])が詰まっているか、によって変化する。つまり、「距離」と「膨張速度」の関係を精密に測定することで、宇宙にどのくらい物(エネルギー)が詰まっているかを算出することができる。さらに、当時の宇宙の年齢、つまり、観測する超新星の爆発した時代によってどのようにそれが変化したか、も調べることができる。超新星爆発は、種類にもよるが、およそ銀河1個分の明るさを持つ非常に明るい天体であるため、遠方宇宙[注4)]にあっても観測可能であり、この手法が遠方宇

注2)光度とは、天体が単位時間当たりに出す全放射エネルギー量のこと。
注3)物の質量mとエネルギーEは$E=mc$という関係で結びついている。
注4)光速は有限なので、「遠方宇宙」とは、すなわち「昔の宇宙」ということになる。

宙まで適用可能である。

このように標準光源として利用される超新星としては、Ia型超新星が有名である。Ia型超新星は、爆発時の白色矮星の質量がほぼ一定（チャンドラセカール限界質量）であり、それに伴い明るさ（主に生成される ^{56}Niの質量に比例）もほぼ一定であると理論的に考えられること、超新星の中でも比較的明るく、より遠方（初期の）宇宙まで観測が可能であることから、標準光源として扱いやすいのである。1990年代後半に2つの研究グループが独立に、Ia型超新星の観測から「宇宙の膨張は加速している」と結論づけた（**図2・4**）。その2グループの代表的な研究者3名には、2011年にノーベル物理学賞が授与された。

他にも、一部のII型超新星や、Ia型超新星よりも明るい（より遠方まで観測可能な）超高光度超新星、またガンマ線バーストと呼ばれる爆発現象なども標準光源として利用されてきており、特に後者2つについては、Ia型超新星よりも遠方、つまり昔の宇宙での観測が可能である。将来的には、宇宙論の研究、たとえば宇宙のエネルギー密度、ダークエネルギー等の詳細な検証のためのツール

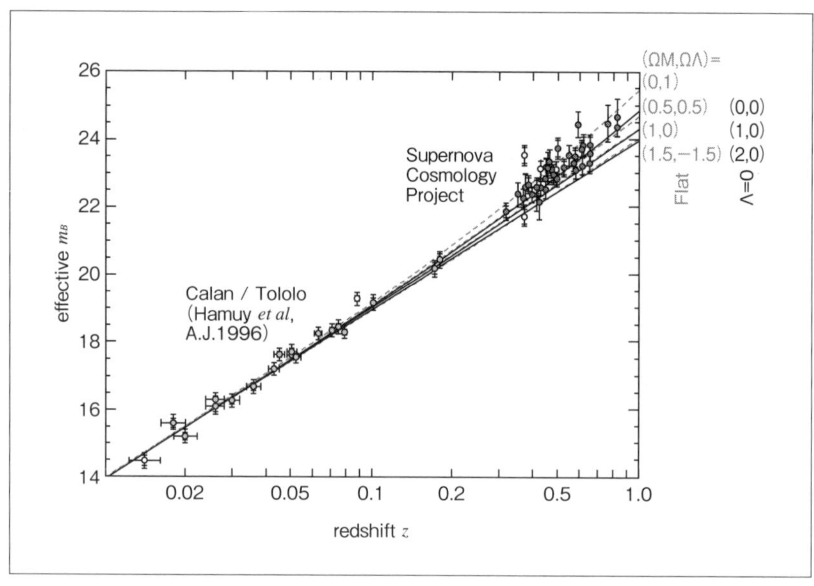

図2・4　Ia型超新星を用いた宇宙膨張の測定（Perlmutter et al. 1999）.

として期待が大きい。

2-2. キロノバにおける重元素生成

ここまで星内部・超新星爆発での重元素の生成について見てきたが、宇宙に存在する元素はまだまだこれでは説明しきれない。それが以下に述べるr過程という過程で生成される重元素である。

r過程とは、速い(rapid)中性子捕獲とそれに続くベータ崩壊により、核図表で中性子過剰領域にある鉄属より重い元素を形成する過程である。前述したs過程では、ベータ崩壊の時間が中性子捕獲の時間より短いため、捕獲された中性子は陽子になるが、r過程ではその逆である。鉄属元素と中性子が豊富に存在する(数密度が 10^{20} cm^{-3} 以上)領域でのみ起こる。これにより、ランタノイド族などの重元素が生成される。では、そのような場所はどこか？ 長らく重力崩壊型超新星爆発がその現場として有力視されてきたが、中性子星同士の合体で発生するキロノバの観測により、その検証がここ数年で急速に進んでいる。

キロノバとは何か？ その名は、新星(ノバ)と比べて1000倍(キロ)程度明るいことが元々の起源である。超新星(スーパーノバ)と比べると暗い。では、どのような天体現象がキロノバとして観測されるのか。それは中性子星というコンパクトな高密度の星同士の衝突・合体による爆発現象である。

キロノバの研究の進展は、2015年以降、観測が目覚ましいスピードで進んでいる重力波望遠鏡による観測と深く関連している。2015年9月、レーザー干渉計(マイケルソン干渉計)である米国・LIGO重力波望遠鏡2台が科学観測を開始した。それまでも国立天文台の開発するTAMA300など、重力波望遠鏡による宇宙からの重力波を直接的に検出する試みはあったが、感度がそれほど高くないため、有意な検出には至っていなかった。LIGOは、その科学観測開始以降、ブラックホール同士の合体からの重力波を複数検出し、電磁波との観測を合わせた重力波天文学が本格的に開始された。

2017年8月には、欧州・Virgo重力波望遠鏡も科学観測を開始し、世界で計3

台の大型レーザー干渉計重力波望遠鏡が、8月いっぱいまでのわずか1カ月間ではあるが稼働することになっていた。重力波望遠鏡は一般的に“視力”が悪く[注5)]、1台だけでは重力波を放射した天体を同定することは到底不可能である。しかし、複数の望遠鏡による同時観測を行うことで重力波の到来方向の決定精度が劇的に改善する。2017年8月14日にVirgoが初めて検出したブラックホール合体からの重力波GW170814は、LIGO2台とともに計3台の重力波望遠鏡が検出した最初の事象であり、実際にその到来方向の決定精度は、それまでのどの事象よりも良い約87平方度(満月約400個分)であった(Abbott et al. 2017a)。天文学者がこのGW170814に対する電磁波観測に追われている頃、さらなる重力波検出の報告があった。それがGW170817であり、後にキロノバが観測された事象である(Abbott et al. 2017b)。

GW170817は、2017年8月17日に、LIGO2台により検出された。実はVirgoでは検出されなかったのだが、Virgo自体はきちんと稼働していた。この「Virgoが検出できなかった」という情報も有効に利用することにより、GW170817は、到来方向の決定精度がわずか16平方度と狭く、距離も40^{+7}_{-15} Mpc(メガパーセク)とこれまでの事象に比べて非常に近い(それまで最も近かったものでも87 Mpc)事象であった。

さらに、フェルミ衛星による、重力波とほぼ同時刻のガンマ線の検出(von Kienlin et al. 2017)により、到来方向はさらに絞られ、最終的には、重力波検出から9時間後に、チリ共和国の口径1mの可視光望遠鏡Swopeにより、距離40 Mpcにある銀河NGC 4993の近くに新天体が発見され、それが重力波を放射したキロノバであると同定されたのである(Coulter et al. 2017)。

このキロノバは、人類が初めて同一天体からの重力波放射と電磁波放射をほぼ同時に検出した偉業でもあった。ほぼ同時、と書いたのは、重力波の検出から電磁波(この場合はガンマ線)の検出まで、2秒の遅れがあったのである。NGC 4993という銀河までの距離はおよそ40 Mpc、つまり1.2億光年であり、重力波もガンマ線も1.2億年(3.8×10^{15}秒)かかって地球に到来している。仮に

注5)信号の発生源の位置を正確に特定するのが不得手ということ。

重力波とガンマ線が同時に放射されたとして、地球にたどり着くまでにわずか2秒の差しか生まないほど速度が等しい、つまり両者の速度の比にして、2/(3.8 × 10^{15})、およそ 10^{-15} 程度の差しかなかったことになり、これは驚くべき一致と考えてよいだろう。

このキロノバは、これまでの慣習に従い、突発天体(突発的に増光した天体、超新星など)AT2017gfoと名付けられ、あらゆる波長の電磁波での観測が行われ、重力波検出から6年も経過した執筆時現在でも、特にX線や電波において継続的に観測が行われている。この観測から、中性子星同士の合体で、r過程によって鉄より重い重元素が生成されたことが確認された。具体的には、光度変動やスペクトルを総合的に考えると、ランタノイド族元素(原子番号57-71)が生成されたことが確認されている(Tanaka et al. 2017)。さらに、スペクトルの詳細な吟味から、ストロンチウムSr(原子番号38、Watson et al. 2019)、ランタンLa(原子番号57)、セリウムCe(原子番号58)などの同定に成功したと報告されている。

読者の中には、前段落の最後の文が断定的でないことにお気づきの方もいるであろう。一般に、宇宙にある天体に含まれる元素の種類を調べるには、分光スペクトルにおいて決まった波長の光の吸収を調べることで達成される。しかし、中性子星合体では物質が高速で膨張しているため、光のドップラー効果で波長が大きくずれるとともに、その吸収線が広がってしまうため、元素の特定は非常に困難となる。さらに、中性子星合体によって作られる重元素がどのような波長に吸収線を示すかがそもそもきちんとわかっておらず、元素の同定は困難を極める。近年の核物理研究の進展もあり、上記のようにスペクトルからの元素の同定が可能となってきたが、現状では、それ自体が最先端の物理学の知見・理論モデルにより達成される成果となっているのである。

本書を執筆している2023年5月現在、重力波放射の検出を伴うキロノバの観測例はまだ1つのみであるが、日米欧の重力波望遠鏡による合同観測が近々再開される。日本のKAGRA実験を含む世界の重力波望遠鏡が検出する中性子連星合体からの重力波と電磁波による観測とを合わせ、観測例の増加とともにキロノバにおける重元素生成の理解が飛躍的に進むことが強く期待されている。

3．宇宙最初の星の発見を目指して

3-1．金属欠乏星

この章の最初に述べたように、宇宙初期にはたった3種類の元素しか存在していなかった。しかし、現在の宇宙および地球には多様な元素が存在している。これは、裏を返すと、重元素の少ない星(天体)は、宇宙誕生から間もない時代に生まれた星(天体)である、ということになる(コラムI参照)。

宇宙の年齢は138億年程度と見積もられているが、たとえば太陽の0.9倍より質量の小さな星の寿命はこれより長い。つまり、仮に宇宙ができたばかりの頃にこのくらいの質量の星が生まれた場合、現在まで生き残っている可能性があるわけである。近年、大量の天体を同時に分光観測することができるようになり、「金属の少ない星」を探す観測プロジェクトがめざましく進んでいる。重元素のより少ない星、つまり、より「宇宙初期の組成を持ったガス」から作られた星を探すことで、宇宙の超初期に誕生した星を探そう、という試みである。執筆時の記録では、水素に対する鉄の量が、太陽と比べておよそ10万分の1という「ほぼ金属の存在しない」星が発見されている。

3-2．宇宙の時刻としての「重元素」

前節最後にみたことを、さらに細かく考えていくと、今度は「時計」として重元素を使うことができる。たとえば、先に述べた大まかな2種類の超新星爆発において、生成される重元素の種類が異なることを述べた。星は、そこにあるガスを元に作られる。そのガスの重元素組成は、それまでの元素合成の歴史の積分となっている。これを利用すると、宇宙におけるある領域において、異なる重元素の量を比べられれば、どちらの種類の超新星爆発がどの程度多く発生していたかがわかる。

一方で、2種類の超新星爆発(重力崩壊型･Ia型)は、その爆発する星が生まれてから爆発するまでの時間が大きく異なる。重力崩壊型超新星は、質量の大きい星の最期であるため、星が生まれてから爆発までの時間が非常に短く、わずか 10^{6-7} 年程度である。一方で、Ia型超新星は、質量の軽い星が白色矮星になる時間が最短でも必要であり、それは重力崩壊型超新星の爆発までの時間よりも長い。さらにチャンドラセカール限界質量に達する質量の獲得までに時間がかかる。特に白色矮星同士の合体で、重力波を放射しながら徐々に連星の軌道が縮まり、合体に至るまでに長い時間がかかる。Ia型超新星のいずれのケースの場合も、重力崩壊型超新星よりは長い時間がかかり、そのタイムラグが重元素のパターンの変化を生み出すのである。つまり、宇宙初期において星が誕生･進化した後、重力崩壊型に比してIa 型超新星爆発が活発になる時期には遅れが生じ、それが宇宙の元素組成の進化に反映される(Nomoto et al. 2013)。

大雑把には、鉄を多く生成するのはIa型超新星、アルファ元素を多く生成するのは重力崩壊型超新星と言うことができる。重力崩壊型超新星が早く爆発することを考えると、ほとんど重元素の存在しない宇宙初期から、まずはアルファ元素が増え、遅れて鉄が増える、ということが想像できる。これを利用した、宇宙の時刻と深く関係した研究を2例、紹介する。

(1)観測例1:天の川銀河および近傍銀河の星

太陽近傍の星に対して観測された重元素量の比の図(**図2・5**)を見てほしい。横軸に水素に対する鉄の量を対数スケール(底は10)で書いたもの([Fe/H])、縦軸に鉄に対するアルファ元素の量を同じく対数スケールで書いたもの([alpha/Fe])を描く。両者はそれぞれ太陽に対する値との比(ログなので差)になっている。

横軸を右に(大きくなる方向に)進む方向が、おおよそ時間の進む方向と考えてよい。超新星爆発により、鉄の量が増えていくから、である。低い[Fe/H]の

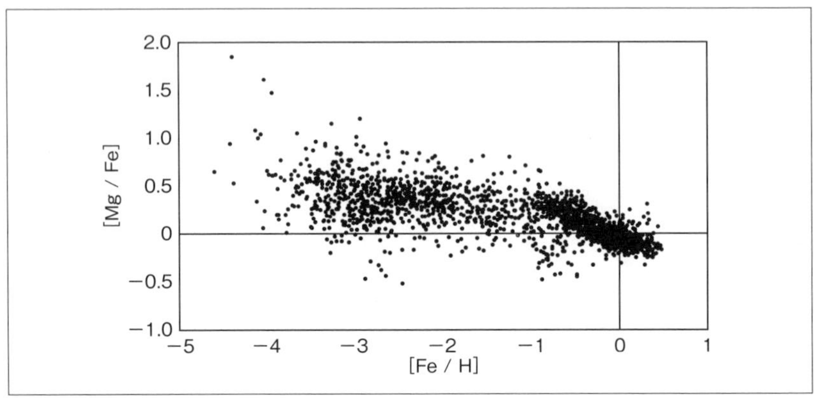

図2・5　近傍の星に対する重元素比（図はSAGAデータベース（http://sagadatabase.jp）を用いて作成．ここではalphaとしてMgを示した．

ところでは、およそ[alpha/Fe]＝－0.5となっていて、これは重力崩壊型超新星による寄与である。[alpha/Fe]＝－1で下向きに折れ曲がりが見えるが、これはIa型超新星の寄与が始まった時代と考えることができる。Ia型超新星は前述のように、鉄を多く生み出すからである。

これを宇宙におけるさまざまな領域に対して描いてみると、興味深いことがわかる。銀河によっても、同一の銀河内の異なる領域によっても、異なる図が描かれるのである。これは銀河ごと·銀河内の領域ごとに、星が大量に生成された時期が異なることを意味している。

（2）観測例2：遠方の活動的超巨大ブラックホール

単独の星やその爆発から、その時代の重元素の量を測定することは、遠方宇宙では難しい。そこで注目されるのがあらゆる銀河の中心部に存在すると考えられている超巨大ブラックホールである。超巨大ブラックホールの一部は、周りに存在するガスが降着することにより明るく輝く活動銀河核として観測される（第7章）。特にクエーサーと呼ばれる種族は、稀な存在ではあるものの、非常に明るく、宇宙超初期（赤方偏移～7.6宇宙年齢～7億年、Wang et al. 2021）

の天体まで観測されている。このクエーサーの分光観測を詳細に行うことにより、クエーサー中の重元素を時代(赤方偏移)の関数として調べ、Ia 型超新星爆発が活発になった時期、およびそれから遡って第１世代の星の形成時期を推定できるというアイデアが提唱されている。たとえば、クエーサーの紫外線スペクトル中の、鉄とマグネシウムの輝線の強度の比などが、そのような「宇宙時計」の役割を果たすとして期待されている。

クエーサーは、その中心に質量が太陽の数億倍もある超巨大ブラックホールが存在し、その周りをとりまくガス降着円盤、さらに周りにブラックホールの周りを回るガス雲(広輝線領域ガス)が存在する。上記の鉄やマグネシウムの輝線は、このガス雲からの放射である。

近年の空の大部分を探査する大規模サーベイ掃天観測により、70 万個以上のクエーサーが発見されている。中でも、この鉄とマグネシウムの輝線の強度比を測定するのに適した６天体を丁寧に調べた結果によると、観測される鉄・マグネシウム強度比は単純な超新星モデルによる予想とは異なり、同じ時代(赤方偏移)のクエーサーでも大きなばらつきがあることがわかっている。つまり、観測される強度比は、単純に元素組成比を反映しているのではなく、別の物理機構により変化している可能性がある。ではその機構とは何か？ 時計としての役割とは違った方向に研究は進むことを余儀なくされているが、それがひとたび解決すると、改めて時計としての機能を果たす研究が進展することが期待されている(Sameshima et al. 2020)。

参考文献

Abbott, B. P., Abbott, R., Abbott, T. D., et al. 2017 a, *ApJL*, 848 , L12 .

——, 2017 b, *PhRvL*, 119 , 141101 .

——, 2019 , *PhRvL*, 9 , 3 , 031040 .

Coulter, D. A., Kilpatrick, C. D., Siebert, M. R., et al. 2017 a, *GCN*, 21529 .

Nomoto, K., Kobayashi, C., and Tominaga, N., 2013 , *ARA&A*, 51 , 457 .

Perlmutter, S., Aldering, G., Goldhaber, G., et al., 1999 , *ApJ*, 517 , 565 .

Sameshima, H., Yoshii, Y., Matsunaga, N., et al., 2020 , *ApJ*, 904 , 162 .

Smartt, S. J., 2009 , *ARA&A*, 47 , 63 .

Tanaka, M., Utsumi, Y., Mazzali, P. A., et al. 2017 , *PASJ*, 69 , 102 .

von Kienlin, A., Meegan, C., Goldstein, A., et al. 2017 , *GCN*, 21520 .

Wang, F., Yang, J., Fan, X., et al., 2021 , *ApJL*, 907 , 1 , L1 , 7 .

Watson, D., Hasen, C.J., Selsing, J., et al., 2019 , *Nature*, 574 , 7779 , 497 -500 .

第3章

星・惑星の形成と太陽系の起源

廣田朋也

1. 基本的な星･惑星形成の概念

星(恒星)は宇宙の構成要素の中でも最も主要な天体の1つであり、夜空を見上げれば数多くの星が存在することは人類が誕生して以来認識されている。太陽は地球から見て最も明るく輝く天体であり、人類にとっては月と並んで最も身近な天体といえる。天文学の科学的な研究が発展するとともに、太陽の周囲には地球を含む惑星が公転しているという太陽系の描像が確立し、また、太陽が宇宙に数多く存在する星の1つであることも認識されている。今では太陽以外の恒星にも惑星系が存在していることは一般的な概念となっている。このように、地球、太陽、および、太陽系の姿が明らかになるにつれて、太陽系の起源についての議論も科学的な観点で進められている。18世紀には、巨大な星雲の中で星間物質が集まることにより太陽系が生まれた、という星雲説がI. カントとP. S. ラプラスによってほぼ同じ時期に提唱されている。当時の太陽系への理解はまだ不十分であったものの、基本的な考え方は現代の観測や理論で確立された星･惑星系形成理論とおおむね一致している。

本章では、太陽のような恒星が生まれてからどのような過程を経て現在の姿に進化したのか、その中で太陽系のような惑星系がどのようにして生まれたのかについて紹介する。最初に、ここでは星·惑星形成過程の概要をまとめる。

1-1. 恒星の誕生

恒星は、星間空間では比較的高密度な分子雲の奥深くで誕生する。分子雲は、その名の通り主成分が水素分子(H_2)で、その数密度は1 cm^3 あたり100個程度(100個/cm^3)以上、温度は絶対温度で約10 K(約-263度)の低温高密度なガスである。星間空間中では高密度な分子雲とはいえ、地球上の1気圧の大気の密度10^{19}個/cm^3に比べるときわめて希薄なガスである。分子雲の大きさや質量は領域や環境によってさまざまであるが、大きいものでは差し渡し100光年程度と太陽系における海王星軌道の10万倍の大きさを持ち、質量は太陽の10万倍以上にも及ぶ(**表3・1**)。

分子雲の一部領域では、ガスがお互いの重力によって中心に集まる重力収縮が進み、分子雲コアと呼ばれる天体に進化する。分子雲コアは太陽の数倍から10倍程度の質量、大きさは1光年程度、密度は水素分子が1 cm^3 あたり10^6個以上となり、母体となる分子雲に比べてコンパクトで高密度な天体となっている(**表3・1**)。分子雲では中心部の高密度領域ほど強い重力で収縮が加速され、やがて恒星の赤ちゃんとも呼ぶべき原始星が誕生する。分子雲コアはその母体となる星の卵とも例えられる。原始星の周りには土星の輪のように回転するパンケーキ状の円盤が作られ、重力によって円盤中の物質が中心に集まってくる質量降着により成長する。できたばかりの原始星は軽い質量の天体であるが、分子雲コアからの降着物質によって質量を獲得して成長する。また、原始星が生まれると、その周囲からアウトフローやジェットと呼ばれる高速のガス流が噴き出す様子も観測されている。原始星の進化が進むと、周囲からの降着が終わって質量の増加は止まるものの、星自身の重力収縮は進んで、おうし座T型星(Tタウリ型星)と呼ばれる段階に進化する。原始星は分子雲コアの中心部で質量降着した物質の重力エネルギーを解放して電波や赤外線での微弱な放射をする低温の天体であるが、分子雲コアが散逸したおうし座T型星になると、中心部で重水素やリチウムの核融合反応が始まり、可視光帯でも輝く様子が観測できるようになる。おうし座T型星の段階では、周囲の円盤内部の物質が収縮や合体を繰り返しながら成長して惑星が形成される。そのため、原始星周りに作られた円盤は、原始惑星系円盤とも呼ばれる。

1-2. 宇宙の組成

宇宙に存在する通常の物質(ダークマターやダークエネルギーを除いたバリオン)で最も主要な構成要素は水素であり、質量では全体の74％を占めている。水素についで多く存在するヘリウムは25％であり、地球上の生命の主要な構成要素である酸素、炭素、窒素、地球の岩石を構成するケイ素、最も安定な鉄など他の元素はすべて合わせても1％しか存在していない。そのため、分子雲の主要な構成要素は水素H_2であるが、それ以外にもこれまでに約290種類にも及ぶ多くの星間分子が検出されている。原子や分子は、それぞれの構造や励起状態で決まる特定の周波数(波長)パターンの線スペクトルを放射するため、スペクトルの周波数や強度を測定することで物質の同定やエネルギー状態の推定が可能であり、スペクトルを放射する天体の温度や密度などの物理状態を調べることも可能である。また、原子や分子のスペクトル線は、ガス中の粒子の運動によるドップラー効果のため、本来の周波数からずれた値の信号として観測される。逆に、観測された周波数のずれの量からその分子ガスの持つ運動速度を測定することが可能になる。これを用いて、天体の回転や収縮、膨張のような運動も調べることが可能である。

また、分子雲には固体微粒子である星間塵(ダスト)が分子ガスに対して100分の1程度の質量比で存在している。ダストは背景の光を遮ることから、分子雲は暗黒星雲として認識されるものの、その内部を可視光で観測することは困難である。一方で、可視光よりも波長が長く透過率の高い赤外線や、上で述べた電波を用いると、ダストによる吸収や散乱の影響を受けにくくなり、分子雲の奥深くで生まれつつある原始星や惑星、および、その周辺環境をより詳しく調べることが可能になる。可視光の望遠鏡による天体観測は17世紀にガリレオ[注1)]によって初めて行われているが、赤外線や電波による宇宙の観測は20世紀後半以降に始められており、それに伴い星・惑星形成の研究が飛躍的な発展を遂げている。

1-3. 星形成の時間スケール

星形成では、次節以下で述べるように、さまざまな物理過程がおおむね1000万年以下の時間スケールで起こっている。たとえば、太陽と同程度の質量の恒星は、1年間に平均的に太陽の100万分の1程度の質量を100万年かけて集めることで成長する。この進化の過程は、宇宙年齢や恒星の寿命の100億年に比べるときわめて短いものの、人類の歴史や寿命に比べるとはるかに長い時間スケールである。そのため、分子雲が形成されてから原始星が生まれるまでの一連の星形成過程を連続的に捉えることは不可能である。これは、星・惑星形成研究に限らず多くの天文学分野で共通の問題である。これを克服するために、天文学者は異なる進化段階にあるさまざまな天体を網羅的に観測することで、星形成過程の全容解明を目指す研究を進めている。星形成が常に同じペースで起こっているという仮定が成り立つ場合は、各進化段階にある天体の数はその存在可能な時間に比例するため、それぞれの進化にかかる時間スケールを見積もることが可能である。たとえば、観測された100天体のうち1天体だけが特に生まれたばかりのごく初期の特徴を持っているとすると、その1天体の年齢は残りの99天体に対して1%程度の短い時間スケールということを意味する。理論計算をもとに原始星の進化段階が10万年継続すると仮定できれば、1%程度しか観測されていない天体の継続期間は1000年に相当すると見積もることができる。

以下では、ここまで簡単に紹介した星形成でキーとなる進化段階や天体ごとに物理的・化学的・天文学的な観点でより詳細な描像とその時間スケールを紹介する(Stahler and Palla 2004, Yamamoto 2017, 福井他 2008, 井田他 2021)。

注1)本書では人名を姓で表記しているが、広く用いられている呼称を考慮してガリレオ・ガリレイだけは「ガリレオ」と表記する。

2. 分子雲形成と分子雲収縮の時間スケール

星形成過程で最も大きな働きをするのは重力である。本節では、原始星が生まれる前段階の分子雲形成過程と、そこでのキーとなる時間スケールについて紹介する。

2-1. 星間雲

星間雲では、一部の領域を除いて圧力がほぼ一定の平衡状態になっており、密度が温度に反比例することが知られている(Myers 1978)。粒子の密度が1 cm^3 あたり1個程度未満の低密度状態では絶対温度が数1000 K以上と高温状態にあり、物質はほとんどが電離されたプラズマとなっている。粒子数が1 cm^3 あたり1個以上のやや密度の高い領域では、電子と陽子が結合した中性の水素原子が主要な構成要素となる。水素原子は近くの恒星などから放射される星間空間の紫外線によってイオン化されているものの、紫外線が届かない高密度な星間雲奥深くでは電離されることなく原子として安定した状態で存在する。このような原子が主成分の原子雲は、おおむね絶対温度で数10 Kから1000 K程度まで冷却されている。原子雲の存在は、1951年に水素原子からの波長21 cmの電波スペクトル線観測によって初めて確認され(Ewen and Purcell 1951, Muller and Oort 1951, Pawsey 1951)、その後の観測で銀河の渦巻き構造に沿って広く分布していることが明らかにされている。

2-2. 分子雲

原子雲が放射によってエネルギーを失って冷却されながら高密度な状態になると、水素が分子の状態で存在できる分子雲になる(Heyer and Dame 2015)。分子雲には、分子ガスに対して1%程度の質量比で個体微粒子のダストを含んでいるため、背景の光が遮られる暗黒星雲として観測される(**図3・1**)。水素分子H_2はダスト表面に吸着した水素原子Hが2つ結合する化学反応で作られた後にダスト表面から気相(ガス)へと昇華する。この時間スケールは、典型的な分子雲の密度では1000万年程度と見積もられている。分子雲の密度は1 cm^3あたり水素分子が100個程度以上であり、内部に存在する分子やダストからの放射によって絶対温度10 K程度までガスの冷却が進むことで、さらに重力収縮も進んで高密度化する。分子雲は、星間空間で孤立して存在するガス塊から、複数の巨大なガス雲が集まった巨大分子雲、時には細長く伸びたフィラメント(繊維状)分子雲などさまざまな形態のものがあり、その大きさや質量もさまざまである。大きいものでは差し渡し100光年に及び、太陽の10万倍以上の質量を持つものもあり、多数の恒星の材料となり得る物質を含んでいる(**表3・1**)。

分子雲が重力収縮することによって星が生まれるのにかかる時間は、重力だけが働く簡単な場合(自由落下)を仮定すると、おおむね数100万年程度と見積もられている。しかし、実際に観測される天の川銀河での分子雲の質量や生まれている星の数などから推定される星形成の時間スケールは、それよりも1桁以上は長いと考えられている。この矛盾は、分子雲の収縮が重力のみに支配されるわけではなく、分子雲での星形成が起こる際には重力以外の要素も重要な役割を果たして、重力収縮を妨げて星形成の時間スケールを長くする、あるいは、必ずしも分子雲で星形成を起こさせない、というメカニズムが存在することを示唆している。たとえば、乱流と呼ばれる分子雲内のガスのランダムな運動や、分子雲中の磁場などが重要な機構として提唱されている。

一方、天の川銀河の一部や、天の川銀河の外にある系外銀河の一部、特に分子ガスが豊富に存在する爆発的星形成(スターバースト)銀河では、短時間で大量の恒星がほぼ同時に形成される領域も観測されている。星形成が活発な領域では、分子雲同士の衝突や銀河同士の衝突·合体の痕跡が発見されており、これにより分子雲の圧縮が進んで重力収縮を促進する可能性が示唆されている(Fukui et al. 2021)。また、このような天体では、太陽質量の8倍を超える大質量星が大量に生まれる星団が観測されており、先に生まれた大質量星の作る電離ガス

図3･1　Gaia衛星データリリース3に基づく天の川銀河の2次元イメージ．恒星の光を遮る暗黒星雲が天の川銀河に沿って分布していることがわかる．© ESA/Gaia/DPAC（https://sci.esa.int/web/gaia/-/the-colour-of-the-sky-from-gaia-s-early-data-release-3）．

表3･1　分子雲の典型的な物理量（Stahler and Palla 2004のTable 3.1参照）．

	密度（cm^{-3}）	大きさ（光年）	温度（K）	質量（$M_{\odot}$）
巨大分子雲	100	100	15	100000
暗黒星雲（複合体）	500	10	10	10000
暗黒星雲（個別）	1000	1	10	30
分子雲コア	＞10000	0.1	10	10

の膨張や、先に寿命を終えた大質量星の超新星爆発による衝撃波が新たな分子雲形成や星形成の引き金となる様子も示唆されている。

分子雲における星形成は、分子雲内部の重力、乱流、磁場や外的要因の影響（外圧）のバランスによって支配され、何らかの理由で重力が優勢になった際に引き起こされるということがいえる。しかし、重力が優勢になる条件やその要因については、現時点でも理解は不十分で、観測的、理論的な研究が活発に行われている。

3. 原始星形成と物理現象の時間スケール

分子雲では、高密度な分子雲コアの中で原始星が誕生し、その活動性に伴ってさまざまな現象が観測されるようになる。本節では、原始星の誕生によって起こる重要な物理現象とその時間スケールについて紹介する。

3-1. 分子雲から分子雲コア

分子雲では重力収縮が進むにつれて、温度や圧力、磁場、乱流のバランスによっては途中でより小さなガス塊へと分裂をしながら、温度が絶対温度で10K程度、密度は水素分子が1 cm^{3} あたり 10^{6} 個以上の分子雲コア(高密度コア)へと進化が進む(Bergin and Tafalla 2007)。典型的な高密度コアは太陽の数倍から10倍程度の質量を持ち、大きさは0.1光年程度である(**表3・1**、**図3・2**; **口絵**p.v)。分子雲コアが重力収縮して半径70万kmの太陽程度の星になるとすると、その大きさは約6桁小さくなることがわかる。分裂した分子雲コアはそれぞれで原始星を作ることもあり、連星や星団を形成するさまざまな理論も提唱されている。分子雲コアで生まれる恒星は、最終的にはもともとあった物質の数10%の質量を降着する。

分子雲コア中心で重力収縮により温度と圧力が上昇し温度が1000度程度になると、重力と圧力が釣り合った最初の平衡状態の天体ファーストコアが形成される(Larson 1969, Masunaga et al. 1998)。ファーストコアは大きさが1天文単位程度と太陽に比べると大きいものの、質量は太陽の0.01倍程度であり、太陽程度の質量まで成長するにはまだ多くの時間を要することがわかる。理論計算によると、ファーストコアが安定に存在するのは1000年から1万年程度と、星形成での自由落下にかかる時間に比べてごく短い瞬間であると予言されている。その後、ファーストコアは重力によって周囲の分子雲コアから物質を降着しながら収縮し、太陽半径の数倍程度の大きさ、温度が4000度程度の原始星段階に到達する。原始星も太陽に比べて質量は小さく、１年平均で太陽質量の10万分の１から100万分の１の質量降着率で10万年から100万年程度の時間をかけて成長する。1980年代から発展した赤外線観測衛星による全天観測で、原始星天体の候補は数多く発見されているものの、そのごく初期段階で存在できる期間がきわめて短いファーストコアの確固たる観測的証拠は現時点では見つかっていない。

3-2．アウトフローとジェット

原始星候補天体周辺では、アウトフロー、またはジェットと呼ばれる超音速のガスが一般的に検出されている（Bally 2016, Anglada et al. 2018）。これらの大きさは、母体の高密度コアを超えるほど遠くまで及ぶ大きなものまで検出されており、アウトフローやジェットの検出が原始星形成の間接的な証拠として確立されている。アウトフローは、主に秒速10～100 km程度で噴き出される高速ガス流を指し、電波での分子スペクトル線で観測されるものについては分子流と呼ばれることもある。一方、ジェットは秒速100 km以上のより高速なガス流で、分子スペクトル線だけでなく、可視光による原子やイオンのスペクトル線でも観測されている。また、どちらも、メーザーと呼ばれる強く増幅した星間分子からの電波スペクトル線で捉えられていることもある。多くのアウトフローやジェットは、おおむね反対方向に噴き出す双極流が一般的であるが、細く絞られた構造や放物線のように広がった構造、球殻状にほぼ等方的に広がる構造など、さまざまな形状が知られている（**図３・３; 口絵** p. vi）。アウトフローやジェットは１つの天体で共存していることもあり、速度、形状、空間スケール、付随する天体に関する多様性やその形成機構が調べられている。同様のアウトフローやジェットの存在は活動銀河核やブラックホール連星などでも知られており、天体の種類やスケールによらず共通の物理的機構によって駆動されるとして、さまざまな理論モデルが提唱されている。

アウトフローやジェットの速度と大きさを測ることができれば、その構造を作るのに必要な力学的時間スケールを推定することができる。分子や原子スペクトル線のドップラー効果を用いることで、アウトフローやジェットの視線方向の膨張速度は比較的容易に調べることが可能であり、また、天体の距離さえ正確に決めることができればアウトフローの見かけの大きさから実際の大きさを推定することも可能である。これまでの研究により、アウトフローやジェットの力学的時間スケールはその広がりに依存して100年から10万年オーダーと幅広い範囲のものが確認されている。ただし、このような力学的時間スケールの推定では、アウトフローやジェットの噴出する方向の天球面(視線に垂直方向)に対する3次元的な傾き角を仮定する困難さに伴い大きな不定性が生じるため、厳密に天体の年齢を議論する際には注意が必要である。原始星近傍の小さいスケールであれば、高解像度な電波干渉計や超長基線電波干渉計VLBIを用いて、数カ月から数年の観測期間内に天体の構造変化や運動を捉えることで、アウトフローやジェットの噴出の瞬間を捉えたり、その時間変化を直接計測できたりすることもある。

生まれたばかりの原始星は、周囲にパンケーキ状の平たい円盤を伴うという特徴を持っている(Zhao et al. 2020)。星形成の母体となる分子雲では、初期状態でガスの運動が等方的でその平均が完全にゼロであれば、重力収縮によって生まれる分子雲コアもそのまま等方的に収縮が進む。しかし、現実には運動の平均値はゼロではなく、ガスはやがて回転運動をすることになる。回転運動をするガスは、回転軸に垂直な方向には遠心力が働いて重力収縮を妨げられる一方で、回転軸と平行な方向には遠心力が働かず重力収縮が進んで潰れるため、円盤状になる。

3-3. 角運動量問題

一方、分子雲の回転運動は、以下で述べる「角運動量問題」として星形成過程における重要課題として古くから認識されている。回転する物質は、回転速度、半径、質量の積に比例した角運動量を保存し、分子雲中の物質が重力収縮で中心に集まって半径が小さくなると回転速度が半径に反比例して大きくなる。回転しながら重力収縮で中心に集まってくる物質には、速度の2乗に比例し、半径に反比例する遠心力が働くため、角運動量が保存されていると遠心力は半径の3乗に反比例して大きくなる。一方、重力収縮する物質に働く重力は半径の2乗に反比例するため、半径が大きい地点では重力が強く働いていても中心に近づくにつれて遠心力が重力よりも大きくなり、重力収縮がある半径を境に止まってしまうという矛盾が生じることになる。分子雲の物質が最終的に中心星にまで質量降着をして星形成を可能にするためには、降着物質の角運動量を中心星以外のどこかに持ち去る必要があることを意味している。この問題を解決する理論として、先に述べたアウトフローやジェットの駆動機構を説明する磁気遠心力風モデルが提唱されている(Blandford and Payne 1982)。このモデルでは、降着ガスの10%程度が円盤付近の磁場によって降着を妨げられ、遠心力によって放出されることで角運動量を持ち去り、質量降着を促すことが予言されている。実際に、2010年代後半以降の電波干渉計による分子スペクトル線高解像度撮像や、VLBIによるメーザー観測により、アウトフローが原始星周囲の円盤から回転しながら噴出していること、アウトフローに磁力線が存在し磁場の影響を受けてらせん状にガスが噴出していること、など、理論計算のシミュレーションが予言する特徴が見出されている(Hirota et al. 2017, Lee et al. 2017, Moscadelli et al. 2022)。

3-4. 突発現象

ここまで議論をしてきた各物理現象の時間スケールは、1000万年にも及ぶ星形成過程全体の中での時間平均を示している。一方で、星形成過程でも、天文学者が実際に観測可能な10年以下の時間スケールの現象、時には1年から1日程度で天体構造や物理状態が変動する現象も知られている。また、アウトフローやジェットの構造を調べると、ガスの噴出が定常的に続くのではなく、定期的、または不定期的な時間間隔で繰り返されることも観測されている。このことは、星形成が短い時間スケールの物理過程の積み重ねであることを意味している。

原始惑星系円盤を持つ天体の中には、突発的に赤外線や電波の強度が時には100倍以上も増光するものが知られている(Audard et al. 2014, Hartmann et al. 2016)。これらは、代表的な増光パターンの天体名から、数年から数10年単位で増光が続く天体をオリオン座FU型星、10日から100日でのより短い小さな変動を繰り返す天体をおおかみ座EX型星として分類される。オリオン座FU型星やおおかみ座EX型星は、短期間で突発的に起こる質量降着によって周辺のガスやダストが急激に加熱され、赤外線や電波の放射が増光していると解釈される。また、2010年代後半からは、後で述べる太陽質量の8倍以上を持つ大質量原始星でも、同様の突発的な質量降着現象が確認されている(Caratti o Garatti et al. 2017, Hunter et al. 2017)。大質量原始星では、電波でのメタノール分子からのメーザースペクトル線の増光が最初に発見され(Fujisawa et al. 2015, MacLeod et al. 2018)、その後、赤外線や電波の増光が観測されている。また、電波観測によって、質量降着に伴う新たなジェットの噴出が検出された例も報告されている(Cesaroni et al. 2018)。大質量原始星では、数年間で太陽質量の0.1から0.3個分という大量の物質が降着した可能性も示されている(Hunter et al. 2021)。理論計算では、太陽のような小質量の原始星でも大質量原始星でも定常的な質量降着率で成長するのではなく、突発的な短時間での質量降着の繰り返しで成長を続けることが予想されており、これらの理論が近年の観測で示されたということになる。

4. 惑星の形成と惑星系多様性

太陽のような恒星が形成される際には、その前段階の原始星の周囲に円盤が形成される(**図3・4**; **口絵**p. vi)。円盤では、物質の収縮や合体によって惑星を形成する場にもなるため、原始惑星系円盤とも呼ばれる。太陽系の惑星も円盤内での惑星形成の結果であり、太陽系惑星がほぼ同じ平面上を回転しているのは46億年前の太陽系形成時の原始太陽系円盤の痕跡であることを示している。以下では、このような原始惑星系円盤を持つ天体の進化と、そこでの惑星形成について、主に標準的な太陽系形成のモデルに基づいて紹介する。

4-1．原始惑星系円盤からの惑星形成

原始星は周囲の分子雲コアの物質をアウトフローやジェット、放射によって散逸するなどして質量降着が止まることによりその成長をほぼ終え、その後は緩やかに重力収縮を続ける前主系列星収縮期に進化する（Hartmann et al. 2016）。収縮にかかる時間は恒星が持つ重力エネルギーとそこから単位時間に放射されるエネルギーの割り算として表され、太陽の場合は1000万年程度と見積もられる。前主系列星では、分子雲コアの物質が散逸した後に残される原始惑星系円盤が付随しているため、そこからのわずかながらの質量降着が起こる。そのため、前主系列星では、原始惑星系円盤からの赤外線放射、星表面の活動や円盤内のダストによる不規則な変光、中心星への質量降着による衝撃波からの水素原子輝線スペクトルが検出されるという主系列星とは異なる特徴がある。このような特徴を示す天体は、最初に発見されたものにちなんで、おうし座Ｔ型星という種族に分類されている。

4-2．おうし座Ｔ型星

おうし座Ｔ型星の中でも、進化段階が原始星に近く星周物質が周辺に多量に残っているものは古典的おうし座Ｔ型星、進化が進んで星周物質が散逸した段階で水素原子のスペクトルが弱くなったものは弱輝線おうし座Ｔ型星と区分される。電波から赤外線の放射強度を示した連続波スペクトルは、原始星から古典的おうし座Ｔ型星、弱輝線おうし座Ｔ型星への進化に伴い、分子雲コア、原始惑星系円盤、中心星それぞれからの強度の寄与や放射温度が変化するため、以

下のように連続波スペクトルのパターンによってクラス分けが定義されている(Lada and Wilking 1984)。原始星のように、分子雲コアや原始惑星系円盤からの電波放射が比較的強いものはクラス0およびクラスI 天体と分類される。クラス0天体は電波の中でも波長が短いミリ波やサブミリ波帯でのみ検出され、最初に赤外線で定義されたクラスI 天体よりも若い段階として後から提案されている(Andre et al. 1993)。進化が進んで中心星の放射と原始惑星系円盤の放射が卓越してくる古典的おうし座T型星はクラスII天体に、原始惑星系円盤の寄与もほぼなくなる弱輝線おうし座T型星はクラスIII天体に対応する。観測された天体数の比較から、おおむねクラス0、I の原始星、クラスII の古典的おうし座T 型星、クラスIII の弱輝線おうし座T 型星の年齢は、10万年、100万年、1000万年のオーダーとなっている。おうし座T 型星では1000万年の時間をかけて中心星が収縮すると、中心の圧力が高くなり、温度が100万度程度になると水素の同位体である重水素、リチウムが核融合反応を始める。さらに高温の1500万度程度まで上昇すると水素の核融合反応が始まり、中心での重力と核反応で解放されるエネルギーによる圧力が釣り合った大人の星である主系列星に到達する。

4-3. ダストから微惑星へ

原始星が誕生する時に形成された円盤は、その後のおうし座T型星への進化に伴い、原始惑星系円盤として円盤自体も惑星形成に向かって進化をする(Williams and Cieza 2011)。円盤の高密度領域では、中心星からの放射が遮られて分子雲コアと同様に絶対温度10K程度まで温度が下がる。低温下ではガス中の分子がダストに凍りつき、また、ダスト同士が合体することによって、固体微粒子が成長を繰り返す。星間空間のダストは典型的には0.1μm(マイクロメートル)程度の大きさであるが、原始惑星系円盤ではそれよりも大きな微粒子へと成長し、ミリメートルサイズのダストの存在やダストの成長の兆候も観測されている。ダストは成長するにつれて円盤の中心面(赤道面)へと沈殿し、密度が高いダストの層であるダスト円盤が形成される。ダスト円盤では、物質分布の不均一性や円盤内の自己重力の働きにより一部が分裂したり、局所的に高密度な塊が形成されたりする。これらは半径数km程度の大きさを持つ微惑星となる。微惑星はさらに衝突合体を繰り返し、成長を続ける。中心星からの距離が遠くなると、低温化でダスト表面に氷が生成されるため、より多くの物質を効率よく成長させることが可能になり、中心星近くでは地球やそれよりも小さい天体、外側に行くほど木星のようにより大きな天体が形成される。質量の大きな微惑星ほど広い範囲から大きな質量を獲得し、大きな微惑星にはガスも降着してガス惑星に、小さな微惑星にはガスが降着せず岩石惑星に分化することから、これが太陽系の惑星配列の起源になっていると考えられている。微惑星の成長に要する時間は100万年から1000万年程度と見積もられている。

4-4．円盤のリング構造

このように微惑星が進化を遂げる中で、原始惑星系円盤では、ダストが集中する高密度なリングと、その間に生じた空隙であるギャップによる同心円状の構造や、円盤内の不均一な密度分布や重力不安定性に起因する渦巻きや腕状構造などが形成されている（ALMA Partnership et al. 2015, Andrews 2020）。これら複雑な原始惑星系円盤の構造は、円盤内で形成された惑星による作用で引き起こされた可能性がある一方で、逆に、何らかの機構で形成された複雑な円盤の密度構造によって惑星形成が促進されるという可能性も考えられており、惑星形成と円盤構造の関係については議論が続いている。古典的な理論では、惑星はおうし座Ｔ型星の進化段階で1000万年程度の時間をかけて原始惑星系円盤の中で作られると考えられていた。しかし、2000年代以降の観測により、原始星に近い若い進化段階でも複雑なリング・ギャップ構造や渦巻きなどを示す円盤の存在が示唆されており、惑星形成の理論的・観測的研究による検証が精力的に進められている。おうし座Ｔ型星周囲の円盤の物質が散逸されると惑星形成は終わるが、主系列星の中でもこと座のベガのように、密度の薄い固体微粒子の残骸(デブリ)円盤が残された天体もある。これらは、原始惑星系円盤で起こった天体衝突や円盤内で形成された彗星が撒き散らした微粒子と考えられている。太陽系でも、惑星の軌道面に沿って同様の惑星間塵が薄く広がっており、黄道光として地球からも観測が可能である。黄道光も、かつて46億年前の太陽系形成時に起こった原始惑星系円盤での天体形成の化石ということがいえる。

4-5. 系外惑星

1995年以降に検出されている太陽系外の惑星については、太陽系の惑星とは大きく異なることが明らかになっている(Mayor and Queloz 1995)。たとえば、太陽系では見られないような巨大惑星ホットジュピターが地球の軌道半径よりも小さい軌道を周回していたり、太陽系惑星に比べて大きな離心率の軌道を持っていたりするものも普遍的に見られている。これら系外惑星の多様性については、円盤外側で木星のような巨大ガス惑星が生まれ、内側で地球のような岩石惑星が生まれることを説明した標準的な太陽系形成のモデルとは異なる描像となっている。現在では、さまざまな姿を見せる系外惑星系において、形成された惑星が円盤や他の惑星、近傍の恒星の相互作用により、生まれた時とは異なる軌道に変化したという説が提唱されている。また、生まれる惑星の質量の違いは、原始星周りに作られる原始惑星系円盤の大きさや質量によっても異なると考えられている。原始惑星系円盤の性質は星形成前段階の分子雲コアの角運動量や磁場強度のような環境にも依存するため、どのような惑星系が形成されるかは、惑星形成より1000万年以上も遡った初期状態にも依存するということがいえる。どのような初期状態、環境の分子雲ではどのような星が生まれ、そこでの惑星形成がどのような姿になるのか、という一連の進化を研究することは、宇宙における惑星形成機構の一般的な理解を深めるだけでなく、過去の太陽系形成の解明にもつながっているといえる。

5．大質量星と小質量星の形成・進化の違い

5-1．大質量星と小質量星

恒星の進化は、その質量によって異なることが観測的・理論的に示されている。たとえば、太陽質量の8倍を超える大質量星は進化末期に超新星爆発を起こしてブラックホールや中性子星を形成するのに対し、太陽質量程度の小質量星は膨張して惑星状星雲を形成しながら燃え尽きて白色矮星に進化すること、さらに太陽質量の0.08倍以下の褐色矮星は核反応を起こせずに主系列星の段階までも到達しないこと、などがよく知られている。星形成過程においても、大質量星と小質量星ではその形成機構が異なる可能性が示唆されている。大質量星は、宇宙における元素合成や物質循環、ブラックホール形成や進化など、本書で取り上げられている他のトピックスとも関連する天文学的にきわめて重要な存在である。特に、宇宙初期で形成される最初の恒星は大質量星であると考えられており、大質量星の形成機構解明は宇宙進化という観点においても本質的な課題である。本節では、大質量星の誕生機構について、太陽のような小質量星と対比させながら紹介する。

太陽程度の質量を持つ小質量星については、すでに述べた星形成の物理的進化過程が多くの詳細観測によって明らかにされ、理論的な解釈もほぼ確立されている。一方で、大質量星については、その進化の時間スケールが短いために存在数が少なく観測可能な候補天体が少ないこと、そのために大質量原始星は太陽系近傍にほとんど存在せず、高感度高解像度観測が困難な遠方にある天体を対象にしなければならないことから、小質量星に比べると観測的理解は遅れをとっていた。さらに、大質量星形成は、太陽程度の質量を持つ小質量星と同様の物理機構で単純に質量を大きくしただけでは困難、または不可能ということが簡単な理論的考察から予言されていた（Zinnecker and Yorke 2007, Tan et al. 2014）。たとえば、大質量星が太陽質量程度の原始星と同程度の年間平均で太

陽質量の10万分の1から100万分の1程度の質量降着率で10万年から100万年かけて成長した場合、質量降着の途中で核反応が始まって中心星の放射や星風の圧力が強くなり、十分な質量になる前に成長が止まってしまう、という問題がある。これを解決するためには、大質量星は年間平均で太陽質量の1万分の1から1000分の1程度と、小質量星よりも高い質量降着率によって短い時間で成長することが理論的に予言されている。より極端に、大質量星は星同士の合体によって形成するという小質量星とはまったく異なる形成機構も提唱されていたが、この合体説に関しては、1光年の範囲に100万個の恒星が密集するというきわめて高い星密度の星団環境でしか起こりえないことから、観測的には現在ほぼ否定されている。

5-2. 大質量星形成の謎

大質量星形成において、母体となる分子雲コアは当然十分大質量でなければならない。しかし、温度が絶対温度で10K程度の星間分子雲では、計算によると収縮の過程で重力不安定性によって1太陽質量程度のより小さな分子雲コアに分裂することが予言されている。分裂した小質量の分子雲コアが単純に重力収縮するだけでは、当然ながら大質量星を形成することはできない。この問題を解決するために、大質量星形成理論では主に2つの異なるモデルが提唱されている。1つは、大質量星を形成する母体の分子雲が磁場や乱流による作用で分裂を妨げられ、大質量コアが形成されるという、いわば小質量星形成理論をスケールアップさせたモデル、もう1つは、分裂した分子雲コアが全体の重力でガスをより広い範囲から降着させ、分裂した分子雲コアの分布の中心付近で大質量星を形成させるモデルである。これまで、それぞれのモデルを支持する観測結果が報告されており、現実の大質量星形成ではどちらも起こり得る、あるいはこれらの組み合わせによって起こっているものと考えられる。また、大質量星形成理論でも、中心星からの強い放射やアウトフロー·ジェットに逆らって十分な質量を獲得できるよう、高密度で十分な質量を持った円盤を伴うことも予言されている(Beltrán and de Wit 2016)。大質量原始星の円盤の観測は近傍の小質量星形成領域に比べてさらに困難をきわめる場合が多いものの、近年の高解像度観測の進展で多くの検出報告がなされており、大質量原始星誕生の様子も明らかになりつつある。

5-3．質量関数

生まれた恒星はどのくらいの質量を持つのか、恒星の質量はいつどのようにして決まるのか、という問題は星形成研究の中でも重要課題の１つである。天の川銀河内の恒星の質量については、どのくらいの質量の恒星がいくつ存在するかを示す初期質量関数の研究が行われている。初期質量関数としては、ある質量にある恒星の数が、その恒星質量の-2.35乗に比例するという有名なべき乗則が知られている(Salpeter 1955, Offner et al. 2014)。より詳細に観測すると、領域ごとに恒星質量の上限やべき指数が異なる兆候なども明らかになっている。恒星の初期質量関数と似たような関係は分子雲コアの質量分布でも知られており、恒星の質量が分子雲コアの時点である程度決まっていることが示唆されている。ただし、分子雲コアの質量はどのようにして決まるのか、観測された分子雲コアから星が１対１で生まれるのか、あるいは分裂や合体などによって１対１の対応関係が崩れることがあるのか、などは未解明である。初期質量関数とその起源の解明は、依然として星形成研究の重要な目的の１つとなっている。

6．星・惑星形成における物理進化と化学進化

6-1．化学進化とは

すでに述べたように、原子雲から分子雲、原始星を経て原始惑星系円盤と惑

星系形成に至るまでの進化の過程では、物理的な環境変化の中で物質の組成や相変化が起こっている。最後に、本節では星・惑星形成に伴う物理的進化の過程で、物質の状態変化である化学進化がどのように起こっているのかについても紹介する。なお、天文学では化学進化は宇宙における元素合成による物質進化を意味する場合も多いが、本説のような星・惑星形成領域における文脈では、化学進化はそこでの分子組成変化や相変化を指すものとする。

6-2. さまざまな星間分子とその性質

原子雲が高密度化すると、その中の原子は化学反応により水素分子が主成分の星間分子雲となる。水素分子についで存在量が多いのは、元素組成比の存在量が多い酸素や炭素、窒素を含む、構造が比較的単純かつ安定な2原子・3原子分子であり、たとえば一酸化炭素CO、水H_2Oなどが挙げられるが、最も多いものでも水素分子に対して1万分の1の組成比であり、これ以外の分子は水素分子に対して100万分の1、あるいはそれよりもさらに数桁低いものまで検出されている。星間分子からのスペクトル線は、1963年の水酸基OH（Weinreb et al. 1963）、1968年のアンモニアNH_3（Cheung et al. 1968）や水H_2O（Cheung et al. 1969）の電波観測による発見を皮切りに次々と検出され、これまでに約290種類の分子種が同定されている（CDMS, The Cologne Database for Molecular Spectroscopy; Müller et al. 2005）。1970年には水素以外では分子雲の中で最も存在量の多い一酸化炭素COの電波スペクトルが検出され（Wilson et al. 1970）、分子雲の観測で一般的に用いられるようになっている。

これら分子の形成は、分子雲のガス（気相）中で起こるものもあれば、水素分子同様にダスト表面で起こるものもある。各分子の生成や破壊の反応は、分子雲の温度や密度、中心星の放射強度などの物理環境に依存し、それによって分子の存在量も変化する。このことを踏まえ、星惑星系形成の研究では、分子組成の情報を駆使してその過程を理解することを目指している。たとえば、一酸化炭素CO分子はどのような進化段階の分子雲でも至る領域に存在しているために分子雲の全体像を捉えるのに用いられ、アンモニアNH_3は進化の進んだ高密度ガスでしか放射されないために分子雲コアを調べるのに用いられる。さらに、メタノールCH_3OHのようなダスト上で形成される有機分子は原始星近傍でダストが加熱されて分子の昇華が起こる高温領域(ホットコア)の指標、ダストが壊されてできる一酸化ケイ素SiOは衝撃波領域でしか存在しないためにアウトフローやジェットの指標、など、特定の進化段階や物理環境、天体構造を観測するのに適したさまざまな指標となる分子も確立されている。分子を指標とした天体の研究、あるいは天体における分子組成やその起源の研究は、宇宙化学(アストロケミストリ)として天文学研究の重要分野となっている(Caselli and Ceccarelli 2012, Yamamoto 2017)。

6-3. 化学反応の時間スケール

典型的な分子雲での絶対温度が10K、水素分子密度が1 cm^3あたり10^2～10^6個程度の環境では、原子や分子、イオンが衝突して化学反応を起こす時間スケールは平均1カ月～1年に1回であり、すべての原子・分子・イオンによる化学反応が定常状態になるには、およそ100万年を要すると理論的に計算されている。また、分子雲奥深くの高密度コアや原始惑星系円盤では、ガスの温度が下がると分子がダスト表面へ凍りつくという相変化も起こる。凍りついた分子は、固体表面で起こる化学反応により、気相中の反応では生成されにくい、より複雑な構造をした分子量の大きな分子を作ることも可能となる。このダスト表面反応の時間スケールや、ダスト表面へ凍りつく時間スケールもおよそ100万年となり、ほぼ気相中の化学反応と同程度である。分子雲から星・惑星形成が起こる間の化学進化の時間スケールは、すでに見たように分子雲が収縮して原始星や原始惑星系円盤が形成される物理的進化の時間スケールとほぼ同じ程度である。これら時間スケールの一致により、星・惑星形成領域では、分子の組成は定常状態ではなく時間とともに変化しており、星・惑星形成の物理進化に伴って分子の組成が変化する化学進化も観測される、ということになる。そのため、その化学進化段階を調べることが生まれてくる原始星や原始惑星系円盤の物理的進化段階を調べるツールにもなっている。ただし、分子雲の化学進化は、初期状態や物理的環境に左右されるため、定性的に進化段階を調べるには有用であるものの、定量的に年齢を決める「時計」として用いるには不定性が大きい、ということも認識されている。化学進化の時計の高精度化には、天文学研究に加えて、化学反応実験や量子化学計算をもとにした素過程の理解が不可欠であり、天文学と物理･化学の分野横断的な宇宙化学の共同研究が進められている。

6-4. 重水素濃縮

化学進化に鋭敏な分子を用いることで進化段階の診断を行い、それによって物理進化過程について調べるという手法もある。1例を示すと、重水素を含む分子の同位体比が挙げられる。宇宙での重水素の存在量は水素の10万分の1程度であるが、星間分子雲中では水素を含む分子の同位体比は重水素を含むものが数%から高いものでは10%以上のものも観測されている(Millar et al. 1989, Ceccarelli et al. 2014)。このような同位体比の異常は重水素濃縮と呼ばれている。温度が絶対温度で10K程度の低温の星間分子雲中では、重水素を含む分子の形成が発熱の不可逆反応で時間とともに増加することが理論的に予言されている。実際に、分子雲におけるさまざまな重水素を含む分子を観測すると、水素に対する重水素の同位体比が星形成による物理進化に伴って増加する傾向が確認されている。また、重水素濃縮は高温下では逆反応により濃縮が解消され、同位体比が下がることも予言されており、原始星が誕生して周囲の分子雲コアが加熱されている天体では重水素濃縮が下がるという結果も確認されている。

重水素濃縮の観測的研究は、太陽系天体形成の起源の特定にも有用である。トービンらは、原始惑星系円盤にある重水素を含む水「重水」(HDO)の同位体比を、さまざまな太陽系天体や太陽系外の原始星における測定値と比較した(Tobin et al. 2023)。その結果、原始惑星系円盤の重水の同位体比は、原始星から太陽系内の彗星、地球上の海へと進む天体の進化段階において大きな変化がないことを明らかにした。原始星周囲の重水は、星形成前の冷たい分子雲コア時代に濃縮された値として、原始星形成後に加熱された重水分子の氷がダスト上から昇華してきた可能性を示唆している。もしそうであれば、彗星で観測された重水は、太陽形成前の分子雲コア時代の環境を反映し、地球上の海水も過去に彗星などからもたらされた、という可能性も考えられる。地球上の過去の生命や遺跡を化石や炭素の同位体を用いて調べるのと同じように、水素と重水素の同体比から、地球や太陽系天体における物質の形成が分子雲コアや原始太陽系円盤においても、いつ、どこの場所で形成されたかを明らかにできる可能性があり、現在も天文観測だけでなく、太陽系内天体の探査結果とも比較をした研究が進められている。

6-5. 物理進化と化学進化

星･惑星形成が起こる分子雲では、その物理環境や初期状態によって物理進化の時間スケールやそこで形成される分子雲コアや原始惑星系円盤、惑星系の多様性が生じる可能性があることはすでに述べているが、これらの物理環境が化学進化にも大きな影響を与えており、化学組成の多様性の起源にもなっている可能性もこれまでの観測で明らかになりつつある。しかし、どのような要因がどのような効果をもたらしているのかについてはまだはっきりとした結論は出ていない。このような異なる初期状態からの物理･化学進化過程が、形成される惑星系の構造や生命誕生の起源にも関わり得る化学組成の多様性の解明につながり、太陽系がどのような環境で生まれたのかを知る手がかりともなるため、今後の研究進展が期待される。

参考文献

ALMA Partnership, et al., 2015, Astrophysical Journal Letters, 808, L3.

Andre, P., et al., 1993, Astrophysical Journal, 406, 122.

Andrews, S. M., 2020, Annual Review of Astronomy and Astrophysics, 58, 483.

Anglada, G., et al., 2018, Astronomy and Astrophysics Review, 26, 52.

Audard, M., et al., 2014, Protostars and Planets VI, 387.

Bally, J., 2016, Annual Review of Astronomy and Astrophysics, 54, 491.

Beltrán, M. T. and de Wit, W. J., 2016, The Astronomy and Astrophysics Review, 24, 6.

Bergin, E. A. and Tafalla, M., 2007, Annual Review of Astronomy and Astrophysics, 45, 339.

Blandford, R. D. and Payne, D. G., 1982, Monthly Notices of the Royal Astronomical Society, 199, 883.

Caratti o Garatti, A., et al., 2017, *Nature Physics*, 13, 276.

Caselli, P. and Ceccarelli, C., 2012, The Astronomy and Astrophysics Review, 20, 56.

Ceccarelli, C., et al., 2014, Protostars and Planets VI, 859.

Cesaroni, R., et al., 2018, Astronomy and Astrophysics, 612, A103.

Cheung, A. C., et al., 1968, Physical Review Letters, 21, 1701.

——, et al., 1969, *Nature*, 221, 626.

Ewen, H. I. and Purcell, E. M., 1951, *Nature*, 168, 356.

Fujisawa, K., et al., 2015, The Astronomer's Telegram, 8286.

福井康雄他, 2008, シリーズ現代の天文学 6「星間物質と星形成」, 日本評論社.

Fukui, Y., et al., 2021, Publications of the Astronomical Society of Japan, 73, S1.

Hartmann, L., et al., 2016, Annual Review of Astronomy and Astrophysics, 54, 135.

Heyer, M. and Dame, T. M., 2015, Annual Review of Astronomy and Astrophysics, 53, 583.

Hirota, T., et al., 2017, Nature Astronomy, 1, 146.

Hunter, T. R., et al., 2017, Astrophysical Journal Letters, 837, L29.

Hunter, T. R., et al., 2021, Astrophysical Journal Letters, 912:L17.

井田茂他, 2021, シリーズ現代の天文学９「太陽系と惑星」(第２版), 日本評論社.

Lada, C. J. and Wilking, B. A., 1984, Astrophysical Journal, 287, 610.

Larson, R. B., 1969, Monthly Notices of the Royal Astronomical Society, 145, 271.

Lee, C. F., et al., 2017, Nature Astronomy, 1, 152.

MacLeod, G. C., et al., 2018, Monthly Notices of the Royal Astronomical Society, 478, 1077.

Masunaga, H., et al., 1998, Astrophysical Journal, 495, 346.

Mayor, M. and Queloz, D., 1995, *Nature*, 378, 355.

Millar, T. J., et al., 1989, Astrophysical Journal, 340, 906.

Moscadelli, L., et al., 2022, Nature Astronomy, 6, 1068.

Müller, H. S. P., et al., 2005, Journal of Molecular Structure, 742, 215.

Muller, C. A. and Oort, J. H., 1951, *Nature*, 168, 357.

Myers, P. C., 1978, Astrophysical Journal, 225, 380

Offner, S. S. R., et al., 2014, Protostars and Planets VI, 53.

Pawsey, J. L., 1951, *Nature*, 168, 358.

Salpeter, E. E., 1955, Astrophysical Journal, 121, 161.

Stahler, S. W. and Palla, F., 2004, The Formation of Stars, Wiley (Weinheim), 2004.

Tan, J. C., et al., 2014, Protostars and Planets VI, 149.

Tobin, J. J., et al., 2023, *Nature*, 615, 227.

Weinreb, S., et al., 1963, *Nature*, 200, 829.

Williams, J. P. and Cieza, L. A., 2011, Annual Review of Astronomy and Astrophysics, 49, 67.

Wilson, R. W., et al., 1970, Astrophysical Journal, 161, L43.

Yamamoto, S., 2017, Introduction to Astrochemistry: Chemical Evolution from Interstellar Clouds to Star and Planet Formation, Astronomy and Astrophysics Library, Springer (Tokyo), 2017.

Zhao, B., et al., 2020, *Space Science Reviews*, 216, 43.

Zinnecker, H. and Yorke, H. W., 2007, Annual Review of Astronomy and Astrophysics, 45, 481.

第4章

地球が「生命を宿す惑星」になるまで

佐々木貴教

本章では、地球の形成と初期進化に関わるさまざまなイベントとその時間スケールを紹介する。特に「生命を宿す惑星」としての地球の特徴の形成過程について、他の地球型惑星(火星・金星)との進化過程の違いも含め、最新の議論をもとに詳しく解説する。本章の最後では、地球の独自性をさまざまな時間軸の中で相対化しようとする、新しい「時間学」の方法論についても簡単な提案を行う。

1. 地球の形成過程

今からおよそ46億年、宇宙に漂うガスとダストが重力で集まり、太陽系、そして地球や月が誕生した。本節では特に地球−月系の形成・進化過程について、簡単に解説する。

1-1. 地球型惑星形成シナリオ

現在の太陽系形成の標準シナリオは、1980年代に京都大学の林忠四郎らのグループによって提案された「京都モデル」(Hayashi et al. 1985)を基盤としている。以下、**図4・1**に示した原始惑星系円盤からの太陽系形成の概念図をもとに、本シナリオの概要を述べる。

太陽のような恒星が形成される際、その星の周りには「原始惑星系円盤」と呼

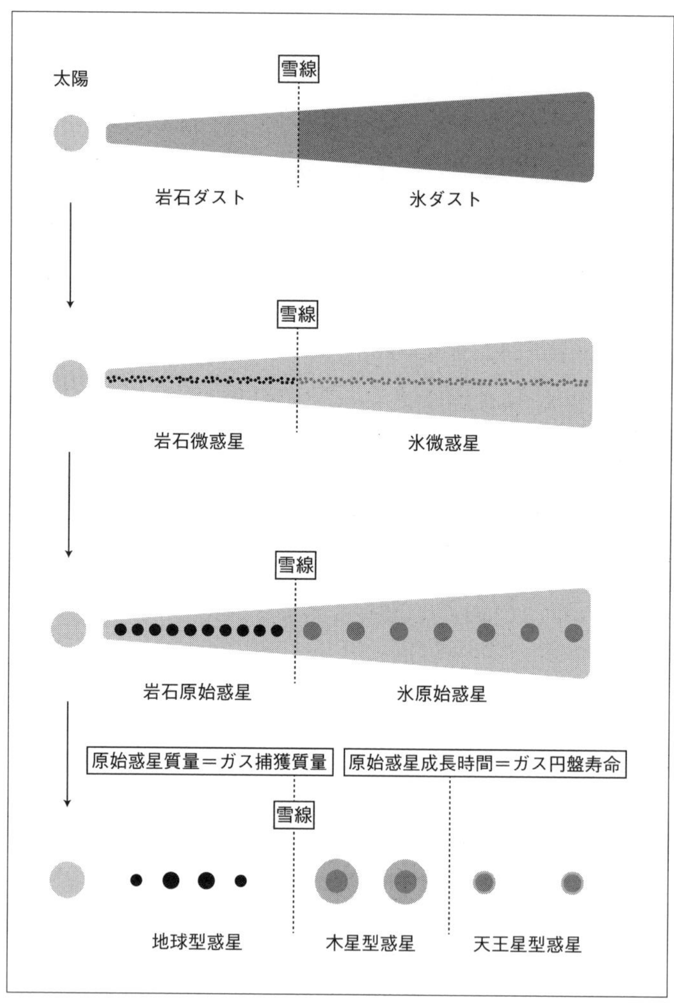

図4・1　太陽系形成の標準シナリオの概念図. 小久保英一郎著「惑星形成論:最新"太陽系の作り方"」, 理科年表オフィシャルサイト(国立天文台・丸善出版)より転載.

ばれる円盤状の構造が同時に形成される。原始惑星系円盤は約99％のガス成分（主にHとHe）と約1％の固体成分（「ダスト」と呼ばれ、典型的なサイズはμm（マイクロメートル）程度）から構成され、これらを材料に惑星系が形成される。中心星に近い領域では温度が高いため主に鉄と岩石のダストが、遠い領域では温度が低いためそれらに加えて氷のダストが存在すると考えられる。この領域の境界を「雪線」と呼ぶ。円盤中でダストが濃集して密度が十分に大きくなると、自己重力によってダストは一気にkmサイズの塊（「微惑星」と呼ぶ）へと成長すると考えられている。雪線の内側では岩石微惑星が、外側では氷微惑星が形成され、これらが惑星の固体部分を形成する材料となる。

円盤中で微惑星はお互いに衝突合体を繰り返しながら、次第に成長していく。この際、相対的に大きな微惑星ほどより衝突合体の頻度が上がることで、さらにその成長が加速されることが数値計算によって示されている（Kokubo and Ida 1996）。この加速度的な成長を「暴走成長」と呼び、その結果形成された天体のことを「原始惑星」と呼ぶ。地球型惑星形成領域では、火星サイズ程度（質量で地球の約10分の1）の原始惑星が20個ほど形成されたと考えられている。その後、これらの原始惑星は互いに「巨大天体衝突」を繰り返し、最終的に現在の水星・金星・地球・火星が誕生することになる。

木星型惑星（巨大ガス惑星）および天王星型惑星（巨大氷惑星）については、主に氷微惑星を材料としてより大きな原始惑星が形成され、より強い重力によって円盤内のガス成分を捕獲することで現在の姿まで成長したと考えられている。巨大惑星も含めた太陽系形成シナリオの詳細については（佐々木 2017）を参照のこと。

ところで以上で述べた太陽系の標準シナリオに対しては、現在ではいくつかの問題点も指摘されている。その中でも特に重要なものが、「微惑星形成の困難」と「惑星移動」に関する問題である。ここでは詳細には立ち入らず、問題点の簡単な説明とその解決策の紹介のみを行う。

まず微惑星形成について、μmサイズのダストから一気にkmサイズの微惑星を作ることは非常に困難であることが指摘されている。特にダストがcmサイズ程度まで成長すると、速やかに中心星に向かって移動していくことが示されており、「ダスト落下問題」と呼ばれている。そこで近年では微惑星集積モデルに代わって、このcmサイズのダスト塊(「ペブル」と呼ぶ)を用いた「ペブル集積モデル」も新たに提案されている(Lambrechts and johansen 2012)。

また形成途中の惑星についても、周囲の円盤ガスとの相互作用によって惑星が移動することが示されており、特に中心星に向かって移動することを「惑星落下問題」と呼ぶ。こうした惑星の移動は普遍的に起こり得ることがわかっており、近年では惑星移動も取り入れた「ニースモデル」(Tsiganis et al. 2005)や「グランドタックモデル」(Walsh et al. 2011)などの新しい太陽系形成モデルも提案されている。

1-2. 同位体年代測定法

太陽系形成に関するさまざまなイベントの年代については、主に隕石試料中の放射性核種の存在量を分析することによって推定が可能である。ウランのような放射性核種(親核種)は、放射線を出しながら他の核種(娘核種)に壊変する。親核種の壊変率はその時点での親核種の数Pに比例し、比例定数をλとすると

$$\frac{dP(t)}{dt} = -\lambda P(t)$$

と表すことができる。壊変によって親核種が半分になるまでにかかる時間を「半減期」と呼ぶ。ここでは、半減期の長い「長寿命放射性核種」および半減期の短い「短寿命放射性核種」を用いた年代推定法の概要を説明する。

まず長寿命放射性核種の例として、ウラン238(^{238}U)が半減期44.5億年で鉛206(^{206}Pb)に壊変する場合を考える。半減期の長い元素では隕石資料中に親核種が残っているため、その量を直接測定することができる。実際の年代推定においては、時間的に不変な娘核種の安定同位体(たとえば^{204}Pb)を分母にとっ

た以下の式を用いる。

$$\left(\frac{^{206}\mathrm{Pb}}{^{204}\mathrm{Pb}}\right)=\left(\frac{^{206}\mathrm{Pb}}{^{204}\mathrm{Pb}}\right)_0+\left(\frac{^{238}\mathrm{U}}{^{204}\mathrm{Pb}}\right)\times\{\exp(\lambda t)-1\}$$

ここで($^{206}Pb/^{204}Pb$)$_0$は、この隕石試料が形成した時点でもともと持っていた同位体比である。隕石資料中のさまざまな箇所において($^{206}Pb/^{204}Pb$)と($^{238}U/^{204}Pb$)を測定することで、この式を満たすt、すなわち隕石資料が形成されてから経過した時間を求めることができる。この手法は「絶対年代分析」と呼ばれる。

次に短寿命放射性核種の例として、アルミニウム26 (^{26}Al)が半減期72万年でマグネシウム26 (^{26}Mg)に壊変する場合を考える。半減期の短い元素では隕石資料中に親核種が残っていない。そこで親核種の安定同位体(たとえば^{27}Al)の存在量を測定し、以下の式から年代推定を行う。

$$\left(\frac{^{26}\mathrm{Mg}}{^{24}\mathrm{Mg}}\right)=\left(\frac{^{26}\mathrm{Mg}}{^{24}\mathrm{Mg}}\right)_0+\left(\frac{^{27}\mathrm{Al}}{^{24}\mathrm{Mg}}\right)\times\left(\frac{^{26}\mathrm{Al}}{^{27}\mathrm{Al}}\right)_0$$

ここで($^{26}Mg/^{24}Mg$)$_0$と($^{26}Al/^{27}Al$)$_0$は、この隕石試料が形成した時点でもともと持っていた同位体比である。隕石資料中のさまざまな箇所において($^{26}Mg/^{24}Mg$)と($^{27}Al/^{24}Mg$)を測定することで、($^{26}Al/^{27}Al$)$_0$の値、すなわち隕石資料が形成された時点での^{26}Alの存在量を求めることができる。この手法では隕石資料の絶対年代を求めることはできないが、複数の隕石資料の間の($^{26}Al/^{27}Al$)$_0$の値を比較することで、それらの間の年代差を求めることが可能である。この手法は「相対年代分析」と呼ばれる。

同位体年代測定法についてより詳しく学びたい場合は、参考文献(佐野･高橋2013)を参照のこと。

1-3. 太陽系年代学

主に隕石資料に対して同位体年代測定法を用いて推定された、太陽系形成に関するさまざまな年代について簡単に紹介する。隕石中には「CAI」(カルシウム - アルミニウム包有物)、「コンドリュール」(ケイ酸塩鉱物の球粒)などが含まれている。CAIは太陽系最古の物質であると考えられ、U-Pb放射壊変系の分析から約45.67億年前に形成されたことが示された(Connelly et al. 2008)。この年代が一般に「太陽系の年齢」と呼ばれるものである。

コンドリュールについては、U-Pb放射壊変系およびAl-Mg放射壊変系の分析から、CAI形成後200万年ほどで形成されたと推定されている。コンドリュールを多く含む隕石を「コンドライト」と呼ぶが、各種コンドライト隕石の形成年代はMn-Cr放射壊変系やHf-W放射壊変系などの分析から、CAI形成後200万年から400万年ほどであったことがわかっている(Kruijer et al. 2017)。一方で、コンドリュールよりも古い形成年代を示す鉄隕石なども見つかっており(Kleine et al. 2005)、隕石の母天体の形成は時間的に、あるいは空間的にある程度の幅を持っていたことが示唆されている。

より大きな天体である惑星の形成年代については、隕石資料等の分析から直接推定することは難しいのが現状である。ただし原始惑星系円盤ガスの散逸時期に関しては、さまざまな原始惑星系円盤の観測から統計的に見積もることが可能であり、中心星の形成からおよそ500万年以内に散逸すると考えられている(Haisch et al. 2001)。木星や土星のようなガス惑星は、遅くとも原始惑星系円盤ガスの散逸前には形成を終える必要がある。一方で地球型惑星形成の最終段階である巨大天体衝突過程は、原始惑星系円盤ガスの散逸後に起きると考えられている。

1-4. 月の形成

月の起源については、古くからさまざまなアイデアが提案されてきた。1960年代頃までに提唱されていた主なものとして、高速回転する地球から遠心力で一部がちぎれて月になったとする「分裂説」、地球形成時にすぐ近くで同じメカニズムによって小さな月が形成されたとする「双子説」、別の場所で形成されていた月を地球が重力で捕獲したとする「捕獲説」などが挙げられる。ただし当時は各アイデアを科学的に検証するための月に関するデータがなく、月の起源を確定させることは難しかった。

その後1960～1970年代に行われた一連のアポロ計画により、月に関する大量の探査データが得られ、また持ち帰った月の石の成分分析も可能となった。その結果、月の起源に関して主に以下の3つの制約条件が得られた。

(1)月はほとんど岩石のみからできている(一方で、地球は岩石と鉄からなる)

(2)月は形成初期に高温の状態を経験している

(3)月と地球の岩石の酸素同位体比がほぼ一致している

ところが、いずれの月の起源説を採用してもこれらの制約条件をすべて満たすことはできず、それまでに提案されていたアイデアはすべていったん棄却されることになった。

そんな中で新しく提唱されたのが「ジャイアントインパクト説」、すなわち、形成直後の地球に火星サイズの天体が斜めに衝突し、地球のマントル部分(岩石部分)が剥ぎ取られ、その後それらが集積することで月が形成されたとする説である(Hartman and Davis 1975; Cameron and Ward 1976)。この説であれば、(1)月はほぼ岩石のみから形成され、(2)衝突時の高エネルギーにより高温な状態からスタートし、(3)月と地球の岩石が同じ起源を持つことになり、すべての制約条件を満たすことができる。

1-1節で述べたとおり、地球型惑星形成過程の最終段階では火星サイズの原始惑星が互いに巨大天体衝突を繰り返し、地球や金星を形成したと考えられている。そこでこの巨大天体衝突時に実際に月が形成可能かどうかを検証するために、ジャイアントインパクトの数値シミュレーション(Canup and Asphaug 2001)(**図4・2**)や、衝突破片の集積による月形成の数値シミュレーション(Kokubo et al. 2000)(**図4・3**)が行われた。その結果、力学的には問題なく月が形成可能であることが示され、ジャイアントインパクト説は月の起源の定説として確立されることになった。

ところが、ジャイアントインパクトの数値シミュレーション結果を解析すると、実は地球の周囲にばらまかれる衝突破片の大部分は、地球の岩石部分ではなく

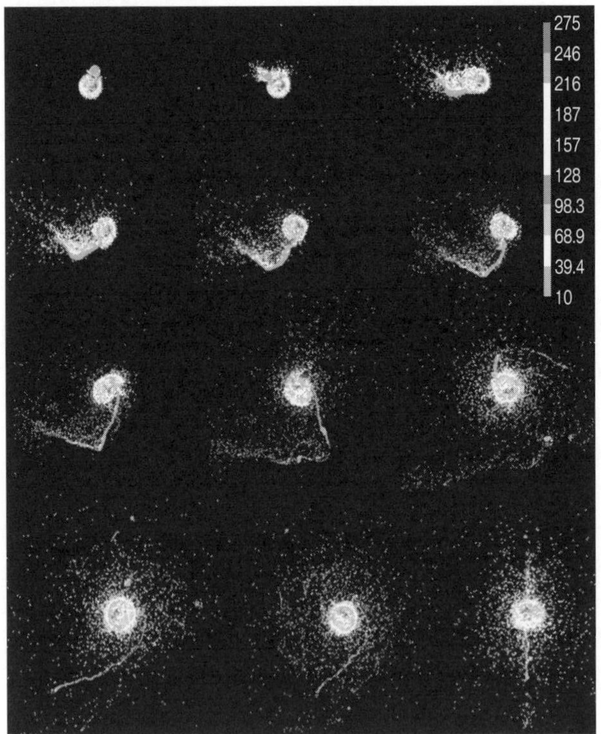

図4・2　ジャイアントインパクトの数値シミュレーション結果. 左上から右下に向かって時間が進んでいる(Canup and Asphaug 2001).

衝突してきた天体の岩石部分であることが示唆されていた。つまり、月と地球の岩石は異なる起源を持ち、制約条件(3)を満たすことができないのである。その後さらに月の石の分析が進むにつれ、酸素同位体比だけでなくその他のさまざまな元素の同位体比も、月と地球の岩石で一致していることが明らかになった(Zhang et al. 2012)。ジャイアントインパクトによる古典的な月形成シナリオでは、この矛盾を無理なく解決することはほとんど不可能である。

そこで近年では、新しい月形成シナリオが続々と提案される状況となっている。ここでは詳細は割愛するが、天体衝突に伴う分裂説(Ćuk and Stewart, 2012)、

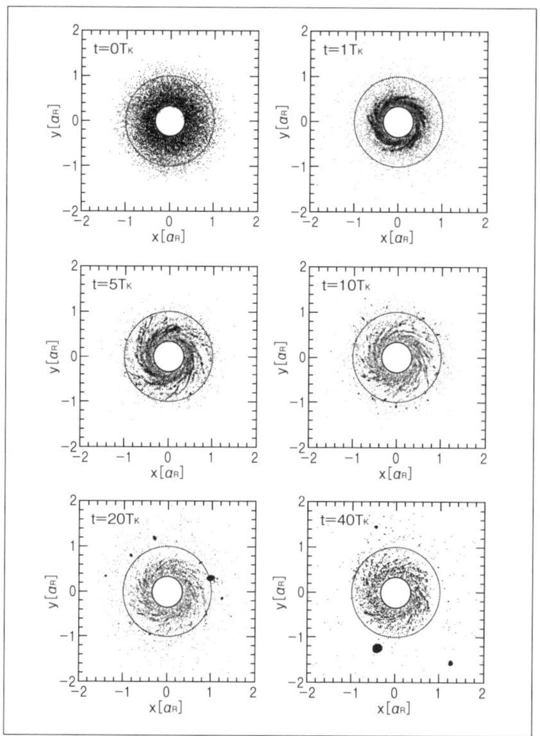

図4・3　月形成の数値シミュレーション結果. 中央の円が地球, その外側の円はロッシュ半径を示しており, ロッシュ半径の外側で月が集積する(Kokubo et al. 2000).

ヒットエンドラン衝突説(Reufer et al. 2012)、等質量衝突説(Canup 2012)、高エネルギー衝突説(Wang and Jacobson et al. 2016)、複数衝突説(Rufu et al. 2017)、マグマオーシャン衝突説(Hosono et al. 2019)など、まさに百花繚乱の状態である。また、巨大天体衝突後に地球の周囲に形成される原始月円盤の時間進化を考えることで、月と地球の各種同位体比を均一に進化させようとするアイデアも提案されている(Pahlevan and Stevenson 2007)。

さて最後に、月形成の年代推定に関する研究を簡単に紹介する。数値シミュレーションによるとジャイアントインパクト後に月は速やかに形成されることが示唆されていることから、月の形成年代は地球が最後の巨大天体衝突を経験した年代とほぼ一致していると考えられる。巨大天体衝突時には、莫大なエネルギー解放により地球のマントルは溶融し、鉄のコアと岩石のマントルの混合および重力分離が引き起こされる。この分離が起きた年代については、Hf-W放射壊変系を用いた同位体年代測定法により推定することが可能であり、重力分離の年代すなわち月形成の年代はCAI形成から約3000万年後であることが示されている(Yin et al. 2002; Kleine et al. 2002)。

1-5. 月と地球の共進化

地球から月までの距離は「時間」を用いて測られている。NASAのアポロ計画で月面に設置された反射鏡に対して、地球からレーザーを照射し、反射光が地球に戻ってくるまでの時間を測ることで、およそ38万kmの距離であることが示された。また1992年と2001年の段階での地球と月の距離を正確に比較することで、月は年間約3.8cmずつ地球から遠ざかっていることも明らかになった。これは逆にいえば、月は大昔は現在よりも地球に近い位置を回っていたことを示唆している。

月が地球のより近くを回るということは、月の公転周期がより短くなること、つまり「1カ月の長さ」が現在よりも短くなることを意味している。実際にオウムガイの化石には、この1カ月の長さの変化の証拠が刻まれていることがわかっている(Kahn and Pompea 1978)。オウムガイの殻には、月の公転周期に同期して隔壁が形成され、その中に1日周期の細線が刻まれている。細線の数は、現在のオウムガイでは30本、2500万年前の化石では25本、4.2億年前では9本と、年代の古いものほど少ないことが明らかになった(**図4・4**)。4.2億年前の地球では、1カ月はわずか9日間しかなかったのである。

さて次に地球－月系の角運動量保存を考えると、月が地球のより近くにいる場合(＝月の公転角運動量が小さい場合)、地球の自転速度はより速くなる(＝地球の自転角運動量が大きくなる)。すなわち、昔の地球は「1日の長さ」が24時間よりも短かったことになる。先ほどの1カ月の長さから地球と月の間の距離を求めると、4.2億年前は現在の約40％の距離になり、このときの地球の自転周期は約21時間となる。この要領で時間を過去に戻していくと、月が形成された直後の45億年前頃の地球の1日の長さは、わずか5時間ほどであったことが予想される。

地球上で生命はおよそ40億年前に誕生したと考えられている。その後の生命進化の過程は、変わりゆく1日の長さ・1カ月の長さへの適応過程でもあるといえる。長い地球の歴史の中で、われわれ地球型生命はさまざまな時間スケールをまさに肌で感じながら、現在の生態系へと進化してきたのである。

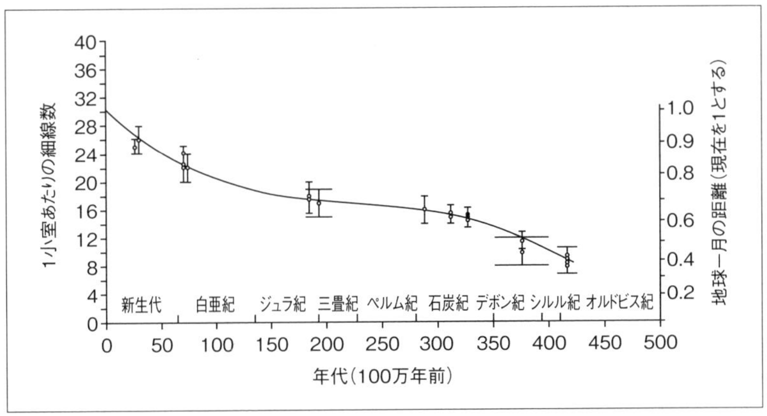

図4・4　オウムガイの化石の分析から求めた，過去の1カ月の日数(左軸)と，地球と月の距離(右軸)の時間変化(Kahn and Pompea 1978を元にして作成)．

2. 地球の初期進化過程

地球は誕生した後、さまざまな進化過程を経て現在の姿に至った。本節では、その進化過程の中で獲得してきた地球の特徴について解説する。

2-1. 大気の獲得

惑星が形成される段階で周囲に原始惑星系円盤ガスが残っている場合、惑星の重力が十分に大きければ(およそ月質量以上)円盤ガスを捕獲して、主に水素とヘリウムからなる大気を形成することができる。この大気のことを「捕獲大気」と呼ぶ。一方で、惑星の材料となった微惑星のような固体物質にもわずかながら揮発性物質が含まれている。微惑星の合体成長による惑星形成に伴い、こうした揮発性物質が抽出されることでも惑星大気は形成される。この大気のことを「脱ガス大気」と呼ぶ。脱ガス大気の組成は固体物質の種類によって異なるが、一般に希ガスは反応性が乏しいため固体物質に取り込まれにくく、脱ガス大気にはあまり含まれていない。

ところで地球の大気成分を調べると、太陽組成と比べて希ガスに乏しいことがわかっている(Brown 1952)。捕獲大気が主成分であれば太陽組成と似た大気組成になることが期待されるため、希ガスの欠乏は地球大気の主成分が脱ガス大気であることを示唆していると考えられる。ただし、その材料となった固体物質が何であったかについては、候補は複数あるものの確定はしていない。またその供給の時期に関しては、地球形成の初期段階ですでに供給されていた可能性が高いと考えられているが、その後のさまざまな大気散逸過程や化学反応過程による大気成分の時間変化も考慮する必要がある。

2-2.水の獲得

地球はしばしば「水の惑星」と呼ばれる。地球が水惑星になるためには、以下の3つの条件を満たす必要があると考えられる。

(1)惑星が水を取り込むこと

(2)水が惑星の表面に存在すること

(3)水が液体状態として存在すること

まず(1)について、実は地球の水の起源は未だ明らかになっていない。その場獲得説・小惑星起源説・彗星起源説などが提案されているが、いずれの説も理論的・観測的決め手がなく、複数の供給源からの寄与が混ざっている可能性もある。また地球以外でも、火星・金星や月、さらには小惑星にも水が存在している(あるいは過去に存在していた)証拠が得られている。以上より太陽系形成過程において、地球型惑星領域ではさまざまなメカニズムによって水が獲得されたことが示唆される。

次に(2)を満たすためには、取り込んだ水が宇宙空間に散逸してしまわないことが必要となる。大気中の水分子(H_2O)に宇宙線などが当たると、水素(H)と酸素(O)に分解され、質量の小さな水素分子(あるいは水素原子)が宇宙空間に散逸することで、惑星の表面から水が失われていく可能性がある。大気中の温度が高いほど、また天体の質量が小さいほど水は失われやすくなり、地球軌道付近では惑星の質量がおよそ火星質量以下では水を長期間(たとえば太陽系形成後46億年間)保持することができないことがわかる。一方、地球質量程度あれば十分に長期間水を保持することが可能である。

最後に(3)について、惑星の地表面の温度が高すぎると水は蒸発し、低すぎると凍りついてしまうため、水が液体として存在するためには適度な温度環境を保持することが必要となる。この条件については3-1節で詳しく解説する。

2-3. 海の形成

地球の海洋がいつどのように形成されたかについては、未だ不明な点が多い。ここでは、地球の形成・初期進化過程を大まかに見わたし、地球の海形成に至るまでの1つの大きな流れを示すことにする。

地球の材料となった微惑星に水(含水鉱物)が含まれていた場合、原始惑星が月質量以上まで成長した段階で脱ガスが始まり、水を含む脱ガス大気が形成される。また巨大惑星の成長に伴い遠方の小惑星や彗星が重力散乱を受け、地球軌道まで落下してくることで地球に水をもたらす可能性がある。

形成されたばかりの原始惑星は、微惑星集積に伴う重力エネルギー解放によって高温の状態になっており、地表面は岩石が融けた状態の「マグマオーシャン」に覆われていると考えられている。水は融けた岩石に溶け込みやすいため、その大部分はマグマオーシャン中に溶け込むことになる。また原始惑星が水素に富む捕獲大気を保持していた場合、マグマオーシャンと水素大気との反応によっても水が形成される可能性がある(Ikoma and Genda 2006)。

原始惑星のサイズが火星程度に達したところで原始惑星の暴走成長は終わり、微惑星集積により解放されるエネルギーフラックス(単位面積あたり単位時間あたりのエネルギー流量)も小さくなる。原始惑星表層に流れ込むエネルギーフラックスが十分に小さくなると、マグマオーシャンは固化を始め、溶け込んでいた水は大気中に放出される。さらに原始惑星表層でのエネルギーフラックスが小さくなると、大気中の水蒸気が液体の水となり、雨を降らせて原始海洋が形成される(Abe and Matsui 1986)。

原始惑星系円盤ガスが散逸すると、原始惑星同士の巨大天体衝突が起き始める。海洋を持つ原始惑星では、巨大天体衝突過程で水以外の揮発性物質が選択的に散逸することで、水が相対的に濃縮されると考えられている(Genda and Abe 2005)。その後も小天体の衝突過程は継続的に起きるが、この衝突による大気や水の散逸量は小さくあまり重要ではない。

形成された原始海洋には岩石成分(カルシウムイオンやマグネシウムイオン

など）が溶け込んでおり、大気中の二酸化炭素がこれらと反応して炭酸塩を形成する。プレートテクトニクスに伴って惑星内部と惑星表面の物質交換が繰り返され、さらに生物の光合成活動で放出された酸素も加わることで、大気・海洋の組成は次第に変化し、現在の地球海洋の姿へと進化していく。

2-4．磁場の生成

地球がある程度の大きさまで成長すると、重力分離過程によって地球内部は層構造をなすようになる（**図4・5**）。中心部には主に鉄とニッケルの合金からなる「核」が存在する。核は固体の内核と液体の外核からなり、外核内で生じる金属の対流運動によって磁場が生成されている（これを「ダイナモ作用」と呼ぶ）。この磁場は地球全体を覆っており、宇宙から降り注ぐ宇宙線などの高エネルギー粒子に対するバリアの役目を果たしている。太陽系の他の地球型惑星では、水星が非常に弱い磁場を持っているのみで、金星も火星も少なくとも現在は磁場を持っていない。

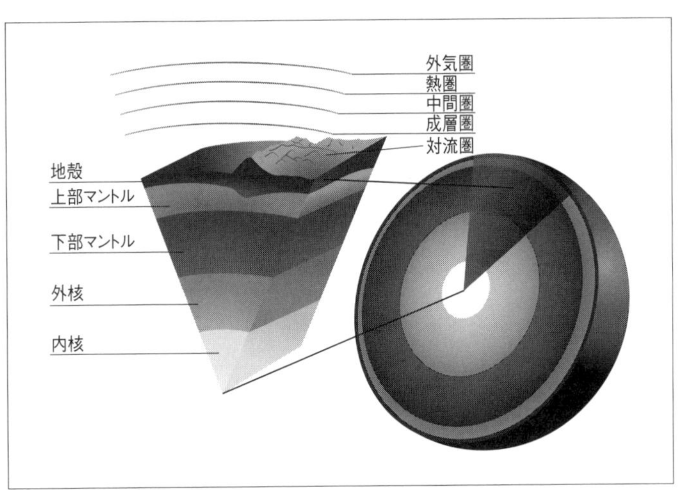

図4・5　地球の層構造の模式図（出典：Wikipedia）.

地球の磁場がいつごろから存在するのかについてはよくわかっていないが、古い岩石に残存する残留磁化を測定することで地球磁場の履歴をある程度見積もることが可能である。実際にさまざまな年代の岩石の分析から初期地球の磁場強度を復元することで、およそ32億年前頃に地球磁場の強度が急に上昇したことが示唆されている(Tarduno et al. 2007)。また、地球磁場の磁極の向き(南北方向)が数万年から数十万年周期で逆転を繰り返していることもわかっている(Cox et al. 1964)。

2-5. プレートテクトニクスと炭素循環

地球には「プレートテクトニクス」と呼ばれる特有の機構が備わっている。地球の表面は一枚の大きな球殻状の岩石に覆われているわけではなく、複数の「プレート」と呼ばれる板状の地殻から構成されている。プレートは海嶺で生まれ、互いにさまざまな方向に動きながら、最後は海溝に沈み込んでいく。またプレートは比重の小さい「大陸プレート」と比重の大きい「海洋プレート」からなり、プレート境界部では、造山活動·火山活動·地震活動などのさまざまな地殻変動が発生している。これまで地球以外の天体でプレートテクトニクスは確認されておらず、プレートテクトニクスが普遍的に存在し得る機構であるのかは不明である。

プレートテクトニクスによって物質が循環することによって、地球には「炭素循環」というメカニズムが存在している(Tajika and Matsui 1992)。炭素循環は、地球の表面温度変化に対する典型的な「負のフィードバック」メカニズムであり、地球の環境を安定に保つ働きをしている。すなわち、地球は炭素循環を通して大気中の二酸化炭素量を自律的に調整することで、表面温度を一定に保つことができると考えられている。具体的な炭素循環の仕組みは以下のとおりである(図4・6)。

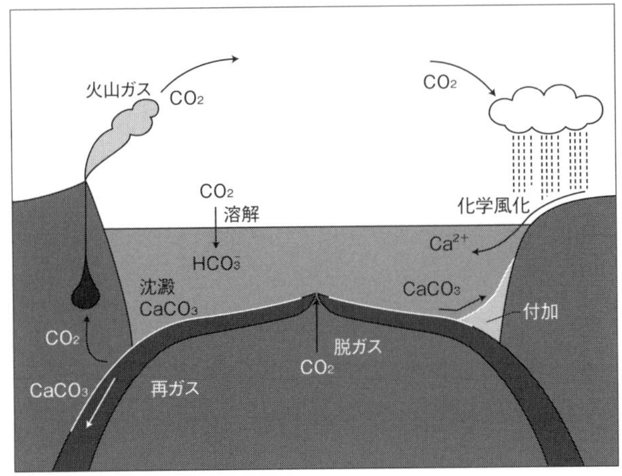

図4・6　地球の炭素循環の模式図(阿部 2009).

何らかの理由で地球が温暖化すると、気温が上昇することで海の蒸発量が増加し、降水量も増加する。大気中の二酸化炭素は雨に溶け込み、降雨によって地表を風化させながら海に流れ込むことで、温室効果ガスである二酸化炭素の量が減少する。取り除かれた二酸化炭素は、海洋内のカルシウムイオンなどと反応し、最終的に炭酸塩となって海底に沈澱する。こうして温室効果ガスが減少することで、地球は寒冷化する。すると逆に気温が下降することで海の蒸発量が減少し、降水量も減少するため、降雨による二酸化炭素の除去が抑えられる。一方で、海底の炭酸塩はプレートテクトニクスに伴う火成活動を通して、再び二酸化炭素として大気中に放出される。こうして温室効果ガスが増加することで、地球は温暖化する。

このように、表面温度が上がれば下げるように、表面温度が下がれば上げるように、自らで温度調節を行う機構が地球には備わっているのである。ただしこのフィードバック機構の時間スケールは100万年以上と見積もられており、人為的な地球温暖化のような短期の温度変化に対して速やかに温度調節を行うことはできない。なお、地球で炭素循環が成り立つためには、陸地・海洋・大気の3要素が共存していることが必要条件である点も重要である。

2-6. 暗黒の「冥王代」

地球が誕生してから最初の約6億年間は「冥王代」と呼ばれ、地質学的な証拠がまったく残っていない(あるいは未だ発見されていない)暗黒の時代となっている。そのため年代推定に用いる地質学的サンプルが存在しておらず、地球の形成が完了した時期、すなわち天体集積による地球の成長がほぼ完了した時期についても確定できていないのが現状である。ただし1-4節でも述べたとおり、月を形成した最後の巨大天体衝突がCAI形成から約3000万年後に起きていることから、地球もこの時期までにはほぼ現在のサイズまで成長していたと考えられる。

現在までに知られている最古の地質学的証拠は、カナダのアカスタで発見された約40億年前の岩石である(Bowring and Williams 1999)。一方で、岩石を構成する微小鉱物については、オーストラリアのジャックヒルズで約44億年前のジルコン($ZrSiO_4$)が発見されている(Wilde et al. 2001)。ジルコンの存在は、当時すでに大陸地殻が存在していたことを示唆しており、地球誕生から1億年以内には地球の地殻形成が行われていたことが予想される。

ところで、世界最古の生物化石の証拠は約35億年前の地層から発見されている(Schopf 1983)。また古い岩石中の炭素同位体の分析から、約39.5億年前には何らかの生命活動が行われていたことが示唆されている(Tashiro et al. 2017)。これらのことから、冥王代のうちにすでに地球上に生命が誕生していた可能性も十分に考えられ、冥王代の地球環境進化を明らかにすることは重要な研究課題となっている。

3. 地球と火星・金星

火星と金星は同じ地球型惑星であるにもかかわらず、地球とはまったく異なる表層環境を持つ。本節では特にハビタビリティー(生命居住可能性)に注目し、各惑星の進化過程の違いについて解説する。

3-1．ハビタブルゾーン

惑星表面の水が液体状態として存在できるかどうかは、主に中心星からの距離によって決まっている。中心星に近すぎると水はすべて蒸発し、中心星から遠すぎると水はすべて凍りつくことになるため、地球のように中心星から適当な距離にある惑星だけが、表面に液体の水を保持することができる。この適当な軌道範囲のことを「ハビタブルゾーン」と呼ぶ(Kopparapu et al. 2013)(**図４・７**)。以下、具体的なハビタブルゾーンの求め方について簡単に解説する。

ハビタブルゾーンの内側境界の位置は、「暴走温室条件」によって決められている。惑星は中心星からエネルギーを受け取り、その入射エネルギーと釣り合うだけのエネルギーを宇宙に放出することになる。このとき惑星の表面温度が高いほど放出するエネルギーも大きくなる。中心星に近い軌道を回る惑星ほど入射エネルギーは大きく、釣り合わせるための放射エネルギーも大きくなるため、結果的にこの惑星の表面温度は高くなる。ところが、惑星が表面に十分な量の液体の水を持っている場合、惑星から放出できるエネルギーには上限(「射出限界」と呼ぶ)が存在することが理論的に示されている(Nakajima et al. 1992)。惑星が中心星に十分に近い場合、惑星にはこの射出限界を超えたエネルギーが入射

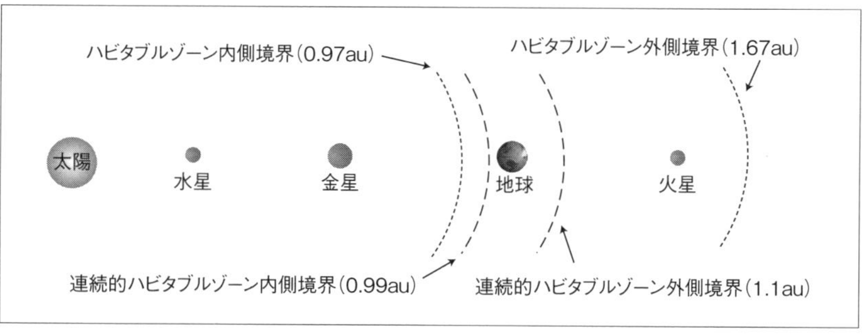

図４・７　太陽系のハビタブルゾーンの模式図.

することになり、エネルギーの収支をバランスすることができなくなってしまう。この状態を「暴走温室状態」と呼ぶ。いったん暴走温室状態に入ってしまうと、すべての水が蒸発して宇宙空間に散逸してしまうまで入射エネルギー過剰の状態が続くことになる。この暴走温室状態に入るちょうど境界の軌道が、ハビタブルゾーンの内側境界となる。

一方、ハビタブルゾーンの外側境界の位置は、二酸化炭素の温室効果の限界位置によって決められている。惑星の大気中に温室効果ガスである二酸化炭素が存在している場合、惑星の表面温度をエネルギーの釣り合いから決まる表面温度よりも高く保つことができる。これにより、中心星から遠い距離にあり惑星への入射エネルギーが小さく、単純なエネルギー収支だけを考えると表面温度が摂氏0度を下回り水が凍ってしまう状況であっても、惑星が適当な量の二酸化炭素大気を持つことで、液体の水を保持することが可能になる。実は地球軌道においてエネルギーの釣り合いから決まる惑星の表面温度は摂氏0度以下であり、地球も温室効果ガスである二酸化炭素大気がなければ液体の水を保持することができない。しかし、二酸化炭素の温室効果には限界があり、二酸化炭素の量を増やせばどこまでも温室効果を強められるわけではない。この最大の温室効果のもとでも表面温度を摂氏0度に保てなくなるちょうど境界の軌道が、ハビタブルゾーンの外側境界となる。

現在の太陽系でハビタブルゾーンの位置を計算すると、内側境界は0.97 au（1 au ＝太陽から地球までの距離）、外側境界は1.67 auになる（Kopparapu et al. 2013）。ただし、惑星大気散逸に伴う長期間での水散逸の効果や、中心星の光度進化（昔ほど太陽は暗かった）の影響も考慮すると、46億年間を通してハビタブルな環境を保つことのできる軌道範囲（「連続的ハビタブルゾーン」と呼ぶ）はさらに狭まる。太陽系における連続的ハビタブルゾーンは、およそ0.99 auから1.1 auになると推定されている。太陽系では、地球が唯一この連続的ハビタブルゾーン内に位置していることになる。

3-2. 火星:ハビタブルゾーンの外側

現在の火星は低温かつ低圧で、表面に液体の水は存在していない。しかし、火星表層には河川状の流水跡地形がいたるところで見られるほか、含水粘土鉱物も広範囲にわたって発見されており、かつては液体の水が存在していたことがほぼ確実だと考えられている。火星で温暖湿潤な気候を実現するためには、温度を上げるためにも圧力を上げるためにも、十分な量の温室効果ガスを持つことが必要となる。温室効果ガスの第一候補は二酸化炭素だが、それ以外にも強い温室効果を持つメタンや、高圧になると温室効果を示す水素などによっても、火星を温暖な環境にすることが可能である。いずれにしても、火星が液体の水を保持していた時期は、現在とはまったく異なる組成や量の大気を保持していたことが予想される。

過去に火星大気中に豊富にあったと考えられている温室効果ガスは、現在までのどこかの時点で失われなければならない。その行き先としては、大気上端からの宇宙空間への散逸、あるいは大気下端からの火星内部への固定のいずれかしかない。大気散逸過程としては、熱的散逸·非熱的散逸·天体衝突に伴う大気はぎとりなどが考えられるが、各過程の寄与の度合いや散逸の時期·時間スケールなどについては、現時点ではまだよくわかっていない。

一方、火星表層の流水跡地形を作った大量の水も、同様に現在までのどこかの時点で失われなければならない。そのうちの一部は現在も火星の極冠や、火星内部に残されていることがわかっているが、それ以外の大部分は大気散逸に伴って宇宙空間に流出したと考えられる。実際に火星隕石に対して水素同位体分析を行った結果、火星の初期水量の50％以上が火星誕生後の約4億年間で宇宙空間に散逸したことが示唆されている(Kurokawa et al. 2014)。

3-3. 金星:ハビタブルゾーンの内側

現在の金星の地表面温度は約470度と非常に高温であり、液体の水は存在できない。また大気中の水蒸気量もきわめて少なく、約92気圧の分厚い大気の

96.5 %を二酸化炭素が占めている。金星は全球が濃い雲に覆われているため反射率(アルベド)が高く、地表面まで届く太陽放射の入射エネルギーは実は地球よりも小さい。それにもかかわらず高温な環境となっているのは、二酸化炭素による強力な温室効果が原因である。

金星で水が少ない原因は、もともと持っていた水が暴走温室効果により宇宙空間に散逸してしまったか、あるいはそもそも地球と比べて水の供給量が少なかったのか、そのいずれかだと考えられる。現在の金星大気の水素同位体分析からは、過去の金星には少なくとも現在の金星大気中の水蒸気量の100倍の水が存在していたことが示唆されている(Donahue et al. 1982)。そのため、ある程度の水が宇宙空間に散逸したのは確かだと考えられているが、現在の金星大気中の水蒸気量を100倍しても地球海洋の量よりは少ないため、初期に大量の水が存在していたという保証はない。

金星が過去にいったん表面に海洋を形成していた場合、太陽の増光とともに金星はいずれ暴走温室状態に入ることになる。蒸発した水は大気上層で紫外線等によって水素と酸素に分解され、軽い水素が宇宙空間に散逸することで水が失われていく。このとき問題となるのは、取り残された酸素の処理である。酸素は水素と比べて重いため宇宙空間には散逸せず大気中に蓄積されるはずだが、現在の金星大気中に酸素は存在していない。そのため、地表の岩石を酸化する、あるいは大気中に存在する還元的な気体を酸化するなどして、大気中に残された酸素をすべて消費する必要があるが、それが可能であるかについてはよくわかっていない。

一方で、金星が過去に一度も表面に海洋を形成していない可能性も指摘されている(Hamano et al. 2013)。金星は地球と比べて太陽に近い軌道を回っているため、太陽からの入射エネルギーが大きく、初期進化の段階で表面のマグマオーシャンが固化するのに時間がかかる。そのため、マグマオーシャンが固化する前に初期に持っていた水をすべて宇宙空間に失ってしまう可能性がある。この場合、水蒸気の分解によって生じた酸素はマグマオーシャンの酸化を通して十分な量を消費することができるため、酸素の処理の問題は自然と解決されることが示唆されている。

4.　地球は「奇跡の惑星」なのか？

本章の最後に、地球がたどった独自の進化過程、およびその中で獲得した独自性について簡単に議論する。さらに近年続々と発見されてきた太陽系外の地球型惑星を通して、地球の独自性を多様な時間軸のもとに相対化することを目指す。

4-1．地球の独自性

まず、これまでにも注目してきた「水」について、その具体的な水量を視覚的に示す。**図4・8**は、現在の地球の表面に存在する水を１カ所に集めた場合のイメージ図である。この水量は質量にして地球全体のわずか0.023％しかなく、地球は「水の惑星」どころか、岩と鉄の塊の上にほんの少しだけ水が付加された惑星であることがわかる。実はこのわずかな量の水の存在は、地球の最も重要な特徴の１つとなっている。もし地球が現在の水量の数分の１の水しか持っていなかった場合、海は局在化し、全球を循環する海洋は形成されないことになる。一方で、もし地球が現在の水量の数倍の水を持っていた場合には、陸地はすべて水没し、全球を海洋が覆う惑星になってしまう。地球が現在の姿となるためには、絶妙な加減でこのわずかな量の水を獲得することが必要となる。この絶妙な水量が地球において偶然達成されたのか、それとも何か必然的なプロセスを経て水量が調整されたのかについては、現在のところまだよくわかっていない。

他にも地球の独自性についてはさまざま考えられるが、その中でも特に、地球が生命を宿す惑星となるに至った要因を、これまでの議論も参照しながら以下にまとめてみる。本章で扱っていない内容については、参考文献（阿部2015）を参照のこと。

（1）多すぎず少なすぎない絶妙な量の水を取り込んだ

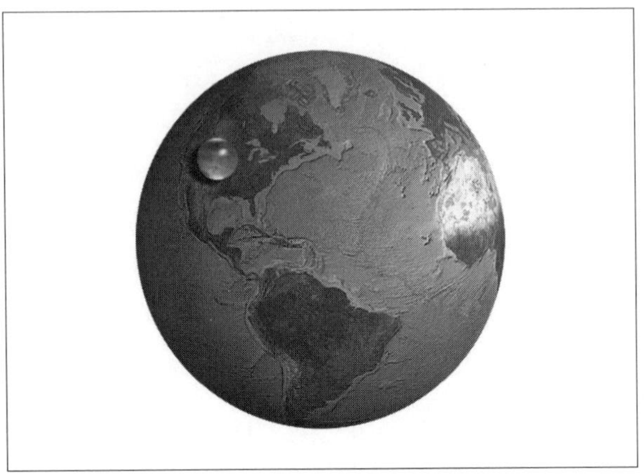

図4・8　地球の表面に存在する水を１カ所に集めたときのイメージ図. © Howard Perlman, USGS; globe illustration by Jack Cook, Woods Hole Oceanographic Institution; Adam Nieman.

（２）軌道が連続的ハビタブルゾーン内に位置している

（３）適当な量の二酸化炭素大気により温暖な気候を実現している

（４）宇宙線に対するバリアの役割を果たす強い磁場を生成した

（５）プレートテクトニクスに伴う炭素循環によって気候が安定化している

（６）光合成生物の誕生により酸素大気およびオゾン層が形成された

（７）巨大な衛星である月の存在により自転軸の傾きの変動が抑えられている

ここに挙げたもの以外にも、地球を地球たらしめる特徴はたくさんあると考えられる。こうした独自性をすべて獲得することで初めて生命を宿す惑星としての地球が誕生するのだとしたら、地球はまさに「奇跡の惑星」といえるかもしれない。しかし、それは本当に正しい考察だといえるだろうか？

4-2．一回性の歴史を研究すること、そして地球では選ばれなかった「別の未来」

ここまで地球の形成・初期進化過程について、近年の研究の進展も含めてひととおり紹介してきた。しかし、これはあくまでも太陽系や地球がたどった一回性の歴史をひも解こうとしていることに他ならず、その偶然性と必然性、独自性と普遍性を峻別することは難しい。時間は過去から未来へと一方向に、そして一直線にしか流れない。地球が奇跡の惑星であると感じるのは、ひとえにその一回性の歴史の再現可能性を議論しようとしていることによるといえる。

ところが、近年この状況が大きく変化し始めている。1995年に初めて太陽系外の惑星(「系外惑星」と呼ぶ)が発見(Mayor and Queloz 1995)されて以降、現在までに5000個を超える多様な系外惑星が見つかっている。特に「ケプラー宇宙望遠鏡」による系外惑星探査により、地球サイズの系外惑星が続々と発見され、ハビタブルゾーン内に位置する地球型惑星の存在も報告されている(Quintana et al. 2014)。これまでの系外惑星の発見数をもとに見積もると、天の川銀河(銀河系)内に存在する数千億個の恒星の大部分は惑星を持っており、さらにそのうちの約半数が地球型惑星であることが示唆されている。宇宙全体で見れば、途方もない数の地球型惑星が存在していることは間違いない。

地球の形成·進化の歴史は唯一無二であり、これは逆にいえば他の無限の可能性をすべて捨て去った結果としての歴史でもある。しかしこの宇宙に無限に近い数の地球型惑星が存在し、各々が独自の形成·進化の歴史をたどったとすれば、そこには地球では選ばれなかった「別の未来」が無限に含まれていることになるだろう。

宇宙の歴史の中で無数に枝分かれした時間軸を、宇宙にあふれる「地球たち」をとおして見わたすこと。それにより自らの存在を相対化させ、地球や人類がたどってきた歴史を立体的に捉え直すこと。これは「時間学」に対する惑星科学的アプローチとして、1つの新しい方法論となり得るかもしれないと期待している。

参考文献

Abe, Y. and Matsui, T., 1986, *Journal of Geophysical Research*, 91, E291.

Bowring, S. A. and Williams, I. S., 1999, *Contributions to Mineralogy and Petrology*, 134, 3.

Brown, H., 1952, *The Atmospheres of the Earth and Planets*, 258.

Cameron, A. G. W. and Ward, W. R., 1976, *Lunar and Planetary Science Conference*, 7, 120.

Canup, R. M., 2012, *Science*, 338, 1052.

—— and Asphaug, E., 2001, *Nature*, 412, 708.

Connelly, J. N., et al., 2008, *The Astrophysical Journal*, 675, L121.

Cox, A., et al., *Science*, 144, 1537.

Ćuk, M. and Stewart, S. T., 2012, *Science*, 338, 1047.

Donahue, T. M., et al., 1982, *Science*, 216, 630.

Genda, H. and Abe, Y., 2005, *Nature*, 433, 842.

Haisch, Jr., K. E., et al., 2001, *The Astrophysical Journal*, 553, L153.

Hamano, K., et al., and 2013, *Nature*, 497, 607.

Hartmann, W. K. and Davis, D. R., 1975, *Icarus*, 24, 504.

Hayashi, C., et al., 1985, *Protostars and Planets II*, 1100.

Hosono, N., et al., 2019, *Nature Geoscience*, 12, 418.

Ikoma, M. and Genda, H., 2006, *The Astrophysical Journal*, 648, 696.

Kahn, P. G. K. and Pompea, S. M., 1978, *Nature*, 275, 606.

Kleine, T., et al., 2002, *Nature*, 418, 952.

——, et al., 2005, *Geochimica et Cosmochimica Acta*, 69, 5805.

Kokubo, E. and Ida, S., 1996, *Icarus*, 123, 180.

—— et al., 2000, *Icarus*, 148, 419.

Kopparapu, R. K., et al., 2013, *The Astrophysical Journal*, 765, 131.

Kurokawa, H., et al., 2014, *Earth and Planetary Science Letters*, 394, 179.

Kruijer, T. S., et al., 2017, *PNAS*, 114, 6712.

Lambrechts, M. and Johansen, A., 2012, *Astronomy and Astrophysics*, 544, A32.

Mayor, M. and Queloz, D., 1995, *Nature*, 378, 355.

Nakajima, S., et al., 1992, *Journal of the Atmospheric Sciences*, 49, 2256.

Pahlevan, K. and Stevenson, D. J., 2007, *Earth and Planetary Science Letters*, 262, 438.

Quintana, E. V., et al., , 2014, *Science*, 344, 277.

Reufer, A., et al., 2012, *Icarus*, 221, 296.

Rufu, R., et al., 2017, *Nature Geoscience*, 10, 89.

Schopf, J. W., 1983, Earth's Earliest Biosphere: its Origin and Evolution.

Tajika, E. and Matsui, T., 1992, *Earth and Planetary Science Letters*, 113, 251.

Tarduno, J. A., et al., 2007, *Nature*, 446, 657.

Tashiro, T., et al., 2017, *Nature*, 549,516.

Tsiganis, K., et al., 2005, *Nature*, 435, 459.

Walsh, K. J., et al., 2011, *Nature*, 475, 206.

Wang, K. and Jacobsen, S. B., 2016, *Nature*, 538, 487.

Wilde, S. A., et al., 2001, *Nature*, 409, 175.

Yin, Q.-Z., et al., 2002, *Nature*, 418, 949.

Zhang, J., et al., 2012, *Nature Geoscience*, 5, 251.

阿部豊, 2009,「遊星人」日本惑星科学会, 18, 194.

阿部豊, 2015,『生命の星の条件を探る』文藝春秋.

佐々木貴教, 2017,『「惑星」の話』工学社.

佐野有司, 高橋嘉夫, 2013,『現代地球科学入門シリーズ12地球化学』大谷栄治, 長谷川昭, 花輪公雄編, 共立出版.

第５章

地球の歴史と生物の進化

大路樹生

1．はじめに

地球は太陽系の中で生命を宿している唯一の惑星である。地球は「生きている惑星」としばしば呼ばれる。学生に「地球が他の惑星と異なる点を挙げよ」と質問すると、地球に生命が存在すること以外にも「地球は液体の水をたたえている」、「地球は青い」「酸素の大気を持っている」など、多くの答えが出てくる。

地球が「生きている」という意味は、もちろん生命を長く宿しているということであるが、もう１つ物質循環的な観点から、長期にわたって地球内部のダイナミクスが果たしている役割も忘れてはならない。地球誕生以降の約46億年の中で、遅くとも26億年前(おそらくはもっと以前から)にはプレートテクトニクスという、地球表層と内部の物質循環をもたらす構造運動が開始していた。そして炭素循環を含む物質循環が地球表層環境の安定に大きな役割を果たしてきた(詳しくは第４章を参照)。すなわち、地球が長期にわたって「生きて」おり、安定な環境を維持してきた惑星であるのは、生命現象とプレートテクトニクスという２つの大きな役割が両輪のように働いてきたためであることをまず認識すべきである。

この章では地球の長い歴史の中で、生命、そして地球表層環境が相互に影響を与えながらどのように進化してきたのかを概観する。その前に、地球形成以来の長大な時代をどのように過去の人は類推してきたのか、つまり地球年代史について紹介しようと思う。なぜなら地球の年代を測定しようとする試み自体が、地球科学の進歩そのものを反映しており、その方法を学ぶことでその有益性と誤りの両方を理解することができるからである。

そしてもう1つは時間をめぐる2つの対立する大きな考え方に触れようと思う。ここでは詳述しないが、この2つの見方は絶えず地球科学、そして生物科学においても出てくるものである。

2. 地球の年代を推定する試み

人類は過去の出来事を、いつ頃起きたことなのかをどのように類推し、またそれが本当に起きたことなのかどうかをどのように類推してきただろうか？人間の寿命はせいぜい100年程度である。先祖からの伝承で言い伝えられていることもあるし、また古文書で記録されていることもあるだろう。しかしこれらは地球史からすれば、ごく最近のことにすぎない。では文字で起こった出来事が記録される前の時代のこと、そして地質時代や地球の形成に関する出来事を、どのように明らかにしていけるのだろうか？ 時代を順に追って見ていこう。

2-1. 旧約聖書による「創世記」の記述による天地創造の年代

旧約聖書が書かれたのは紀元1世紀頃からとされている。その冒頭の「創世記」に書かれた天地創造の時期がいつだったのかについては、さまざまな推定がされている。1654年にアイルランド大主教J. アッシャーは、天地創造は紀元前4004年10月18日から24日に起きたと推定した。これは今から約6000年前ということになる。われわれ科学者からすれば信じがたい数字であるが、この年代はキリスト教圏では長く信じられてきた。逆に言えば、この数字を否定すること、すなわち地球の年代を科学的に知ることがいかに困難であったのかということになる。

2-2. ステノの「プロドロムス」

コペンハーゲン生まれのN. ステノは、イタリアで長く調査を行い、1669年に地質学や鉱物学、古生物学に関する論文「プロドロムス」を著した。この論文には、その後の地質学の大原則(層序学の基本原則ともいえる)が提唱されている。これはすなわち、

- ･地層は下位に存在するものは古く、上位のものほど新しい(地層累重の法則)。
- ･地質体の包含関係から、含んでいる地層や岩体は含まれている岩石より新しい。たとえば礫岩の中の礫は、これを含んでいる礫岩の形成より古いし、花崗岩中に時折見つかる捕獲岩は花崗岩ができた年代より古い。
- ･地質体の「切った切られたの関係」と新旧関係。地質体や岩体を切っている構造は、切られている地質体や岩体より新しい。
- ･地層の水平性と連続性。地層は本来ほぼ水平に堆積する。また横方向に同じ性質の地層が連続する。

これらは現在も層序学の基本原則として使われているものである。特に「包含関係」と「切った切られたの関係」は、どちらが先にできたのか、またはどの現象が先に起こったのかを決めるうえでよく使われ、地層や岩体の相互の新旧関係(相対年代)を決定するうえで重要である。ステノのこれらの層序に関する基本的な考えは、当時には先走りすぎていたために今ひとつ注目を集めなかったようである(Eyles 1968)。

図5・1　N. ステノ(Wikipediaより).

これらの関係は年代値を直接決めるのには使えないものの、後述の放射年代測定法などで数値の得られた年代(数値年代、絶対年代)との比較で、相対年代を用いて形成年代の範囲を絞っていくことができる。また数値年代も、層序的な関係からの前後関係で、それが正しい数値なのかどうかを常に検証する必要がある。つまり相対年代と数値年代は相補的な関係にあるということができる。

「プロドロムス」ではその他に、鉱物の結晶の面が作る角度が一定であること(結晶の面角一定の法則)や、地層から見つかる、舌の形をした石がサメの歯の化石であることを、サメの頭部骨格と比較することで明らかにしたことなども記述されている。

ステノはその後30歳で研究をやめ、ローマキリスト教の聖職者の道を歩んだ。これだけ科学的な思考を進めたステノが、なぜ聖職者の道を選んだのか、彼の考える地層や岩石、化石ができる過程のすべてが6000年の間に押し込められると考えたのかが謎である。

2-3. ハットンの「斉一説」

1795年にスコットランドのJ. ハットンは*Theory of the Earth*を著した。ハットンは「地質学の父」と呼ばれることもある。スコットランドに見られる岩石が、現在観察される浸食、堆積、火山活動のような作用が絶えず繰り返されることによってできていることを認識し、長い時間にこれらの作用が働くことで形成されると考えた。

したがって彼は、地球が数千年という短い時間でできたものではなく、長大な時間がかかって形成されたと考えた。また厚い地層の形成や山脈の隆起・浸食も長い期間にゆっくりとしたプロセスで説明できると考えた。

彼はスコットランドのシッカー・ポイントにある有名な不整合を観察し、ここに見られるシルル紀とデボン紀地層の不整合が一見非常に大きく見えるものの、このようなギャップは日常見られる小さな変動の積み重ねで説明できることを論じた。

彼のこのような考えは「斉一説」、すなわち「現在は過去解く鍵」という考えの基礎となった。また「斉一説」はその後イギリスの研究者に受け継がれることになった。

2-4．ハリーによる海洋の年代推定

イギリスのE.ハリーは自身の天体観測とニュートンの法則によってハレー彗星が楕円軌道を持ち、ある周期で戻ってくることを予言したことで有名であるが、一方海水中の塩分を使って海洋の年代、ひいては地球の年代を求めることができると考えていた。彼は原始海洋にはほとんど塩分が含まれておらず、陸上から河川で運ばれる塩分が一方的に海に蓄えられていったと考えた。またこの考えに基づき、地球の形成は数千年よりはるかに以前であると考えていた。

アイルランドのJ. ジョリーは1899年にハリーのこの考えに基づき、海洋中の塩分量と現在測定される河川水の塩分から海洋の年代を求め、これが9000万～１億年であると推定した。

この推定は明らかに若すぎる年代値ではあるが、当時聖書に基づき考えられていた数千年という数字からすれば、地球の年代が何桁も古いことを示していた。しかし実際地球や海洋の形成年代からははるかに若い数字であることも確かである。この理由として、塩分は陸上から一方的に海に運ばれるわけではなく、海から陸に運ばれる（たとえば岩塩として形成され、あるいはナトリウムは粘土鉱物と結合する）こと等、時代とともに一方的に塩分が増加したわけではないことが挙げられる。

2-5．地層の厚さから年代を推定する試み

1860年にイギリスのJ. フィリップは、さまざまな時代に堆積した地層の厚さの総計と地層の堆積速度から、地球の年代を求め、9600万年という値を得た（Jackson 2007）。この後、多くの地質学者が同様の手法を用いて地球の年代推

定に挑んだが、いずれも概して年代を過小評価する結果となった。たとえば塩分から海洋の形成年代を推定したJ. ジョリーは、この方法から1億1700万年という値を導き(Joly 1915)、しかもこの結果が塩分から求めた値とほぼ合致する結果を得た。このほかジョリーは、古生代、中生代、新生代を初めて区分して名付けた学者として知られている。

地層の厚さと堆積速度から求める方法が年代を過小評価してしまう傾向にあるのは、堆積速度を求めることの困難さ、また地層は継続的に堆積するのみならず、巨視的な観察では困難な堆積中断が頻繁に含まれている等の理由が挙げられる。しかし少なくともこれらの結果は聖書による数千年よりはるかに長大な時間が地球に流れていることを示すことができた。

2-6. キュビエの「天変地異説」

G. キュビエはパリの国立自然史博物館の動物学、古生物学者であり、初期の比較解剖学に大きな功績を残した学者である。彼はパリ盆地の地層と古生物を調査し、古生物群がある地層からその上位の次の地層に入ると突然変わってしまうという現象を見出した。これを、彼は「安定と絶滅」で説明した(Cuvier 1818)。つまり地質学的にある時代にわたって同じ動物群が生息し、そして突然短い時間に天変地異的な現象によりこれらが絶滅し、他の動物群の出現にとって代わる、そしてその「安定と絶滅」が繰り返すという考えである(Kolbert 2013)。

キュビエは当時J-B. ラマルクらによって提唱されていた動物進化を否定する考えであった。そしてイギリスで主流となっていた「斉一説」とは真っ向反対の「天変地異説」を主張することとなった。この後、「斉一説」と「天変地異説」は、さまざまな地球科学や生物科学の現象の解釈に使われることとなった。

2-7. ライエルによる新生代の時代区分

イギリスのC. ライエルは1930年に*Principles of Geology*を著した。彼の考えはイギリスの伝統的な斉一説を踏襲するもので、なかでも新生代の時代区分を、海洋の軟体動物(二枚貝。巻貝)の現生種が過去にどのくらい生存していたか、という割合で行うことができると考えた。そして始新統(３％)、中新統(17％)、鮮新統(50～67％)という区分を行った。

これらの数字はもちろん場所や環境によっても異なるし、動物の分類群によっても一定の割合で入れ替わるものではない。しかし上記の新生代の時代区分の名称は、他の名称を後に加えた形で今でも使われている。

2-8. ケルビンによる地球の年代推定

熱力学への貢献で有名なケルビン卿(W. トムソン)は、1862年に地球の年齢を単純に熱伝導による冷却から求めた。原始地球が溶融状態にあったときの温度(2000度)から放射冷却によって現在の温度に至る時間を計算した結果、地球の年齢がたかだか2000万年という結論に至った。この時間は、地質学者による推論、たとえば上記の地層の厚さと堆積速度から地球の年代を求めた結果よりはるかに短い時間となり、論争が生じた。またこの後に解説するC. ダーウィ

図５・２　ケルビン卿(Wikipediaより).

図５・３　C. ダーウィン(Wikipediaより).

ンの進化論の考えとも相容れない結果となった。しかしこの熱力学による地球年代論は強固な学問的基盤を持っていたように思われたので、当時はそれを論破することは容易ではなかった。

ケルビン卿のこの結論は、この時まだ明らかになっていなかった2つの要素、すなわち地球内部の放射性物質の崩壊熱による内部の熱源の存在と、地球内部に存在する熱対流の存在を考慮していなかったために、急速に冷却すると誤ってしまったと考えられる。

2-9．ダーウィンによる年代推定

生物進化に関する自然選択説で有名なC.ダーウィンは1859年に『種の起源』を著し、環境によりよく適応した変異を持つ個体が集団内で増加することによって、その形質が次第に集団間に広がり進化が起きると考えた。ダーウィンはまた地質学的な思考を行っており、その基盤にはライエルの漸移説が流れていた。ダーウィンはケントの地形浸食がどのくらいで進むかを考慮し、1859年の『種の起源』の中で、恐竜などが絶滅した中生代終わりから現在まで約3億年が経過している、と類推した。またこの年代推定は、後の『種の起源』の版ではやや短いものに改定されている。

ダーウィンの推定は、他の推定がいずれも現在わかっている年代より短かったのに対し、実際より長く推定していた点が独特である。またダーウィンの推定は、上記のケルビンによる推定と大きく矛盾していたために論争を引き起こした。ダーウィンはカンブリア紀に多くの複雑な動物が出現することを例に挙げ、ケルビンの推定に強く反対した。

2-10. 放射年代測定法の誕生

岩石の年代を正確に測定するには、放射性元素を用いた年代測定法の確立を待たねばならなかった。1896年にフランスのH. ベクレルは、ウランが写真乾板を感光させる能力を持つことから、ウランの放射能を発見した。1898年にはフランスのキュリー夫妻が放射性元素ポロニウムを発見し、1902年には夫妻はラジウムを抽出した。また同じく1902年にはニュージーランド生まれのE. ラザフォードは、イギリスのF. ソディとともに放射性元素が核分裂を起こすことにより別の元素に変わることを発見した。1906年にラザフォードはウランからヘリウムが生成すること、この放射壊変の割合を計算し、古い岩石の年代を測定することについての可能性を述べた。続いて1907年にB. ボルトウッドはウランからの壊変採集元素が鉛であることを見出し、岩石の絶対年代をウランから鉛へ壊変する性質を用いて岩石の年代を測定できることを示した。そしてある岩石の年代が22億年前のものであるとした。この数値は地質学者が考えていた年代よりはるかに大きなものであったので、地質学者にとってもすぐに許容できる結果ではなかったようである。この後、さまざまな放射性元素を用い、また質量分析計の発明と改良もあり、多くの地質体や岩石、そして生物資料の年代が測定されるようになった。放射年代の詳しい解説については第4章の「同位体年代測定法」でされているので、そちらを参照されたい。

3. 地球表層環境と生物の進化

地球は他の太陽系の惑星と同じく、今から約45.67億年前に誕生した。それから現在までの長大な時間を、4つの年代に区切っている。45.67億年前から40.00億年前までの冥王代、40.00億年前から25.00億年前までの太古代、25.00億年前から5.388億年前までの原生代、そして5.388億年前から現在までの顕生代である(以上の年代値はCohen et al. 2023による)。太古代は最初の生命が誕生したと考えられている時代、原生代は光合成をする生物が誕生し地球大気が酸化大気となり、後半に動物が誕生した時代、そして顕生代は生物の豊かな世界が栄枯盛衰を繰り返しながら、多様に進化した時代と捉えることができる。

現在に至るまでの生命の進化史をひも解いていくと、日本史や世界史を学ぶのと同様、過去に地球で起こってきたさまざまなドラマを楽しむことができる。しかし化石として保存される生物は、その時に存在していた生物のごく一部にすぎず、記録されない生物も多数存在していた。また地球表層の岩石は風化を受け、また海中の表層堆積物もプレートテクトニクスによる潜り込みのためにどんどん失われてしまう。つまり現在から時間を遡るほど、化石を保存している岩石自体も少なくなってくる。このように限られた資料から太古の世界を類推するしかない。

長い生命史を概観すると、生命の歴史は決して順風満帆ではなく、短期間に新たな生物の急速な出現や絶滅が見られる時と、割合波風の立たない平穏な時期が続く時とが幾度となく繰り返されていることがわかる。つまり長い時間スケールで生物進化を見た時には、天変地異的な変動と安定が繰り返すことをまず理解する必要がある。

地球表層環境と生物進化とは切っても切れない関係にあり、互いに影響を与えながらそれぞれが変化、進化してきた、あたかも生物間の「共生」のような関係にある。得てして地球環境の変動が一方的に生物に与える影響を考えがちであるが、生物から地球環境を変えてきたことも重要である。たとえば二酸化炭素主体の地球の原始大気に単体の酸素を放出したのは生物の作用であるし、また生物活動によって二酸化炭素濃度が上下することで地球全体の気候は変化し、時には氷期をもたらした。

そして生命進化を長い目で見たときに、何度かの大きな事件というべき進化上の現象が、割合短い時間に起きたことが記録されている。これらは順を追って述べると、1．生命の誕生、2．原核生物から真核生物への進化、3．単細胞動物から多細胞動物への進化、そして4．脊椎動物の出現、である。この後も生命進化は進み、陸上への動物の進出など多くの出来事があるが、「生物のつくり」という点からすると、この4つのことが重要な事件として挙げられる。以下では順を追って生命の栄枯盛衰を概説し、地球表層環境と互いに影響を与えながら生命が進化してきたことを中心に、生命の栄枯盛衰を概説しようと思う。

3-1. 最古の生命体

地球上に生命が誕生したことは、大きな進化上の出来事であるが、これはまず証拠が残らないので、その時期や過程については類推するしかない。そして最古の生命体の証拠がいつ頃のものかについては、大きく分けて2つの考え方がある。1つは化石そのものの証拠に基づく約35億年前(34億6500万年前)、もしくはそれ以前に生命体は存在し、化石記録や生命体の存在した記録がある、とする考えである。他方、太古代の化石記録は確実なものでなく、原生代に近づいてから確実な化石が産出する、という見方も存在する。

J.W. ショップら(Schopf 1993; Schopf and Kudryavtsev 2012)は、オーストラリア西部のノースポールにある35億年前のチャートと呼ばれるケイ酸塩岩から化石を発見した。この化石は繊維状の形態を有し、当初シアノバクテリアであるとされた。またノースポールではシアノバクテリアが堆積物とともに形成する構造であるストロマトライトが見つかっている。しかしこれを含む岩石が熱水性の岩脈の中のものであったことから、これらがシアノバクテリアではなく、海底の熱水に伴うバクテリアであるとする意見もある。しかしこれが明確に生命体の形態を示すものであるかどうかは議論がある。

この繊維状の化石は、細胞が連なった形態を有し、もしこれが生命体であるとすると、これが進化するまでにはすでにかなり時間が経過していたことが類推される。すると最初の生命体の出現は35億年前よりさらに遡ることになる。またS.J. モジシス(Mojzsis et al. 1996)らはグリーンランドの地層から得られた燐灰石中の石墨という鉱物中の炭素同位体比を調べたところ、軽い炭素同位体比が得られ、これが生物起源であるとする研究も示されている。しかしこれは後の時代の地層からの汚染によって移動した炭素を見ているとする考え(Rasmussen et al. 2008)もあり、確実なものとはされていない。この最古の生命体をめぐる議論に関しては続々と新たな論文が出されており、40億年を超える年代の生命体の証拠も出されている。すると地球誕生後間もない頃に生命体が存在していたことになる。最古の生命体に関する議論は大友(2016)を参照されたい。

3-2. 大酸化イベント

今から25億年前に太古代が終了し原生代に入ると、海洋環境、そして表層環境に大きな変化が訪れた。それまで地球大気は二酸化炭素が主体であり、微量でしかなかった遊離酸素(O_2)が以降大量に含まれるようになった。この変化を「大酸化イベント」と呼び、今から25億年前から23億年前に起きたとされている。この大酸化イベントを引き起こしたのは、シアノバクテリアによる光合成である。シアノバクテリアはクロロフィルaを持ち、酸素発生型の光合成を行う。

この大酸化イベントにより、海中、そして大気中に遊離酸素が供給され、それまで海中で還元状態にあって溶解していた2価の鉄が酸化され3価の鉄(Fe_2O_3)となって沈澱し、莫大な鉄鉱層を形成した。これが縞状鉄鉱層で、現在の重要な鉄資源となっている。

また大気中の二酸化炭素が減少し、遊離酸素が増加することで、地球は寒冷化した。これは現在問題となっている二酸化炭素濃度の上昇とそれに伴う温暖化とは逆のことが起きたことになる。24～22億年前に起きたヒューロニアン氷期はきわめて大規模なもので、全球凍結を起こしたとする考えもある。

大酸化イベントは、生物が地球表層環境を変えた事件として重要である。生物は地球環境から影響を受け、その多様度を増減させ絶滅することもあるが、生物は地球に乗っかっているだけではなく逆に生物から地球表層環境への作用も存在し、両者は生物の共生のような関係にあることがわかる。

3-3. 真核生物の誕生

最初に現れた生物は核を持たない原核生物であった。これには細胞小器官もなく、分裂をすることで増殖する性質を持っていた。これに対し、原生代に入ると明確な核を持った真核生物が登場した。これらの細胞小器官の一部は独自のDNAを持ち、もともと単独で生息していた原核生物が細胞内共生によって細胞内に取り込まれ、独自の機能を細胞内で果たすようになったとする「細胞内共生説」で説明されている。

真核生物はミトコンドリアや葉緑体などさまざまな細胞小器官をもち、細胞内で異なる機能を受け持つようになった。また原核生物は基本的に分裂によって増殖するが、真核生物はやがて有性生殖を行うようになり、別個体からのDNAを持つ染色体の半数を合わせる減数分裂によって増殖するようになった。このような生殖様式によって種内の個体変異が顕著に存在するようになった。

明確な真核生物がいつ誕生したのかについては議論がある。一般的には21億年前以降から知られている、らせん状の線状構造を持つグリパニアが最古の真核生物とされている。またオーストラリア中央のビタースプリングは、9～7.7億年前の地層からシリカに閉じ込められた産状のさまざまな微化石で知られている。この化石群からは多数のシアノバクテリア化石に交じって少数の緑藻類(真核生物)が報告されている。

3-4. エディアカラ生物群

25億年前に原生代に入り、大酸化イベント、大規模な寒冷化、そして真核生物の誕生と大きな事件がいくつも続いたが、その後は地球と生物界に大きな変化はなく、「退屈な10億年」と呼ばれることもある。その後、原生代も終わりから古生代のカンブリア紀に近くなって、生物界には大きな変化が訪れた。多細胞動物の登場である。それまでの単細胞のものに比べて、サイズが大きくなるだけではなく、体の各部で機能を分担し、各段に多様な運動が可能となった。また捕食、被食という生態学的な関係が生まれ、食物連鎖の栄養段階が形成され、複雑化した。

原生代の最後の時代(6.35 ～ 5.388 億年前)であるエディアカラ紀の後半の地層からは、エディアカラ生物群として知られている生物の化石が産出する。これらは最初オーストラリア南部のエディアカラ丘陵から発見され、クラゲに似た形態のもの、ゴカイなど多毛類に似た形態のもの、そしてウミエラなど刺胞動物に似た形態のものなど、多様なものが記載され、エディアカラ動物群と呼ばれた。またロシア北部やカナダのニューファンドランド、ナミビアなどのエディアカラ紀の地層からもオーストラリアで見つかったものと同様な化石が見つかっている。

当初これらの化石は現在の動物につながる祖先を代表したものと考えられたが、その後化石形態の詳細な研究から、これらのほとんどはカンブリア紀に入る前に絶滅した、現在の動物とは直接の系統関係を持たない生物と考えられるようになった。その理由として、A. ザイラッハはこれらが共通して扁平な形態を持つこと、動物ならば持っているはずの口、肛門、消化管が見つからないこと、そして体がキルト構造と呼ばれる、細い筋状の構造をつなぎ合わせたような形態を持っていることを挙げている。つまりこれらは通常の動物のように食物を口から食べる生物ではなく、広い体表面を利用して表皮から代謝を行う生物であった可能性を指摘している。

これに対し、エディアカラ生物群にはカイメン動物やクラゲやウミエラなどの刺胞動物など、基盤的な多細胞動物は存在したとする考えも根強い。しかしいまだにカンブリア紀以前から明確に多細胞動物の化石は見つかっていないのが現状である。

3-5. カンブリア爆発:多細胞動物の出現

それまでの先カンブリア時代とは大きく異なり、カンブリア紀に入ると多様な多細胞動物の化石がいっせいに産出するようになる。この現象をカンブリア爆発と呼ぶ。J. セプコスキーは海洋動物の産出に関するデータベースを作成し、細かな地質時代それぞれにどれだけの種類数（実際には「科」の数）がいたのかを調べた（Sepkoski 1984）。そして海洋動物の多様度が時代とともにどのように変遷するかをプロットした図を作り上げた（**図5・4**）。これによると、海洋動物（特にカンブリア紀型動物群と呼ばれるもの）の爆発的出現が見られるカンブリア紀初期にまず顕著な増加があり、これがカンブリア爆発に相当する。その後オルドビス紀初期にも再度多様度の増加があることがわかる。それと同時に、短い時間に多様度が急減する大量絶滅も5度ほど訪れたことが示される。大量絶滅に関しては後ほど触れることにする。

最初にカンブリア紀の化石の多様な姿が研究されたのは、カナダのロッキー山脈にあるバージェス頁岩の化石群についてである。バージェス頁岩の地層は今から5.05億年前の生物界を見ることができる。有名なアノマロカリス、ウィワキシア、ハルキゲニアやディノミスクスなどが産出している（**図5・5**）。またバージェス頁岩からは、通常は死後分解され保存されないはずの軟体部の痕跡が見事に保存された化石が多く見つかっている。中国の澄江の5.20億年前の

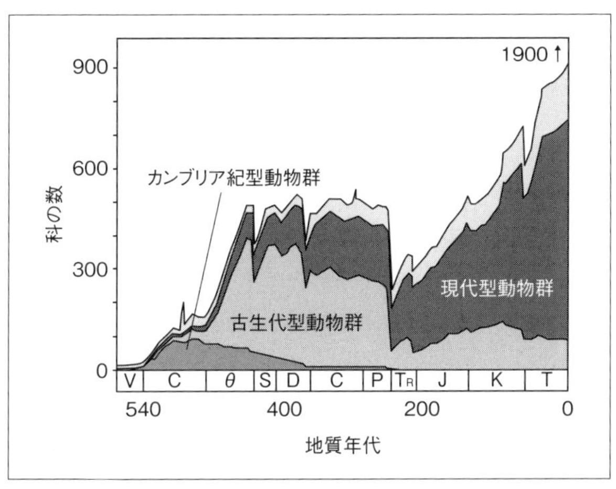

図5・4　古生代，中生代，新生代（一部先カンブリア時代を含む）の海洋動物の多様度変遷（Sepkoski 1984より）．

図5・5　バージェス頁岩から産する有名な動物化石の立体復元模型．左上から時計回りに，ピカイア，ハルキゲニア，ウィワキシア，オパビニア，マーレラ，カナダスピス，アノマロカリス，オレネルス(三葉虫)．模型はフェバリット社提供．

地層からも、バージェス頁岩と同様、時に軟体部の痕跡が保存された多種の動物化石が発見されている。

バージェス頁岩や澄江の化石群には特徴あるボディプラン、すなわち形態のデザインが見られ、これが現在の動物に至るまで引き継がれた特徴となっている。たとえば棘皮動物はその形態に五放射という対称性を持ち内骨格性の骨格を持っていること、節足動物は外骨格をもち、それを脱皮することで体を大きくしたり体制を変えたりすること、また軟体動物は特有の浮遊幼生を持つこと、などである。

このカンブリア爆発では、カンブリア紀の地層から原始的な魚類化石が発見されたことにより、脊椎動物の祖先の誕生まで起こっていた可能性が明らかにされた。中国の澄江からミロクンミンギア(*Myllokunmingia*)という、無顎類に属する広義の魚類が発見された(Shu et al. 1999)。これが真の脊椎動物に含まれるかどうかは議論があるが、カンブリア爆発の段階でわれわれの祖先である脊椎動物が出現、ないしその道筋がつけられていたことは驚くべきことである。

カンブリア爆発前の先カンブリア時代からは微生物の化石、そしてシアノバクテリアが形成したストロマトライトが見つかるぐらいで、非常に生命の痕跡に乏しい時代であった。それがカンブリア紀に一変するのである。化石記録を見るかぎり、この突然の変化は、ダーウィンの時代より説明しがたい現象として認識されていた。一方、現在の動物のDNAの分子情報から、どの動物とどの動物が系統的に近いのか、そしてそれぞれの動物がいつ頃分岐したのか（分岐年代）を推定することができる。このDNAの分子情報に基づくと、主な多細胞動物の分岐年代は化石記録よりはるかに古い年代を示し、10億年もしくはそれより古い年代を示すこともある。ではなぜ化石記録では5.42億年以降のカンブリア紀に突然の出現を示し、DNAの分子情報に基づく分岐年代では古い推定がなされるのであろうか。このことは、なぜカンブリア爆発が起こったのかという疑問も含めて次に説明しよう。

明確な多細胞動物の体化石、すなわち体がそのまま化石となったものはエディアカラ紀の地層から見つかっていないものの、多細胞動物が形成した生痕化石はエディアカラ紀の各所から見つかっている。これらは多細胞動物の巣穴ないし這い跡と考えられているものである。モンゴル西部のエディアカラ紀の地層からは、当時の海底表面から4cm以上深く掘りこんだ巣穴と考えられるU字状の構造（生痕属名*Arenicolites*）が見つかっている。またナミビアのエディアカラ紀の地層からもスパイラルに海底を掘りこんだ構造（生痕属名*Zoophycos*）が見つかっている。さらに中国の湖北省のエディアカラ紀の地層からも、海底表面で動物が一定間隔で痕をつけながら移動したとみられる痕跡が見つかっている。これらの証拠はエディアカラ紀からすでにある程度の大きさの動物が存在し、活発に行動を行っていたことを示唆する。またU字状の巣穴があり、これに隠れる生態をとっていたとすれば、当時すでに捕食者が存在し、それに食べられないよう防御する生態が生まれていた、すなわち捕食－被食関係が存在したことも意味する（Oji et al. 2018）。

生痕化石を除く体化石の記録を見るかぎり、カンブリア爆発はきわめて急速に起きた現象であるが、実は多細胞動物はそれよりはるか以前より存在していた、とする考えも強い。ではなぜ化石として産出しないのだろうか。

その答えとして、化石として残りやすい硬骨格を持っていなかった、あるいは非常に小型で保存されにくかった、とする説明がある。また捕食者が登場し、捕食－被食関係が出現したことが、被食者の防御につながり、進化を速めたとする考えもある。この考えと同様であるが、眼の進化がカンブリア爆発で重要とする考えもある。すなわち被食者にとって眼を持つことで捕食者をいち早く認識し逃避することが可能となり、また捕食者にとっても被食者の発見や俊敏な行動が可能となった、というわけである(A.パーカーの光スイッチ説)。それと同時に硬骨格を持つようになったことも重要である。

おそらくカンブリア爆発は化石記録が示すよりはるかに長い期間かかって起きた現象であろう。今後多細胞動物が持つ特有の有機物の痕跡(バイオマーカー)の研究が進めば、地球化学的に過去の動物群の存在が明らかにされることだろう。

3-6. 大量絶滅

カンブリア爆発とは反対に短い期間に多くの生物種が絶滅する現象、すなわち大量絶滅も地球の生物史を考えるうえで重要である。

セプコスキーが作成した海洋動物の多様度のグラフ(**図5・4**)を見ると、大量絶滅が顕著に確認できる。特にオルドビス紀末、デボン紀後期、ペルム紀末、三畳紀末、そして白亜紀末に大量絶滅の起きていることがわかる。D. ラウプとセプコスキー(Raup and Sepkoski 1982)はこの多様度のデータを定量的に解析し、特に上記5つの大量絶滅をビッグファイブの大量絶滅と名付けた。

このビッグファイブのうち、最大規模と考えられているのが2億5190万年前のペルム紀末、すなわち古生代末の大量絶滅である。この大量絶滅では、科のレベルで約半数の海洋動物が絶滅している。これを種のレベルに直せば、9割以上の種がこの大量絶滅で失われたことになる。海洋動物として、三葉虫、フズリナ(紡錘虫)と呼ばれる原生動物、そして四放サンゴなどが完全に絶滅した。またほとんどの海洋動物の分類群は絶滅せずとも大きな被害を被っている。

この大量絶滅の原因として、まさに同時期に起きたシベリアでの大量の玄武岩溶岩噴出の現象(シベリア・トラップ)が挙げられる。この大規模な火山活動によって大量の二酸化炭素が大気中に放出され、地球表層環境は温暖な状況となった。それによって、海洋の大循環が停止し、深海から徐々に酸欠の海水が卓越するようになった。海洋動物はこの無酸素の水塊中でどんどん絶滅していったというシナリオである。

日本の深海堆積物を追跡すると、深海環境ではまさに古生代終わりの時を挟んで、無酸素の環境が広がっていたことがわかる。問題はどの程度の浅い海までこの無酸素の影響が及んだのか、ということである。海岸近くでは波浪と海岸での波しぶきの影響もあり、酸素が多少なりとも供給される環境にあっただろう。しかし化石記録からすると、動物種が多く存在していたに違いない陸棚環境でさえも、当時この無酸素水塊の影響は及んでいて、大量絶滅が起きたと考えざるをえない。

ペルム紀末の大量絶滅についてはまだわからないことが多数残されている。この原因に関しても定説といえる段階に至っていない。この動物にとってこの環境は、この後の三畳紀に入ってもしばらく続いたことが示唆されている。一方この環境で、普段は見られない生物や構造が見られることもある。たとえば先カンブリア時代に繁栄していたストロマトライトは古生代に入るとほとんど見られなくなるが、これが一時的に復活するのもこの時代である。

ビッグファイブのうちのもう1つの大量絶滅、現在に一番近い、6600万年前、すなわち白亜紀末の大量絶滅については、地質学的な証拠がわりあい多数入手可能なこともあって、その原因について比較的よくわかっている大量絶滅といえる。この大量絶滅によって、陸上では恐竜類が絶滅したことがよく知られている。ただし恐竜類のうち、獣脚類の一部は鳥として現在も生き続けている。海中ではアンモナイトやベレムナイト(イカの仲間)、モササウルスやクビナガリュウなどが絶滅した。また海中のプランクトンである浮遊性有孔虫という原生動物はこの大量絶滅の際に多くの種が絶滅した。また完全に絶滅していなくても、多くの動物がその多様度を激減させた。

この白亜紀末の大量絶滅の原因については隕石衝突説がほぼ定説となっている。アルバレス親子を中心とする研究グループは、白亜紀末の地層にみられる境界粘土層を世界中で調べ、その中にイリジウムと呼ばれる重金属元素が特に濃集していることを見出し、この時の絶滅が地球外天体によるものと結論した。またJ. スミットらはアルバレスらとは独立に白亜紀末～古第三紀の沖合堆積物を研究、分析し、浮遊性有孔虫とナノプランクトンの変化が突然で急激であること、イリジウムの元素が見られることを報告した。イリジウムや白金などの重金属は地球の地殻の中にはきわめて少ない濃度で存在しており、むしろ地球外天体の隕石には比較的高濃度で含まれている。これはちょうどこの時に大きな地球外天体が地球に衝突し、そこからイリジウム等の元素がばら撒かれたことを示唆する。その後、地球物理学的な調査より、ユカタン半島北部の地下に直径約180㎞のクレーターの構造が残されていることが明らかにされている。またイリジウム濃度の分析から、そしてその後のクレーターの大きさの研究から、地球に落ちた天体の直径は約10㎞程度であったと推定されている。この大きさは、顕生代以降、すなわち古生代以降に落ちたと考えられている天体の中で最大であった。

この衝突によって大気圏にもたらされたチリはその後長期にわたって大気にとどまり、太陽放射を遮ったために地表に寒冷化と光合成の停止を引き起こした。またユカタン半島北部の地層に多く含まれていた石膏が衝突によって硫酸塩のエアロゾルとなり生物の食物連鎖を破壊することとなった。海洋環境では硫酸塩によって酸性化が生じ、プランクトンを中心に海洋生物も大きな影響を受けることとなった。このように白亜紀末の大量絶滅は、1つの大きな地球外天体の衝突に伴う表層環境の変化が引き起こしたとする考えが強く支持されている。

3-7. 大量絶滅の2600万年周期と「ネメシス仮説」

前述のようにセプコスキーは海洋動物のデータベースから多様度変遷のグラフを作成したが、同じデータベースを使ってある時代から次の時代に移るときにどれだけの種類が生き残りどれだけの種類が絶滅しているのか、という絶滅率の変遷のグラフを作成することができる。この絶滅率のグラフを用いて、ラウプとセプコスキーは大量絶滅の周期が2600万年周期(当初は2500万年周期)で並んでいることを見出した(Raup and Sepkoski 1984)。統計的な解析の結果、この周期性は偶然の産物とはとても考えられない強いシグナルを持つものと判断された。生物多様度の変動が2600万年周期で起きることは予想されていなかったので、これは大きな驚きをもって捉えられた。

もし生物の多様度の急激な減少が地球表層環境の大きな変化の結果として生じるものとすると、地球表層環境が周期的な変動を起こしていることになる。このような変動のうち長い時間スケールのものにはウィルソンサイクルという、大陸の集合と離散の周期がある。大きな大陸がすべて集合して一体化したものをパンゲアというが、パンゲアができると海岸線の長さが短くなり、浅い陸棚の面積が減少する。また大陸内部に乾燥で過酷な環境が広がるので、生物にとっては好適な場所が減少し、生物の多様度は減少すると考えられる。一方大陸が離散すると、これとはまったく逆のことが起きるので、生物多様度は増加することになる。カンブリア紀に入ってパンゲアが分裂し、生物多様度が急増したのもその例である。しかしウィルソンサイクルは数億年の周期をもつもので、2600万年周期とは1桁以上も異なるものである。

一方短い周期としては、ミランコビッチサイクルという、地球の自転と公転の軌道要素が周期的に変化することで、地球表層環境が変化することもわかっている。この例として、第四紀にたびたび訪れた氷期･間氷期のサイクルがミランコビッチサイクルに起因すると考えられている。しかしミランコビッチサイクルは数万年から数十万年周期で起きるもので、2600万年周期とは桁が2つほど異なる。よってこれも原因とは考えにくい。

2600万年周期がひょっとすると天体学的な要因によるのではないか、とする考えに基づき、「ネメシス」という未確認の天体が太陽系のかなり外部を楕円軌道で回っていて、それが周期的にオールトの雲をかく乱することにより、2600万年周期で彗星を太陽系内部に落とすことになり、それが地球表層環境を乱すことにつながっているのではないか、とする「ネメシス仮説」が登場した。そして「ネメシス」は暗い、太陽の伴星ではないか、とする考えも提唱された。

しかしこのような天体は未確認である。生物の大量絶滅の2600万年周期はおそらく存在すると考える研究者は多いが、その理由はまだ解明されていない。

3-8. 中生代の海洋変革

これは大量絶滅のように、きわめて短い時間に起きた変化ではないが、海洋動物の多くが起こした大きな変化の話である。中生代の後半、特に白亜紀には海洋動物の中で大きな変化が観察されている。これはこの時期に、殻を割って捕食する強力な捕食動物が登場し進化したことと関係がある。それまで比較的安全に生活できていた底生動物たちが、これらの捕食動物の登場により、危険極まりない環境に置かれることになったわけである。それにより、多くの海洋動物が捕食に対する防御を一層固めた形態や防御しやすい生態をとるように変化した、ということである。これらの変化をG. ヴァーメイは「中生代の海洋変革」と呼んだ(Vermeij 1987)。

たとえば二枚貝は通常硬い二枚の殻に身を包んでいるが、中生代には泥や砂の中にもぐって生活するものが増加した。これは捕食者から直接見えないような防御をとるように進化したとみることができる。そのためには二枚貝は外界の海水から餌をとり、また酸素を吸収することが必要なので、内部の外套膜を癒合させて水管を作り、それを海底の上に伸ばして海水を取り込む循環システムを作り上げる必要があった。

また巻貝では、殻を割るような捕食者に対して防御できるよう、厚い殻を持ったもの、狭いスリット状の口を持ったもの、そしてカニ類に割られにくいよう、中央部にへそ穴を持たない殻を持ったものが増加した。

さらにサメ類などの化石(特に歯の化石)を見ると、白亜紀に大型化が見られる。このことは、おそらく海洋動物の食物連鎖ピラミッドが1段階増加したことになる。

二枚貝や巻貝のように、対捕食者の適応をうまく行った分類群の例を上に挙げたが、それ以外の、このような適応を行えなかった昔ながらのアナクロな動物たちはどうなったのであろうか。たとえば生きている化石、ウミユリはその体制から捕食動物に対して有効な防御を行うことができなかった動物の1つである。ウミユリは白亜紀の前期までは浅い海の環境に多数生息していたが、白亜紀後期以降、陸棚環境からはその姿を消し、主に深海に生息している。これは捕食動物が増加した浅海環境では生きられなくなったことをおそらく意味している。同様にオキナエビスと呼ばれる巻貝、シーラカンスなども生きている化石のうち深海に生息場所を移した例である。

なぜこのような中生代の海洋変化が起きたのか、それは未解決の問題である。同じ時期に起きた陸上の現象として、被子植物の進化がある。それまでは陸上植物として裸子植物とシダ植物がほとんどを占めていた。ところが白亜紀半ば以降、花を咲かせる被子植物が繁栄するようになった。被子植物の繁栄と同時に、陸上の生物生産性は増加したと考えられている(Benton et al. 2021)。

陸上での生産性の増加が海洋の生態系にもたらす影響はまだ明確には研究されていない。海と陸をつなぐ現象のメカニズムを明らかにすることは容易ではないだろう。しかし陸での生産性の向上が海の生態系に大きな影響を与え、ある動物の大型化をもたらし、また中生代の海洋変革と呼ばれる現象の多くを引き起こしたと考えるのは妥当かもしれない。今後の研究に期待したい。

3-9. 人類の出現と拡散

地球史と生命史を扱う以上、われわれ人類の祖先について触れておくべきだろう。霊長類の中でどこから人類と呼ぶかは難しい問題であるが、人類学では一般的に古い方から猿人、原人、旧人、そして新人という区分が昔からされている。猿人がそれ以外の霊長類とどう異なるかという点については、化石骨の形態から猿人がすでに直立二足歩行を行うことができたこと、それに伴い手で道具を用いることが可能になったこと、そしてその後脳の大きさの増加をもたらした、という点が挙げられる。一般的には人類はおそらく約800～700万年前にチンパンジー亜族から分岐した以降のヒト族のことを指す。この頃、アフリカでは乾燥化が進行し、森林の縮小、サバンナの拡大によって生物の生活環境の変化が起きている。このことが人類の二足歩行開始と関係があるとする考えが強い。

チンパンジーと分岐して以降の最初のヒト族の化石はサヘラントロプス･チャデンシスで、これは約700～680万年前のものとされている。猿人として有名なのはアウストラロピテクス属で、これは足跡化石から二足歩行ができたとされている。約200万年前にはアフリカでホモ･ハビリスが登場した。これは初めてホモ属に属するとされる人類で、石器を用いたと考えられている。

原人として知られているもので有名なのはホモ･エレクトスで、この種は230～180万年前にアフリカで出現し、後にアジアに進出した。ジャワ原人や北京原人もこの種に属する。またホモ･エレクトスは火を使用したことがわかっている。火を使用することで暖を取るだけでなく、肉を焼いて消化しやすくする、煙で蚊や害虫を退ける、また害獣を追い払うなどにも利用されたと考えられる。

次に旧人が出現した年代は明確ではないが、約40万年前には登場したようである。ネアンデルタール人などがこれに含まれる。脳の容積は現生人類とほぼ同じとなった。死者を弔う習慣もあったようである。

現生人類(ホモ･サピエンス)は約20万年前に登場した。すなわちしばらくは現生人類と旧人は共存していたが、旧人は約4万年前に絶滅したと考えられている。その後現生人類はアフリカからユーラシアへと分布を広げ、ネアンデルタールなどの先住民と交替、あるいは吸収した結果、現存する唯一のヒトとなったと考えられている(門脇誠二研究室HPより)。

3-10．人類の拡散と急速な環境変遷

さて、現生人類の歴史を振り返ったとき、われわれはどのように地球環境を変えてきたのかを見ておきたい。人類がそれまでの狩猟生活のみに頼るのをやめ、食料を農耕と牧畜にも求めるようになった時期は地域によって異なるが、およそ今から約1万年前に遡る。この頃、西アジアの地域では麦や豆類の生産が開

始され、またヤギやヒツジ、ウシ、ブタを家畜として飼うことが始まった(Zedder 2011)。農耕と牧畜の開始によって人類は安定して食料を確保することが可能となったといえるだろう。この食料の確保に関する大きな変化は、人類のその後の発展に大きく寄与した。ではその後人類の人口はどのように変化したのだろうか。

人類の人口の推移については、多くの研究者の推定があり、ここではWikipedia(日本語版)のデータから拾ってまとめることにする。多くが幅を持った数値である。

この表を見ると、農耕・牧畜の始まった約1万年前以降にいかに人口を爆発的に増加させてきたのかが見て取れる。特に現在に近づくにつれてその傾向は指数関数的になっている。当然それに伴って、農耕・牧畜に要する面積は拡大し、また人類の居住地、そして工業や商業に伴う面積も拡大の一途をたどった。

人類は現在、大きな環境問題に直面している。二酸化炭素濃度の上昇とそれ

表5・1　世界人口の変遷(Wikipediaより).

西暦	人口
−10000	1,000,000～10,000,000
−5000	5,000,000～20,000,000
−3000	14,000,000
−1000	50,000,000
−500	100,000,000
1	170,000,000～330,000,000
1000	254,000,000～345,000,000
1500	425,000,000～540,000,000
1800	890,000,000～980,851,296
2023	約8,000,000,000

に伴う温暖化はその中でも危急の問題であるが、そのほかにも食糧問題、海洋酸性化、マイクロプラスチックによる汚染問題など環境に関することは枚挙にいとまがない。ただ人類が地球環境を大きく変える事態の引き金となったことといえば、今から1万年前の農耕・牧畜の開始ということがおそらく大きなポイントではなかったかと思われるのである。

またもう1つ、現在は大量絶滅の時代にわれわれが生きていることを忘れてはいけない。地質時代には5度の大きな大量絶滅があったことを述べたが、現在はまさに大量絶滅が進行中なのである。しかも今までの大量絶滅よりはるかに速いペースで多くの種が失われている。そしてその原因が人類という1つの種が引き起こしていることは、他の大量絶滅とは特異な現象といえるだろう。

参考文献

Alvarez, L.W., et al., 1980. Extraterrestrial cause for the Cretaceous-Tertiary extinction. *Science*, 208 (4448): 1095-1108.

Benton, M., et al., 2021. The angiosperm terrestrial revolution and the origins of modern biodiversity. *New Phytologist*, 233 (5): 2017-2035.

Cohen, K.M., et al., 2023. ICS International Chronostratigraphic Chart2023/04. International Commission on Stratigraphy, IUGS. www.stratigraphy.org (visited: 2023/05/18).

Cuvier, G., 1818. Essay on the Theory of the Earth. Kirk and Mercein, New York.

Eyles, V.A., 1968. Steno's Prodromus. *Nature*, 220 (16): 717.

Jackson, P.N.W., 2007. John Joly (1857-1933) and his determinations of the age of the Earth. Geological Society, London, Special Publications, 190: 107-119.

Joly, J., 1915. Birth-time of the World and other scientific essays. T. Fisher Unwin, London.

門脇誠二研究室ホームページ http://www.num.nagoyau.ac.jp/outline/staff/kadowaki/laboratory/index.html (2023年5月17日閲覧).

Kolbert, E., 2013. Annals of extinction part one: The Lost World. The New Yorker, 28 (1) Profile of Cuvier and his work on extinction and taxonomy.

Mojzsis, S.J., et al., 1996. Evidence for life on Earth before 3,800 million years ago. *Nature*, 384: 55-59.

大友陽子, 2016. 初期地球生命圏研究の近年の動向について. 地球化学 50: 177-186.

Oji, T., et al., 2018. Penetrative trace fossils from the late Ediacaran of Mongolia: early onset of the agronomic revolution. Royal Society Open Science, 5. DOI:10.1098/rsos.172250.

Rasmussen, B., et al., 2008. Reassessing the first appearance of eukaryotes and cyanobacteria. *Nature*, 455: 1101-1104.

Raup, D.M. and Sepkoski, J.J., Jr., 1982. Mass extinctions in the marine fossil record. *Science*, 215 (4539): 1501-1503.

Raup, D.M. and Sepkoski, J.J., Jr., 1984. Periodicity of extincitons in the geologic past. Proceedings of the National Academy of Science, USA. 81:801-805.

Schopf, J.W., 1993. Microfossils of the Early Archaean Apex chert: New evidence of the antiquity of life. *Science* 260: 640-646.

Schopf, J.W. and Kudryavtsev, A.B., 2012. Biogenicity of Earth's earliest fossils: A resolution of the controversy. Gondwana Research, 22 (3-4): 761-771.

Sepkoski, J.J., Jr., 1984. A kinetic model of Phanerozoic taxonomic diversity. III. Post-Paleozoic families and mass extinctions. Paleobiology, 10:246-267. DOI:10.1017/s0094837300008186.

Smit, J. and Hertogen, J., 1980. An extraterrestrial event at the Cretaceous-Tertiary boundary. *Nature*, 285: 198-200.

Shu, D.-G., et al., 1999. Lower Cambrian vertebrates from south China. *Nature*, 402 (6757): 42. DOI:10.1038/46965.

Vermeij, G., 1987. Evolution and escalation: an ecological history of life. Princeton University Press, Princeton, New Jersey, USA, 527 p.

Zeder, M.A., 2011. The Origins of Agriculture in the Near East. Current Anthropology, 52, Supplement 4: S221-S235.

コラムⅢ　太陽と地球の将来

浅井 歩

われわれが住む世界の未来はどうなるだろうか？

「われわれ」は、地球に住んでいる。地球は、自転しながら太陽の周りを公転し、昼や夜が生み出され、季節の変化が生じている。また、太陽から光のエネルギー(放射エネルギー)を受けることで、地球上に豊かな生命環境を育んでいる。地球の将来は、太陽の将来と切り離すことはできない。ここでは、太陽の誕生と進化の観点から、地球の将来についても考えてみよう。

本書の各章・各コラムで述べられているように、宇宙は進化(時間変化)している。星が次々に生まれ、それらはまた、さまざまな形で寿命を迎える。太陽を含むすべての星は、宇宙空間にある「星間雲」の中で生まれる(第3章)。太陽も約46億年前、星間雲が万有引力により収縮することで生まれた。生まれたての太陽(原始太陽)は、収縮する際に重力エネルギーを解放することで、現在の太陽の10倍以上も明るく輝いていたと考えられる。この進化段階は、日本の天体物理学者である林忠四郎の名前を取って林フェイズ(Hayashi phase)と呼ばれている。林フェイズにある原始太陽は、単に明るいだけでなく、巨大な太陽面爆発(フレア)などの激しい爆発現象を頻繁に起こし、原始惑星系円盤や惑星形成にも大きな影響を与えたであろう。原始太陽はこの後徐々に光度を下げ、おうし座T型星(T Tauri)という段階を経て主系列星である現在の姿となった(**図Ⅲ・1；口絵** p. vii)。

現在、地球上で受け取る太陽からの放射エネルギーは、すべての波長域の放射を合わせると、1361 W/m^2 ほどである。これは太陽「定数」とも呼ばれとても安定しているが、わずかに(0.1％ほど)変動している。**図Ⅲ・2**に示すように、太陽表面に見られる黒点は、約11年の周期で増減を繰り返すが、これはこの時間スケールで、太陽内部でダイナモ(発電)機構により、磁場が生成されること

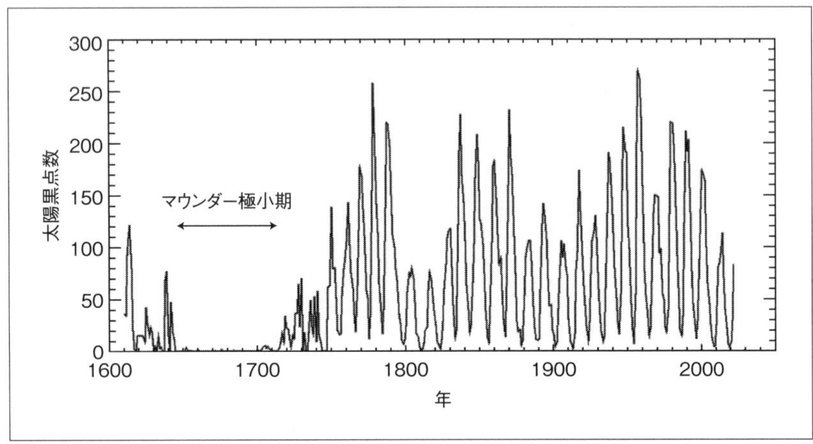

図Ⅲ・2　太陽黒点数(WDC-SILSO, Royal Observatory of Belgium, Brussels).

に起因する。フレアなどの活動現象も同様に増減を繰り返しており、太陽の放射エネルギーも変動している。

一方で、活動周期が大きく「乱れる」ことがある。1645年から1715年にかけて、黒点の出現が異常に少なかったことが知られており、この時期は「マウンダー極小期」と呼ばれている。ここで興味深いのは、このような太陽の活動極小期は、世界中で寒冷化していた時期に合致する。太陽が不活発だと放射エネルギーが低下し、地球に寒冷化をもたらす可能性があるのだ。2008年頃、太陽活動は100年ぶりという極端に低調な時期を迎えていた。これに伴う地球寒冷化の可能性も指摘されたが、少なくとも今のところその兆候はない。地球の気候システムが大変複雑なことや、太陽活動が地球の気候に与える影響の評価がまだ議論の途上にあることなどから、今後のさらなる研究が待たれるところである。

星の進化という長い時間スケールで見てみると、主系列星は進化に伴い少しずつ半径を増し、明るさを上昇する(**図Ⅲ・3**)。太陽では、中心核で核融合反応により水素からヘリウムを生み出す際に出るエネルギーを源として光り輝いている。燃料の水素が消費され水素の密度が減少すると、水素の核融合反応によるエネルギー出力も減少する。これを補うため中心核は収縮する。中心核では

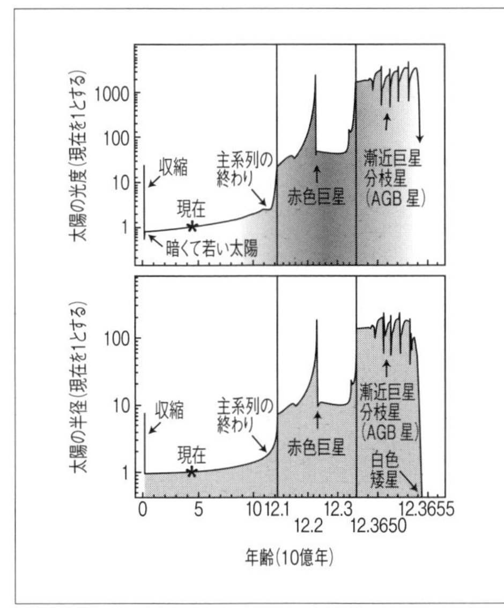

図Ⅲ・3　太陽の進化に伴う光度（上段）と半径（下段）の時間変化（Sackmann 1993, ApJ 418, 457 より改変）.

収縮に合わせて圧力が上昇し、このため外層は膨らむ（半径が増加する）。そして表面積が増すことで光度が上昇するのだ。

この関係に従って過去に遡ると、主系列星になったばかりの46億年前の太陽は、現在と比べて30％程度「暗かった」と推定される。しかしこれだと、当時の地球が受け取る光のエネルギー量が少なすぎ、地表面の水はすべて氷となり全地球が凍結してしまうことになる。一方で地質学的には、38億年前の「堆積物」の痕跡が見つかっているし、35億年には生命が誕生していた兆候が見られることから、十分若い地球にも液体の水が存在していたはずである。このためこの謎は、「暗くて若い太陽のパラドックス」と呼ばれている。若い太陽は、現在よりも自転速度が大きく、磁場活動もずっと活発で、放射エネルギーを多く放っていた可能性などが提唱されているが、現在も未解決である。

一方で、太陽活動に合わせて、大量の高エネルギー粒子（電子や陽子、イオンといった荷電粒子）が放出される。若くてとても活発だった太陽は、放射エネルギーだけでなく、高エネルギー粒子も大量に放出していたはずだ。この太陽高エネルギー粒子が地球上でのアミノ酸の生成に働き、ひいては生命誕生にも影響を及ぼした可能性が近年指摘されている。

では、太陽や地球は、今後どのようになるのだろうか。太陽にも寿命がある。ただし、太陽が寿命を迎えるよりずっと早く、地球は生命にとって住みよい環境ではなくなってしまう。太陽は今後も徐々に半径を増し、それに伴い、地球が受け取る放射エネルギーも徐々に上昇する。太陽光度の上昇に伴い地球では温暖化が進む。約11億年後には太陽光度が今の1.1倍に達する。太陽光は地球の上層大気に含まれる水蒸気を光解離し、水分子は水素原子と酸素原子に分解されてしまう。そして、軽い水素原子は大気圏外へと放出される。現在の地球大気からも絶えず水素が宇宙空間に放出されているが、今から11億年後には、この水素放出量が増加し、結果として海が消滅してしまうだろう（コラムⅣ）。

この後（50～70億年後）になると、半径が急激に増えて巨星となる（**図Ⅲ・3**）。巨星の半径は、現在の太陽半径の200倍程度に達する。この段階が漸近巨星分枝星（AGB星）である。地球は、太陽半径の200倍の距離で公転していることから、ちょうどこの公転軌道付近まで太陽が膨らむことを意味している。いかに地球温暖化を乗り越えたとしても、この漸近巨星分枝星の段階では、地球は太陽に飲み込まれ、地球は蒸発して消滅してしまうだろう。漸近巨星分枝星となった太陽はその後、膨れ上がった外層をすべて放出し、惑星状星雲となる（**図2・2**；**口絵**p. v）。地球は、この惑星状星雲の一部となる、といえるだろう。最後に漸近巨星分枝星のコアは白色矮星として残り、ゆっくり冷えて光を放たなくなり、暗黒矮星となるだろう。

小学生などに向けた講演会や授業で、「太陽の寿命はあと50～70億年程度です。」という話をすると、時々悲しそうな、がっかりするような反応をされることがある。50億年と50年との区別ができず、すぐ近い将来のように感じてしまったのだろう。一方で、人生と比べると果てしなく長い時間であるとはいえ、地球や太陽がこのまま永遠に続くものではない、ということも、また事実である。太陽が赤色超巨星となって地球を飲み込んでしまう前に、あるいは暴走温室効果状態に陥る前に、人類は地球から逃げ出す必要があるかもしれない、あるいは地球ごと(エンジンを付けて)逃げ出すという案も耳にしたこともある。どのようにして太陽光度の増大に伴う温暖化に備えるのか、地球上に住む人類全体の問題として取り組むことが必要となるだろう。そもそも、それまで地球上で人類が知的生命体として存在し続けられるのか、それはそれで、また大問題である。

コラムⅣ　系外惑星のハビタビリティーと時間

藤井友香

1995年に太陽型星を公転する木星型惑星が発見されて以来、太陽系外惑星の探査が進んでいる。水が液体として惑星表面に存在できるような軌道、いわゆるハビタブルゾーン(第4章)を公転する、質量や半径が地球と同程度の系外惑星も次々に見つかっており、生命探査を念頭に置いた観測も進められている。これらの系外惑星の現時点での年齢はさまざまであり、太陽系の惑星が昔経験した、あるいはこれから経験するプロセスの一部をわれわれ私たちに垣間見せてくれるかもしれない。

実際、惑星は、形成後(つまり質量降着が終わった後)も何千万年、何億年という時間をかけて進化する。地球の表層環境も、46億年という時間をかけて大きな変貌を遂げてきた(4章、5章)。地球の表層環境を進化させる因子には、地球型惑星である程度普遍的に起こると想定できるものと偶発的な要素とがあるだろうが、前者の代表的なものとしては、(1)恒星の光度進化(2)惑星大気の散逸(3)揮発性物質の循環(4)惑星内部の冷却などが挙げられる。各プロセスによる惑星環境の進化が極端な場合は、その惑星が生命を育むのに適すかどうかが時間的に変化しうる。

以下では、上記の4つの側面から惑星環境の時間変化を概説し、惑星に「ハビタブルな時間」が存在しうること、そしてそれが惑星や主星(惑星が公転する恒星のことをその惑星の「主星」と呼ぶ)のさまざまな性質に依存することを議論する。

1.主星の光度進化による惑星環境の進化

ハビタビリティーの1つの条件として考えられているのは、液体の水の存在である。地球のように惑星表面に液体の水が存在できるためには、惑星表面の温度が適切な範囲内にある必要がある(低すぎると氷になり、高すぎると超臨界状態になってしまう)。惑星の温度を決める重要な因子となるのは、主星から注がれるエネルギー量であり、これは、惑星が主星からどれだけ離れているかと、主星そのものの明るさ(光度)で決まる。一般に主系列星の光度は恒星の寿命の間に徐々に増加する。太陽は約46億年前に形成したと考えられるが、当時の太陽の光度は現在の太陽光度のおよそ70％程度であったと見積もられており、逆に、今から約50億年後に主系列星の寿命を全うする頃には太陽の光度は今の2倍近くになる(コラムⅢ)。海を持つ惑星は、水蒸気の温室効果のためにある日射量(モデルによるが地球の場合は現在太陽から受ける量の1.1倍程度)を超えると急激に温度が上がり海が蒸発するため(暴走温室効果)、太陽が主系列星を終えるのを待たずして地球は表面が干上がった灼熱の世界になるだろう。

ところで、主系列星の進化の時間スケールは恒星質量によって異なり、質量が小さい恒星の方が進化の時間スケールが長い。現在見つかっている系外惑星の中には、0.1太陽質量程度の恒星を公転しているものもあるが、このような小質量星の寿命は太陽より10倍以上長いため、より長期間環境が安定しているかもしれない。ただし、これらの小質量星は、形成が始まってから主系列星となるまでにも10億年程度という長い年月がかかっており、その間に光度が1-2桁下がってきた、逆に言えば形成初期には主系列星時代の10-100倍の明るさを放っていたと考えられている(Baraffe et al. 2002)。惑星自体は1000万年程度で形成されたと仮定すると、今ハビタブルゾーンにある惑星は、形成後最初の何億年かは灼熱の惑星で、生命の誕生には不向きだっただろう。むしろその時期には、主系列星段階でのハビタブルゾーンより遠い軌道を公転している惑星が一時的に温暖な表層環境を持っていた可能性がある(Ramirez & Kaltenegger 2014)。

2.惑星大気の散逸による惑星環境の進化

惑星表面に液体の水が存在するためには、惑星の表面温度が適当な範囲内であることに加えて、そもそも惑星が表層に水を有している必要がある。惑星が形成過程の中で水を獲得したとして、それをどれだけ保持できるだろうか。それを考える上で重要なプロセスは、惑星大気の宇宙空間への散逸である。惑星大気の最上層では、大気中の物質の一部が宇宙空間に散逸しており、現在の地球では、水蒸気の形で上層に運ばれた水素原子が1年に10^8 kg程度で宇宙空間に散逸している。地球の海洋にはおよそ10^{20} kgの水素原子があるから、この程度の散逸速度が続くなら、今後50億年経過しても海洋の1%以下である。

しかし、大気上層でどれだけ惑星大気が宇宙空間に散逸するかは、散逸しやすい軽い物質がどれだけ上層に運ばれるか、そして大気上層がどれだけエネルギー(恒星からくるX線から極端紫外線にかけての光;XUVと呼ばれる)を吸収しそのうちどれだけが散逸に使われるかに依存する。現在の地球における水素の散逸率は、前者、つまり水素のもとになる水蒸気が上層に運ばれる効率で律速され、上記のような小さい散逸率で落ち着いている。しかし、表面温度が高温になったり水蒸気以外の大気成分に乏しかったりすると、水蒸気が上層に運ばれやすくなって水蒸気の混合比が上がり、散逸率が増加する。初期の水量によっては、系の寿命が尽きる前に惑星上から水が失われてしまう可能性がある。実際、金星も火星も地球と同様に形成期に水を獲得したと考えられているが、現在までにほとんど散逸してしまった(第4章)。また、1節でも触れた小質量星周りのハビタブルゾーンにある惑星は、初期に高温であったと考えられ、主星から受けるXUVエネルギーも(地球が太陽から受けるものよりも)大きいので、これまでに多量の水が散逸しているかもしれない(Luger & Burns 2015)。

3.揮発性物質の循環による惑星環境の進化

生命活動とその周囲の環境は切っても切り離せない関係にあり、使える代謝やその効率は環境中にどのような物質が存在するかに影響される。その意味で、大気組成や海洋中の化学物質の組成の進化を考えることは重要だ。大気組成に影響を与えるプロセスとしては、生命自身が放出する分子(特に酸素)や上述の水素の散逸などがあるが、それ以外に無視できないのは惑星内での揮発性元素の循環、特に炭素循環(第4章2-5)である。炭素循環は、表面温度が下がると風化の速度は下がって大気中に二酸化炭素が残りやすくなる(大気の温室効果が高まる)、といった具合に、大気中の二酸化炭素濃度を変化させることで外的な要因による温度変化の度合いを緩和する方向に働く。この仕組みによって、過去の暗い太陽の下での地球は二酸化炭素濃度の高い大気を持っていたと考えられている。逆に、今後太陽光度が上がると、大気中の二酸化炭素は減少することが示唆される(Caldeira & Kasting, 1992, Ozaki & Reinhard 2021)。地球上の植物は光エネルギーを用いて二酸化炭素から有機物を生成しており、これは生態系の基盤を成しているが、二酸化炭素濃度が低くなりすぎるとこの反応が難しくなる(たとえば、C3植物には二酸化炭素が150 ppm(ppmは100万分の1の単位)程度必要といわれている)。地球のように液体の水と大陸を持つ惑星では、同様のメカニズムによって大気組成が変化し、生命のありようも変わっていくかもしれない。

4.惑星内部の冷却による惑星環境の進化

惑星の表層環境に大きな影響を与える要素として、惑星内部の進化も重要である。惑星は、形成期の集積エネルギーや放射性元素の壊変によって熱い状態から始まると考えられており、時間とともに冷却していく。惑星内部の熱は、惑星表層の進化に大きな影響を及ぼす。たとえば地球の磁場は、惑星内部の鉄のコアが高温で液体となり対流していることで生じており、冷えて固まってしまえば惑星磁場は生成できない。惑星磁場は、恒星風と大気の相互作用に影響し、大気分子の散逸率を左右する。また、地球のプレートテクトニクスや火成活動を引き起こしているのは熱によるマントルの対流である。マントルが十分冷えると3節で述べたような揮発性物質の循環も止まってしまうだろう。このような惑星内部の進化は地球でも未解明な部分が残り、系外地球型惑星における定量的な推定は難しいが、惑星内部の熱的な死は、惑星表層を大きく変えてしまうだろう。

恒星のハビタブルゾーンという表現が普及してきた中で、ともすれば惑星の生命居住可能性が恒星からの軌道のみで決まっているかのような印象を持たれかねないが、実際の惑星の表層環境は時間的に変化し、ある時期に生命の発生・発展に都合の良い環境を持っている惑星でも恒常的にそうではない可能性があること、つまり「ハビタブルな時間」があることを見てきた。それは、惑星の組成やサイズ、軌道、主星の質量などの条件によっても異なる。今後、さまざまな条件・年齢を持つ系外惑星の観測による、惑星環境の進化の観測的な検証が期待される。

参考文献

Baraffe, I., et al., 2002, *Astronomy and Astrophysics*, 382, 563.

Luger, R. and Barnes, R., 2015, *Astrobiology*, 15, 119.

Ozaki, K. and Reinhard, C.T., 2021, *Nature Geoscience*, 14, 138-142.

Ramirez, Ramses M. and Kaltenegger, Lisa, 2014, *The Astrophysical Journal Letters*, 797, article id. L25.

Unterborn, C. and Laneuville, M., et al., 2020, in Planetary Diversity – Rocky planet processes and their observational signatures. ed. Tasker, E.J., Institute of Physics Publishing.

コラムV　地球外文明探査と文明の存続時間

高橋慶太郎

ハビタブル惑星、つまり地球型惑星でありハビタブルゾーンにあるような惑星が太陽系外に続々と見つかっており、そこに実際に生命がいるかどうかをどのように知ることができるのかが大きな問題になっている。SETIとはSearching for ExtraTerrestrial Inteligenceの略で、単なる生命ではなく知性を持ち文明を発達させた生命を探す試みである。われわれ人類はスマートフォン、Wi-Fi、テレビ、ラジオなど日常的なものから、空港レーダーや惑星間レーダーなど大規模なものまで電波を通信手段として使っており、その電波の多くの部分が宇宙に漏れ出している。もし地球外の文明がわれわれと同じように電波を通信手段として使っていれば、漏れ出した電波を地球から検出することでその文明の存在を知ることができるのである。

このアイデアは1959年にG. コッコーニとP. モリソンによってNature誌で発表された。その翌年の1960年にF. ドレイクはグリーンバンク電波望遠鏡でエリダヌス座イプシロン星とくじら座タウ星を観測したが、地球外文明からのシグナルは得られなかった。宇宙には電波を放射する天体はたくさんあるが、われわれが通信に用いている電波は帯域が非常に狭いという特徴がある。地球外文明からの人工的な電波も同様の特徴を持つと仮定して、自然現象による電波放射と区別できるのである。

さらに翌年の1961年、ドレイクはこの天の川銀河にわれわれと電波でコミュニケーションできるような文明がどのくらいあるかを見積もる以下のようなドレイク方程式を提出した。

$$N = R_* \times f_p \times n_e \times f_l \times f_i \times f_c \times L$$

ここでNはそのような文明の数、R_*は1年間に生まれる恒星の数、f_pは恒星が惑星を持つ確率、n_eは恒星1つあたりの生命に適した惑星の数、f_lは生命に適した惑星に実際に生命が誕生する確率、f_iは惑星に誕生した生命が知性を持つまでに進化する確率、f_cは知性を持つ生命が電波通信をする確率、Lは文明が電波通信をする平均期間(年)である。この式自体が非常に科学的というわけではないが、地球外の生命や文明を考えるときに大きな示唆が得られるため、これまで右辺の7つの数にさまざまな見積りがされたり、式自体に改良がされたりしてきた。

右辺の7つの数のうち、最初の3つは天文学的な要素であり、最近の観測によりそれぞれ$R_* = 3$、$f_p = 1$、$n_e = 0.1$程度と見積もられている。一方、残りの4つは現在の科学で見積もることは非常に難しく、わからないというのが最も科学的な答えである。しかし現在われわれが持っている知識からなんとかこれらを見積もろうとする試みが行われてきた。

まず生命に適した惑星に実際に生命が誕生する確率について、われわれが知っている唯一の生命である地球の生命を参考にするのが適当である。地球の生命は遅くとも38億年前に誕生したとされており、これは地球誕生後8億年である。8億年とは長い時間であるが、地球の歴史が46億年であるから生命は地球の歴史の比較的初期の段階で誕生したことになる。このことから、生命に適した環境があればそこに生命が生まれることはあまり珍しいことではないことが示唆される。このような理由でf_lは1に近い数字を与えられることがある。次に知性を持つ生命が登場する確率であるが、同じような論法で考えれば、ヒトとチンパンジーが共通の祖先から分かれたのが約700万年前であり、ホモ・サピエンスの登場が約20万年前とされる。これは生命の歴史の中でもごく最近のことであるから、惑星に生命が誕生してもそれが知性を持つまでに進化する確率は高くないのかもしれない。その高くない確率をいくつにするかは研究者によりさまざまで、10^{-9}という小さな数字が与えられることがある。一方で、生命は進化とともにより複雑性を増すので、やがては知性を持つ生命に到達するという考えもある。続いて、知性を持つ生命が電波通信をする確率も評価しにくい項目であるが、知性を持つ生命であれば周りの自然現象に興味を持ち、やがては科学技術を発達させるであろうと考えられる。実際、1961年のドレイクたちの議論では0.2～0.5くらいと評価された。

以上の見積もりは地球の生命·文明というたった1例の手がかりを元にした見積もりであり、各要素の値には研究者により大きな差がある。しかし最も不定性が大きく、また幅広い学問分野でさまざまな議論が行われてきたのは最後の要素、つまり文明が電波通信をする期間である。

電磁波はもともと1864年に提唱されたマクスウェル方程式から理論的に予言されたもので、1888年にH. ヘルツによって電波として初めてその存在が実験的に示された。発見した本人は電磁波が何かの役に立つとは思っていなかったようであるが、電波を無線通信に使おうという実験はその後すぐに始まり、1900年にはG. マルコーニにより海上通信が商用化、1906年にはR. フェッセンデンによりラジオ放送が行われた。その後人類は約120年にわたって電波を通信手段として用いてきているが、今後なんらかの理由で使われなくなる可能性がある。その理由としては、人類がより効率的な通信手段を発明して全面的に乗り換えること、もしくは文明が滅びてしまうことなどが考えられるが、これまでは主に後者が議論されてきた。戦争や核兵器、パンデミック、環境問題、エネルギー問題など文明を脅かすような要因はさまざまにあり、悲観的に見ればわれわれの文明は今後100年続くかどうかもわからない。一方でもしこうした問題を解決できれば原理的には太陽の寿命が尽きる数十億年後まで文明は存続するかもしれない。宇宙に存在する文明が電波通信をする平均的な期間Lとはこのような文脈で議論されてきたものである。

ここまでの7つの数字をすべて掛け合わせると天の川銀河にあるわれわれと電波でコミュニケーションできるような文明の数を見積もることができ、さまざまな説をまとめるとだいたい1個から1000万個となる。なぜこのように幅が大きいかというと、Lの不定性が効いているからである。宇宙に生まれる(電波を用いる)文明が平均して100年しか続かないようであれば天の川銀河に1個、つまりわれわれしか存在しないことになるし、10億年続くとすれば1000万個で天の川銀河は文明にあふれていることになる。ただしこの数は今現在の数であることに注意する。Lの値にかかわらず天の川銀河ではある一定の割合で文明が生まれているが、文明の平均存続時間が短ければ同時に存在する可能性は小さく、お互いにコミュニケーションを取ることはできないのである。

このことは非常に示唆に富んでいる。今後人類がSETIにより地球外文明探査を進めても見つからず、天の川銀河に存在する文明はかなり少ないということがわかったらそれは文明の平均存続時間が短いということかもしれない。逆にもし見つかればそれは文明の平均存続時間が長いということである。現在人類が抱えている問題には天の川銀河の他の文明にも共通するものが多くあるだろう。文明の平均存続時間が長いということは、他の文明はそれらを乗り越えてきたということになる。したがって地球外文明の発見は今の人類には絶望的に見える諸問題も解決できる可能性があることを示唆する。これが、C. セーガンがSETIに関心を持った理由である。宇宙を見ることは人間を見ることなのである。

逆に人類は自らの文明を長期間存続させることで宇宙に文明が遍在していることを示すことができるともいえる。生物としての人類の歴史は700万年であるが、人類はチンパンジーと遺伝的に分かれた後400万年してようやく石器を持つに至った。その後300万年間は原始的な石器を持つ旧石器時代であり、農耕や定住生活が始まったのはわずか1万年前である。この1万年の間に人類は国家、法律、交通、交易、教育などの社会システムを整え、500年前より近代的な科学を発達させてきた。しかしSETIの文脈での文明とは電波を発する文明であり、この意味では先述のようにわれわれの文明はまだ120年の歴史しか持っていない。人類が電波を使い出した頃から人類は地球の環境や生態系に大きな影響を及ぼすようになり、人新世と呼ばれる新しい地質時代が定義されつつある。この人新世がいつまで続くのか、地球外文明がどれくらい存在しているのか、これらがSETIを通じてつながっているのである。

第6章

世界の終わりに誕生する時計と新しく始まる世界

馬場 彩

1．太陽の未来の姿 —— 白色矮星

1-1．白色矮星の誕生

核融合によるエネルギー供給がなくなってしまった星は、内部からの圧力がなくなるため重力による収縮を始める。どんどん半径が小さくなる天体の密度はどんどん上昇していき、やがて原子がびっしり詰まったような状態になる。原子の中では原子核の周りを電子が公転している。電子はフェルミ粒子と呼ばれる粒子の一種で、パウリの排他原理により１つの量子状態には１つの電子しか存在できない。電子はできるだけ安定な基底状態に近いところにいたいのだが、ぎゅうぎゅうに押し込められた物質の中では安定な場所はもう満員で、仕方なくもっとエネルギーの高い励起状態になる。この結果、電子の中には高い運動エネルギーを持つものが増え、これらが走り回ることで圧力を発生させる。これは「電子の縮退圧」と呼ばれる。密度が上がると縮退圧も上がり、やがて重力と釣り合って天体は収縮を止める。これが白色矮星の誕生である。われわれの太陽も50億年後にはこのような白色矮星になると考えられている。

1-2. 宇宙の小さく重いコマ・白色矮星

太陽と同じ重さの星(2×10^{33} g)が白色矮星になると、そのサイズは地球程度になる。元の太陽の半径は約70万km、地球の半径は6500 km程度なので、100分の1に縮んだことになる。

このとき密度は$100^3 = 100$万倍にもなる。つまり1 cm^3の体積で1 tである。角砂糖一個で小型車1台くらいの重さになる換算だ。ではこの小さくて高密度の星はどのくらいの速さで自転しているのだろうか。太陽の自転周期は緯度によって異なるが約25～30日である。ここでは簡単のため30日としよう。自転周期は天体半径の－2乗に従って小さくなる。これはフィギュアスケーターがスピンをしているとき、両手を横に広げてゆっくりスピンをしているところから手を上に挙げて半径が小さくなると一気にスピンが早くなるのと同じ原理だ。半径が100分の1になると、自転周期は1万分の1、つまり数百秒という速いものになる。地球が24時間で自転しているのに対して数百倍の速さだ。こうして太陽のような星は、小さくて重いコマのような星になる。

1-3. 白色矮星の発見

白色矮星の発見は19世紀に遡る。1844年、F. ベッセルは、おおいぬ座のシリウスの天空上での軌道が周期的な蛇行運動をしていることを発見した(Bessel 1844)。これはシリウスには、その半分程度の質量の伴星が存在し、その公転だと考えると説明がつく。しかし伴星は当時の望遠鏡では観測できず、1862年にようやく暗い8等星として発見されている(Bond 1862)。**図6・1**(**口絵**p.vii)は、国立天文台50 cm望遠鏡が捉えたシリウスとシリウスの伴星「シリウスB」の実際の画像である。シリウスに比べてシリウスBは非常に暗いことがよくわかる。

1915年にはこの伴星のスペクトル撮影が成功した(Adams 1915)。伴星のスペクトルは主星のシリウスのものと大変よく似たA0型である。スペクトル型が同じなのに伴星はシリウスの1万分の1しか明るさがなく、同じ温度の黒体放射を考えると伴星の表面積はシリウスの表面積の1万分の1しかなく、半径は100分の1、密度は50万倍になる(Campbell 1920)。これが白く小さな星「白色矮星」の発見である。

1-4. 白色矮星の上限質量

もう少し詳しく白色矮星の姿かたちを調べてみよう。より重い白色矮星の中の電子は、軽い白色矮星中の電子よりもぎゅうぎゅうに詰め込まれている。この結果白色矮星が重いほど電子密度は高くなり、フェルミ運動量はどんどん大きくなっていく。そのうち電子は電子の質量エネルギーと同等(511キロ電子ボルト)の運動エネルギーを持つものが出てくる。これらの粒子は相対論的な速度で運動するようになり、フェルミエネルギーも電子密度の2/3乗ではなく1/3乗に従うようになる。すると、白色矮星が収縮して密度が大きくなってもフェルミエネルギー、ひいては縮退圧はそれほど大きくならなくなる。この結果、星は収縮しても電子の縮退圧で支えることができなくなってしまう。このように、星が白色矮星として成立できる上限質量が存在する。このことに最初に気がついたのがS. チャンドラセカールであることから、この質量はチャンドラセカール質量と呼ばれており、水素でできた星の場合

$$M_{ch} = 1.47\,M_{\odot}$$

である(Chandrasekar and Milne 1931)。ここで$M_{\odot}$は太陽質量を表す。この業績を認められ、チャンドラセカールは1983年にノーベル物理学賞を受賞している。

現在見つかっている最も重い白色矮星ZTF J190132.9 + 145808.7は、質量が1.327 ～ 1.365太陽質量と測定されており(Caiazzo et al. 2021)、これはチャンドラセカール質量に大変近い。通常の白色矮星より重いため重力により

さらに星は小さくなり、半径は2140 km程度と地球の1/3程度、月より一回り大きいくらいのサイズになっている。また磁場は600～900 MG（ガウス）ときわめて強い。このような白色矮星は、白色矮星同士の合体で形成されたのではないかと話題になっている。2つの白色矮星が合体することで新しい白色矮星は重い質量を持ち、またダイナモ機構により強い磁場を持つようになると推測されている。このような特殊な白色矮星が今後たくさん発見されるようになってくると、宇宙に存在する白色矮星の個数密度や元素合成史などにも新たな知見が与えられるだろう。

2．宇宙の時計 —— 中性子星

2-1．中性子星の誕生

寿命を終えどんどん収縮する星がチャンドラセカール質量より重ければ、その星はどうなるだろうか。この場合も同様に、星は重力収縮でどんどん縮んでいき、密度はどんどん高くなっていく。やがて電子の縮退圧が効いてくるところまでは白色矮星と同じである。すでに星の中の原子はぎゅうぎゅうに押し込められている。しかしこの星は電子の縮退圧では支えられず、さらに潰れることになる。この結果、星の中で以下の反応が起こる。

$$A\ (Z,N)+e^{-}\leftrightarrows A\ (Z-1,N+1)+\nu_{\mathrm{e}}$$

ここで$A\ (Z,N)$は陽子数Z、中性子数Nの原子であり、e^{-}は電子、ν_{e}は電子ニュートリノである。つまり、原子核の周りをぐるぐる回っていた電子が原子核中の陽子と融合し、中性子になる「電子捕獲」反応だ。この結果原子は原子核になり、やがて星全体が巨大な1つの中性子ばかりでできた原子核になっていく。これが「中性子星」の誕生である。中性子星は電子の縮退圧ではなく、中性子の縮退圧で支えられた星である。

2-2．中性子星の姿

中性子星はどのような姿かたちを持つか考えてみよう。電子の縮退圧に対して中性子の縮退圧で支えられるため、その半径はおおまかには$m_e / m_n \sim 1/2000$倍になる。ここでm_eは電子質量、m_nは中性子質量である。この結果、中性子星の半径は10km程度ときわめて小さなものになる。東京の山手線とちょうど同じサイズだ。密度は1 cm^3あたり1億t 程度にもなる。自転は白色矮星の場合よりさらに速くなり、周期は数ミリ秒にもなる。山手線が1秒間に数十回転もするのだ。

磁場も強くなる。太陽は大局的にみると北極と南極をつなぐ棒状の磁石であり、11年周期でその向きが入れ替わる(コラムⅢ参照)。この棒磁石の作り出す磁場はだいたい1G(ガウス)程度だ。一般的な棒磁石の磁場が2000 G程度であることを考えると、それほど大きな磁場ではない。太陽程度の大きさの星が磁束を保存したまま半径が10^{-5}倍になるので、磁場強度は10^{10}倍になる。実際2-4節で述べるように、中性子星からはきわめて強い磁場が測定されている。

2-3．中性子星の発見

1967年、当時大学院生だったS. J. ベルやその指導教員のA. ヒューイッシュらは電波望遠鏡での天空探査中に、チカチカとまたたく不思議な天体を発見した(Hewish et al. 1967)。この天体は1.337秒周期で正確に明滅しており、0.0001％以上の精度で周期を維持している。まるで完璧に時を刻む時計だ。このような天体が自然界に存在するとは思えず、最初は深宇宙探査機や人類の地上での電波活動の月面での反射などが候補に挙がったが、いずれも否定された。年周視差が測定できるようになるとこの天体はわれわれ太陽系のはるか遠方にあることが判明する。宇宙人からの信号である可能性も考えられたらしい。**図6・**

2は、発見論文に掲載された信号である。確かに宇宙人からの信号のようにも見える。そのうち同様の信号を持つ天体が複数見つかってきて、これらは比較的普遍的に存在する種族の天体であることがわかってきた。これらの観測結果から、ヒューイッシュらはこの天体が非常に早く自転する白色矮星もしくは中性子星だと結論づけ、1974年のノーベル物理学賞受賞につながった。なおこの時、ベルは一緒にノーベル賞を獲っておらず、大きな議論を巻き起こしたことは有名である。

実はヒューイッシュらとほぼ同時に見つかっている別の中性子星がある。1962年、R. ジャコーニらは、月からのX線を測定する目的でガイガーカウンタを積んだロケット実験を行っている。地球大気はX線に対して不透明なため、この実験はロケットや気球などで上空まで検出器を持っていく必要がある野心的な実験であるにもかかわらず実行されたのは、時折しも冷戦真っただ中であったためである。太陽からのX線が月に反射するのを利用して月資源をX線解析して探ろうという、時代にも後押しされた実験であった。総飛行時間350秒の中で、ロケットは月の近く、しかし月とは有意にずれた場所から強いX線を発見した。その位置には太陽系内外含め既知の天体はなく、初めての宇宙X線天体であり、さそり座にあったためSco X-1と名付けられた。ジャコーニはその後、宇宙X線天体の発見の功績を認められ2002年にノーベル物理学賞を受賞している。ジャコーニが見つけた天体は、主系列星から物質が降着して明るく輝く

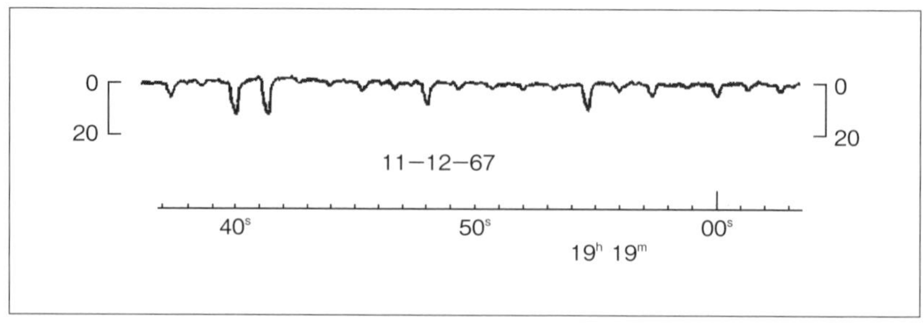

図6・2 ヒューイッシュらが最初に発見したパルサーの信号(Hewish et al. 1967).
1.337秒周期で天体が瞬いているのがみえる.

中性子星であることがその後の研究でわかった(Shklovsky 1967)。たまたまX線で全天一明るい天体であるSco X-1が、月からほんの数度ずれたところに、たまたまあったという偶然がX線宇宙物理学という新たな分野を切り拓いたのだが、同時に中性子星という不思議な天体の研究も切り拓いたことになる。

2-4. 宇宙の時計:パルサー

中性子星の中でも自転周期が電波などで観測できるものは、その規則正しく回転している様からパルサー(pulsar)と呼ばれている。pulseとstarを組み合わせて作られた単語で、電子回路実験などで使用されるパルス状の信号を発生させる装置のpulserとはつづりが違う。ベルとヒューイッシュたちが発見した中性子星は自転周期が1.337秒であったが、現在は周期が数ミリ秒のものから数

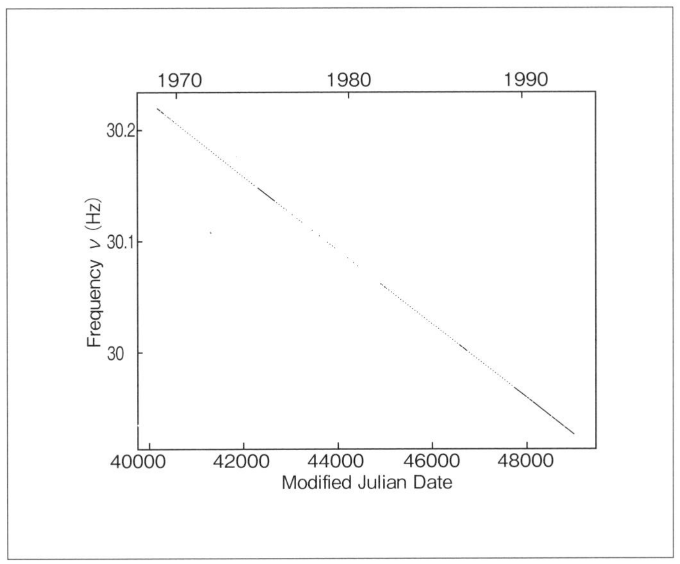

図6・3　かにパルサーの自転周期変動(Lyne et al. 1993). 下横軸は西暦1858年11月17日正午を起点として日数で時刻を表すModified Julian dateで表した時間である.

十秒のものまで、3000天体以上が発見されている(Manchester et al. 2005)。**図6・3**は最も有名なパルサーである「かにパルサー」(かに星雲の中に存在するのでこの名前で呼ばれている)の自転周期を23年にわたって測定した結果を示している。周波数約30 Hzつまり周期33ミリ秒という恐ろしく速い自転を続けながら、ゆっくりと一定の割合で自転速度を落としていることがわかる。ここから何がわかるだろうか。

中性子星は質量が太陽程度、半径ほぼ10 kmの球と考えてよい。2-1節で述べたように中性子星は非常に強い棒磁石が回転しているようなものである。したがって、自転にブレーキをかけ、自転をだんだん遅くしているのは、電磁気学の教科書にも出てくる磁気双極子モーメントからの放射(磁気双極子放射)によるエネルギー損失であると仮定することができる。この仮定のもとでは以下のように中性子星の周期Pとその変化率$\dot{P}$から双極磁場を求めることができる。

$$B = 4.4 \times 10^{19} (P\dot{P})^{1/2} (G)$$

つまり、観測値である自転周期とその変化率から、中性子星の磁場を求めることができるのだ。実際かに星雲の場合、$P = 33.4$ (ms)、$\dot{P} = 4.20972 \times 10^{-13}$ (ss^{-1})なので(Lyne et al. 2015)、磁場は5×10^{12} (G)にもなることがわかる。さらにこのパルサーの年齢τは、

$$\tau = \frac{1}{2}\frac{P}{\dot{P}}$$

と書くことができ、かにパルサーは1200年程度昔に生まれた若い中性子星であることがわかる。かにパルサーの起源である超新星爆発は藤原定家の日記で国宝でもある『明月記』にも過去の記録として記録が残っており、1054年7月4日に起こったことがわかっているため、現在の年齢は約1000歳である。これは先ほどの単純な見積もりともよく合っている。このように、中性子星は正確

な時刻を刻みながら、自身の年齢も伝えているのである。

図6・4は現在までに発見されているパルサーの周期Pと周期の変化率$\dot{P}$をプロットしたものである。多くのパルサーが規則正しく時を刻みつつ、回転がゆっくり落ちていっていることがわかる。宇宙では、1つの世界の終末に生まれた正確な時計がそこかしこで時を刻んでいる。

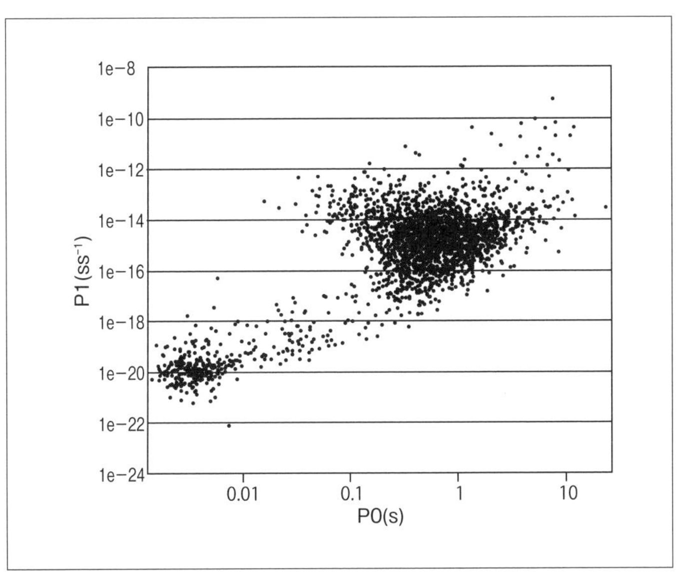

図6・4　パルサーの周期P(図中P0)と周期変化率$\dot{P}$(図中P1)の関係(Manchester et al.　2005).

3．新しい世界の多様性

3-1．超新星爆発

白色矮星や中性子星は星が元素合成の燃料を使い果たした後に収縮し生まれる。この時、一部のケースでは星の外側に向けて衝撃波が起こり、星が大爆発を起こすことがある。これが第2章で紹介した「超新星爆発」だ。超新星爆発は、恒星自身とその周りの惑星などが吹き飛ぶ「1つの世界の終わり」である。そこで何が起こるのか、本節では順に見ていく。

超新星爆発直後は、星であった物質である爆発噴出物は何者にもさえぎられることなく飛び散っていく。爆発噴出物の質量をM_{ej}、爆発エネルギーをE_0とすると、その速度は

$$v = \left(\frac{2E_0}{M_{ej}} \right)^{1/2}$$

と書くことができる。第2章でみたように$E_0 = 10^{51}$ erg程度で、簡単のため$M_{ej} = 1$太陽質量$= 2 \times 10^{33}$ gとすると、$v_0 = 10^4$ km s^{-1}となる。光の速度が秒速30万kmだから、星という巨視的な物質に光速の3％という恐ろしく速い速さが与えられることになる。この速度は宇宙空間の平均的音速よりはるかに速いため、衝撃波を形成する。衝撃波は宇宙空間で膨らむシャボン玉のように、膨張を続ける。これが超新星爆発の残骸である「超新星残骸」である。ここで簡単に超新星残骸の進化をいくつかの段階に分けて見てみよう。

(1) 自由膨張期

爆発当初は、爆発噴出物に比べて星間空間の物質の質量は無視できるくらい小さいので、超新星残骸はほとんど減速することなく膨張を続ける。この時期

は「自由膨張期」と呼ばれる。爆発直後のこの時期は、実はどの波長でも明るくはない。爆発エネルギーはほとんど爆発噴出物の運動エネルギーとして保たれており、熱エネルギーや放射エネルギーには変換されていないためである。

(2)断熱膨張期

超新星残骸が膨張するにつれ、衝撃波は密度の薄い星間物質を掃き集め、やがてその質量が爆発噴出物の質量より大きくなっていく。このようになると衝撃波は自由膨張ではいられず、だんだん減速し始めることになる。星間物質n_0が薄いほど、また爆発噴出物の質量M_{ej}が大きいほど減速し始めるまで掃き集めなければならない半径R_0は大きくなり、

$$R_0 \propto M_{ej}^{1/3} \mathrm{n}_0^{-1/3}$$

となる。またここまでは衝撃波が等速度運動をしていたとすると、自由膨張が終わる時間は

$$t_0 = \frac{R_0}{v_0} \propto M_{ej}^{1/3} n_0^{-2/3}$$

と表すことができ、典型的には数百年程度になる。

衝撃波はこの時ようやく自身が掃き集めた星間物質でできた壁にぶつかったようになり、減速を始める。減速した分、全体の並進運動エネルギーは減り、爆発噴出物や掃き集めた星間物質の熱エネルギーへと変換され、これらの物質は高温になり明るく輝く、一方放射エネルギーは運動エネルギーや熱エネルギーに比べると無視できるほど小さいため、外界とのエネルギーのやりとりはない、つまり断熱状態と近似できる。このことからこの時期を「断熱膨張期」と呼ぶ。

断熱膨張期の超新星残骸はどのような進化をたどるのであろうか。L. セドフ(1959)は断熱膨張近似の可能な一様密度空間での点源爆発について、自己相

似解を導入することでその進化を追った。その結果、衝撃波半径R_sと速度v_sは時間tに対して以下のような依存性を持つことを示した。

$$R_s \propto t^{2/5}$$

$$v_s = \frac{dR_s}{dt} \propto t^{-3/5}$$

自由膨張期には衝撃波は減速せず進むため半径は時間に比例したが、断熱膨張期に入ると時間の2/5乗に比例するようになり、だんだん膨張がゆっくりになっていくのが見て取れる。衝撃波速度も時間の−3/5乗に比例するため、遅くなっていく。セドフの自己相似解があるため、断熱膨張期を「セドフ期」と呼ぶこともある。

断熱膨張期に、爆発噴出物や掃き集められた星間物質は数百万度に熱せられる。エネルギーに直すと、100〜1000電子ボルトだ。これは水素の第一イオン化エネルギー13.6電子ボルトより大きいため、熱せられた物質は電離し、超新星残骸は巨大なプラズマ球となる。たとえばケイ素の場合、本来なら原子核の周りに14個の電子が存在するが、数百万度だと、多くの場合電子が2個しか残っ

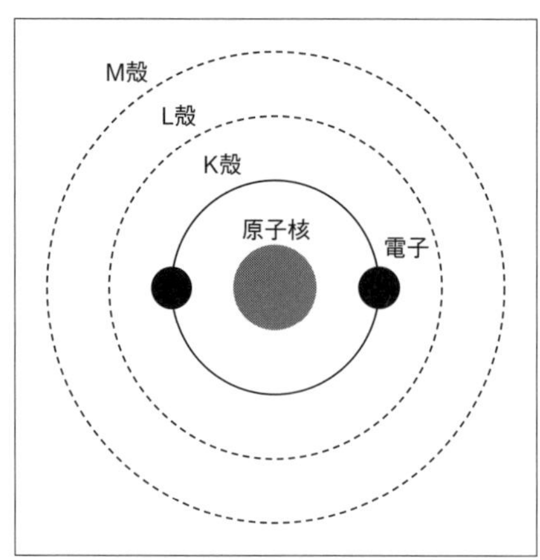

図6・5　ヘリウム状にまで電離した原子の模式図.

ていないHe状原子や1個しか残っていないH状原子となる(**図6・5**)。**図6・6**(**口絵**p.viii)は西暦1682年に爆発したという記録もある超新星残骸カシオペアAのX線画像である。衝撃波やその内側に存在するプラズマが明るくX線で輝いているのがよくわかる。断熱膨張期は環境などにも大きく依存するが数千年続く。

(3)放射冷却期

断熱膨張期の超新星残骸は減速しながらも膨張を続ける。断熱膨張であるため、内部のプラズマの温度はだんだん下がっていく。温度が約200万度を下回ると、プラズマ中の元素のイオン化エネルギーに近いエネルギーを持つ電子が増えるため、輝線放射が非常に強くなり、放射によるエネルギー損失が無視できなくなり冷却速度が増す。この時、超新星残骸は、断熱近似が成り立っていた「断熱膨張期」から放射によりどんどん冷えていく「放射冷却期」に入る。この時期には可視光帯域の再結合輝線で超新星残骸は美しく輝く、放射によりエネルギーが失われるため膨張速度はさらに遅くなり、やがて宇宙空間での音速(秒速15 km程度)と同等になる。この時もはや超新星残骸衝撃波は衝撃波として成立せず、星間空間物質に混じって消えていくことになる。

ここまでの超新星残骸誕生から消滅までの時間スケールは10^6年程度である。これは宇宙史の時間スケールと比較するときわめて短く、超新星残骸は美しい宇宙の花火のようでもある。超新星残骸の進化を**表6・1**に簡単にまとめておく。

表6・1　超新星残骸の進化

	自由膨張期	断熱膨張期	放射冷却期
膨張速度	10^4 km/s程度の等速	$t^{-3/5}$に従って減速	さらに激しく減速
温度	――	数千万度から徐々に低下	200万度以下で急速に冷却
時間スケール	＜数百年～1000年	～1000年～1万年程度	＞1万年以上

3-2. 世界の終わりから始まる新しい世界

超新星残骸は断熱膨張期から放射冷却期にかけて明るく輝く。プラズマの密度はせいぜい数個 cm^{-3} ときわめて薄いため、プラズマの中で生まれた光子は吸収されることなくプラズマの外に出てくる。いわばプラズマは透明で体積全体が見える状態である。このような状態のプラズマからの熱的連続放射は、太陽のような密度が高く表面だけが見える物質からの熱的放射である黒体放射ではなく、熱的制動放射と呼ばれるものになる。また密度が薄いため、原子内電子の準位遷移や電離·再結合によって生まれる「特性X線」もプラズマ内で再吸収されることなく観測できる。準位の遷移の際のエネルギー差が光子として出てくる特性X線は、金属を炎に入れた時にそれぞれの金属ごとに特有の色で輝く「炎色反応」のX線版だと思うことができる。**図6・7**は、日本の宇宙X線衛星「すざく」(Mitsuda et al. 2007)が観測した、「ティコの新星」のスペクトルである。この超新星残骸は、デンマークの天文学者ティコ·ブラーエが1572年に爆発を観測した「ティコの新星」の残骸であるため、このようなユニークな名前が付いている。横軸はティコの新星からのX線のエネルギー、縦軸はそれぞれのエネルギーでの明るさを示す。いくつかのエネルギーで明るい特性X線が見られる。図中にある文字は、それぞれの特性X線を放射している元素とその遷移だ。He α と書かれているものは、ヘリウム状原子からの光で、その中でもL殻からK殻へと電子が遷移した時の輝線、He β と書かれているものは、M殻からK殻への遷移を表す(**図6・5**)。ティコの新星のプラズマには酸素からマグネシウム、ケイ素、硫黄、アルゴン、カルシウム、鉄と多くの元素が含まれていることがわかる。これらの重元素は、ティコの新星の素となった星が爆発前に核融合で作ってきたものだ。星が作った元素は超新星爆発とその残骸によって宇宙空間にまき散らされ、星間空間を徐々に豊かにしていく。また、超新星残骸の衝撃波は星間空間に点在する希薄なガスや分子雲を圧縮し、次の世代の星形成を始める。この時、新たな世代の原始星には1つ前の世代の星が作り出した重元素が含まれる。このような星の周りに生まれる惑星にもやはり重元素が含まれるため、

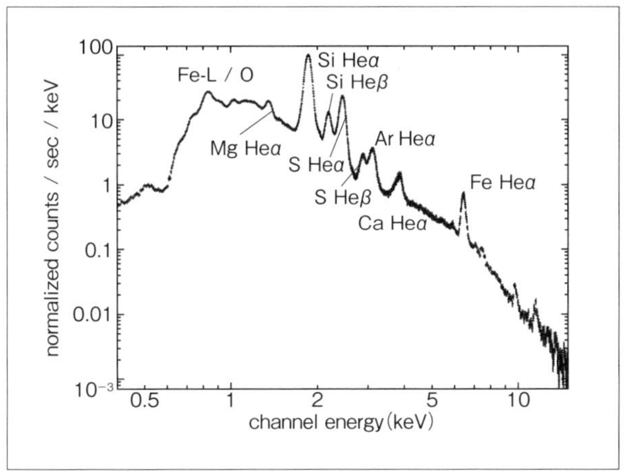

図6・7　宇宙X線衛星「すざく」によるティコの新星のスペクトル．図中にある文字は，それぞれの特性X線を放射している元素とその遷移を表す．左端のFe-L/Oは鉄のL輝線と酸素の輝線の集合体である．

そこには岩石や水、酸素や窒素·二酸化炭素などが含まれた大気、そして生命が誕生することができる。1つの世界の死であった超新星爆発とその残骸が、次の世代の世界を作り出す。太陽系とわれわれも例外ではない。われわれを形作る原子の多くも、星の中の核融合で作られた。われわれは「星の子」なのだ。

これら特性X線は日本の宇宙X線衛星「あすか」(Tanaka et al. 1994)によって初めて本格的に研究が進んだ。現在世界中で、「あすか」や「すざく」より30倍エネルギー分解能の高い検出器「X線マイクロカロリメータ」の開発が進み、日本も2023年度に打ち上げられたXRISM衛星(Tashiro et al. 2020)に搭載されている。マイクロカロリメータで超新星残骸を観測すれば、今まで検出することが難しかったクロムやマンガンといったレアメタル元素や宇宙での存在比が少ないリンなど奇数番の元素の量も正確に測定することが可能となり、宇宙の多様性がさらにはっきり明らかになる。また、これらの元素の含まれたプラズマは秒速数千kmで膨張している。その結果、特性X線はドップラー偏移を受けて変形する。膨張速度が光速の1%程度なので偏移するエネルギーも1%程度であり測定は困難であったが、マイクロカロリメータはこの偏移をはっきり捉え、超新星残骸がまき散らす重元素を3次元的に描き出すことができるだろう。

3-3. プラズマの中の時計

話を超新星残骸のプラズマに戻そう。実はティコの新星のスペクトルは、地上で作られる高温プラズマのスペクトルと違う不思議な形状になっている。ティコの新星のスペクトルからはこのプラズマに多くのヘリウム状重元素原子が含まれることがわかる。一方で、ヘリウム状に電離した原子がこれだけあれば、水素状にまで電離した原子もそれなりにいてもおかしくない。しかし、このスペクトルには水素状原子はほとんど見当たらない。これはいったいどういうことだろうか。

この問題を解くキーワードは「非平衡」である。超新星残骸中のプラズマは元々冷たいガスや爆発噴出物なので、爆発当初原子はほぼ中性でイオン化していない。衝撃波によって物質が温められる時、粒子同士の衝突によって少しずつ電離していく。プラズマが高温であればあるほど原子は電離しやすく、再結合しにくい。電離が進んでいくとやがて電離率と再結合率が釣り合うことになる。これを温度と電離度合いが平衡に達するという意味で「電離平衡」と呼ぶ(Kaastra et al. 2008)。釣り合うまでにかかる時間スケールは元素ごとには大きく変わらず、電子密度n_eとプラズマの年齢tを用いて$n_e\ t \sim 10^{12}\ \mathrm{cm^{-3}\ s}$程度である。ざっくりいえば電離平衡に達するにはどのような元素でもだいたい同じ数の電子をぶつければよいということだ。地上大気の密度はアボガドロ数/22.4リットルなので、およそ10^{19}原子$\cdot\mathrm{cm^{-3}}$である。地上実験で生成されるプラズマはこれよりも密度は小さいが、何十桁も小さいわけではない。簡単のため地上大気が一瞬でプラズマになったとすると、電離平衡にかかる時間は$10^{12}/10^{19} \sim 10^{-7}$ sと、一瞬で電離平衡に達してしまう。一方超新星残骸プラズマの密度はせいぜい1原子$\cdot\mathrm{cm^{-3}}$で、電離平衡に達するまでは10^{12} s ～ 3万年という時間差が生じる(**図6・8**)。ティコの新星は爆発してから450年程度であるから、まだまだ電離が足りず、ヘリウム状元素に対して水素状元素が非常に少ない状態になっている。このように、プラズマスペクトルの特性X線は、プラズマの年齢を測定できる時計としても用いることができる。

近年さらに不思議な状況が見つかった。IC443という比較的年をとっていると思われる超新星残骸のスペクトルは、熱的制動放射から予想されるイオン状態よりも電離が進んでいたのだ(Yamaguchi et al. 2009)。電離しすぎというこの現象は、この超新星残骸のプラズマは先ほどのティコの新星のケースとは逆の状態の非平衡状態にあることを意味する。どちらの非平衡か区別をつけるため、ティコの新星プラズマに見られた非平衡を「未電離」、IC443プラズマに見られた非平衡を「過電離」と呼ぶ。過電離を引き起こすためには、何らかの方法でプラズマを急冷却する必要がある。まさか冷凍庫に入れるわけにもいかず、いまだに結論は得られていないが、衝撃波が急に薄い密度の空間に到達して膨張速度が速くなった、逆に分子雲にぶつかって熱伝導や分子雲蒸発で温度が下がった、などさまざまな説が挙がっている。プラズマ時計の正確な理解もまた、次世代X線観測で解くべき課題である。

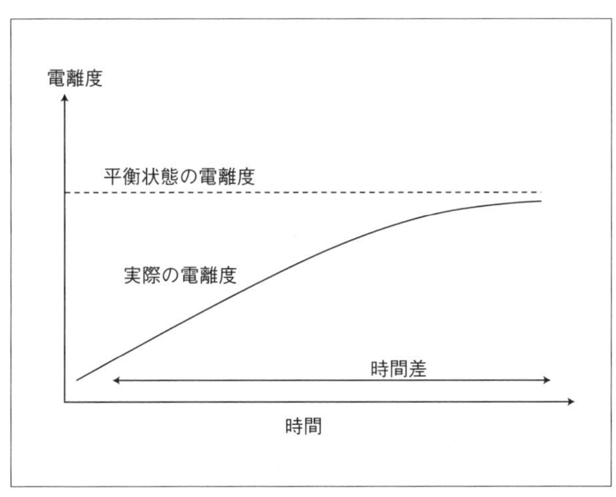

図6・8　プラズマが電離平衡に達するまでの時間と電離度の模式図.

3-4. 超新星残骸で生まれる宇宙線

超新星残骸は多くの元素を宇宙空間に供給することを前節までで紹介した。超新星残骸には、もう1つ重要な役割がある。それが「宇宙線」の供給だ。

宇宙線は、宇宙から降り注ぐ高エネルギー荷電粒子だ。90 %が陽子、9 %がヘリウム原子核である。あまり聞きなれないかもしれないが、われわれが地上で受ける環境放射線の3割は宇宙線由来であり、よく「飛行機で上空を飛ぶと被曝する」と言われる原因はこの宇宙線である。宇宙線発見は100年前に遡る。20世紀初頭は放射能発見で沸いた時代であった。1912年オーストリアの物理学者V. ヘスは、自然放射能が地表からきていることを確かめようと、小さな検出器を持って気球に乗り込んだ。ヘスは上空に行くほど放射線量が小さくなると予想していたのだろうが、実際は上空に行くほど放射線量は増えていく。これが宇宙からくる放射線である宇宙線の発見である。ヘスはこの業績により1936年にノーベル物理学賞を受賞している。

図6・9は宇宙線のスペクトルである。縦軸横軸とも凄まじい桁数であることに注意しよう。スペクトルはべき乗で伸びており、最高エネルギーは10^{20}電子ボルトにも達する。1 J(ジュール)は6×10^{18}電子ボルトなので、陽子やヘリウム原子核といった核子一粒が、水の温度を上げられるほどの巨視的なエネルギーを持つのだ。また人類の持つ粒子加速器で加速できる最大エネルギーは実験室系換算で10^{17}電子ボルトのオーダーであり、宇宙線はその1000倍高エネルギーまで加速されていることになる。ただしこのような巨大なエネルギーを持った粒子の頻度は非常に小さく、1 km^2の検出器で待ち構えていても100年に1粒子くらいしかやってこない。また、スペクトルには何箇所か折れ曲がりがある。スペクトルの形を足に見立て、$10^{15.5}$電子ボルト付近の折れ曲がりを「ニー」(knee; ひざ)、10^{18}電子ボルト付近の折れ曲がりを「アンクル」(ankle; 足首)と呼ぶ。超高エネルギーな点だけでなく、エネルギー密度からも宇宙線は重要だ。われわれの天の川銀河内の宇宙線エネルギー密度は、約1電子ボルト・cm^{-3}である。これは宇宙マイクロ波背景放射などと並ぶ大きなエネルギー密度であり、宇宙線は

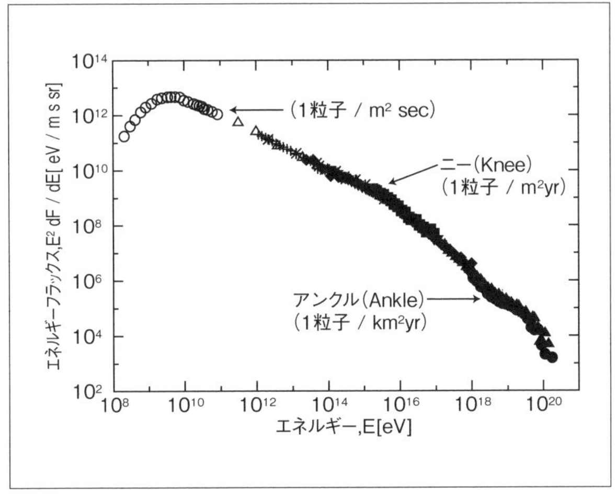

図6・9　宇宙線のエネルギースペクトル(Swordy 2001, Kotera and Olinto 2011).

いわば天の川銀河の基本構成要素といってよい。

現在最も有力な宇宙線加速機構は、衝撃波加速(diffusive shock acceleration)と呼ばれる機構である(Bell 1978)。衝撃波の前後では流体の速度が違うため、衝撃波を行ったり来たりする荷電粒子は、まるでラリーで加速するピンポン玉のようにエネルギーを得る。ただしエネルギーをどんどん得ていく幸運な粒子はごく一部で、ほとんどの粒子はエネルギーを得る時もあれば失う時もあり、それほどエネルギーは上がらない。これは経済にも似ている。さまざまな人とお金のやりとりをする時、一回一回の取引で儲けることもあれば損をすることもあるだろう。ごく一部の人だけはほとんどの取引で儲けを得て(つまりエネルギーを得つづけて)お金持ちになる。高エネルギー宇宙線はお金持ちになった人のようなものだ。実際数式のうえでも、宇宙線のスペクトルとお金持ちの人の頻度分布は同じように書き表すことができる。

宇宙線の加速源は何なのか、発見以来100年以上にわたって議論が続いている。ニーからアンクルあたりまでのエネルギーの粒子は天の川銀河内起源、それより高いエネルギーの粒子は天の川銀河外起源と考えられているが、正確な加速源や加速機構は今も大きな研究テーマの1つである。宇宙線は荷電粒子なので、星間磁場中で進行方向が変わってしまい、地球に届く頃には等方的になってしまっているからだ。一方、宇宙線が電磁放射をしていれば、電磁放射は宇宙空間を直進できるため加速源を直接見ることができる。ニー近くまで加速された電子からのシンクロトロンX線が超新星残骸の衝撃波から発見されたのは宇宙線発見から80年以上経った1995年である(Koyama et al. 1995)。なお、この発見の場となった超新星残骸SN1006は、西暦1006年5月1日に爆発した記録が藤原定家の日記『明月記』をはじめ世界各地に残っている。その後、別の超新星残骸RX J1713.3-3946の衝撃波から10^{12}電子ボルトという超高エネルギーガンマ線が放射されていることもわかり(Aharonian et al. 2004)、衝撃波で粒子が加速されていることが確定的になった。また、宇宙X線衛星Chandraは SN1006の衝撃波面に光るシンクロトロンX線が非常に薄い領域に集中していること(Bamba et al. 2003)や、RX J1713.3-3946のシンクロトロン放射している領域が1年程度の時間スケールで明滅していること(Uchiyama et al. 2007)を発見した。このことは、加速された電子が衝撃波の小さな加速現場に閉じ込められ、粒子が何度も衝撃波を往復して効率よく加速し、その結果加速電子が誘導した磁場によって磁場が増幅され、増幅磁場によって電子はさらに加速現場に強く閉じ込められ……というサイクルを繰り返す非線形で効率の良い加速が起こっていることを示している。**図6・10**の右下の図は、カシオペアAの衝撃波で加速された電子からのシンクロトロンX線分布を示している。シンクロトロンX線が薄い複雑な球殻のように超新星残骸衝撃波から発せられているのがわかる。

超新星残骸で加速された荷電粒子はやがて宇宙線となってわれわれの元へと降り注ぐ。われわれ生命は宇宙線の放射線影響も受けながら進化を続けている。超新星残骸は元素以外にも宇宙線を宇宙に供給し、その多様性を増し続けている。

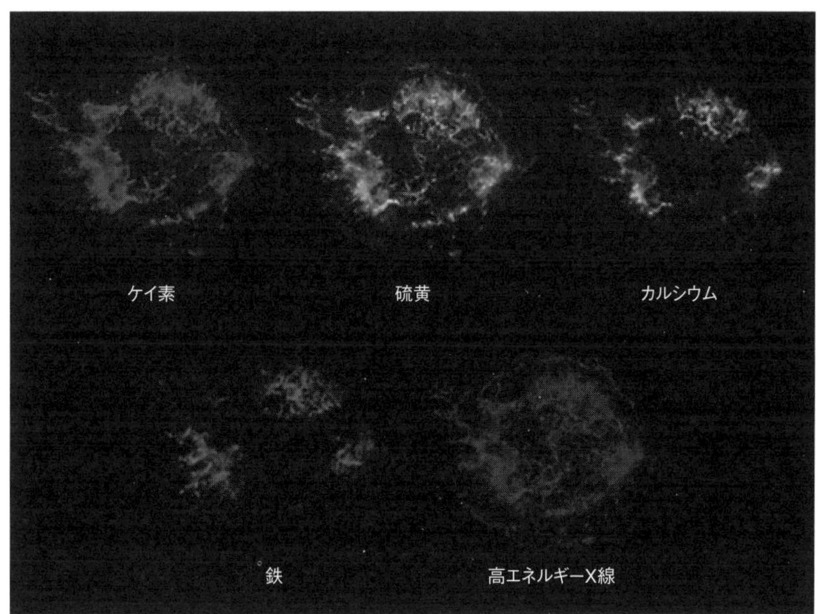

図6・10　カシオペアAのさまざまな元素や高エネルギー粒子の分布マップ．左上から順にケイ素･硫黄･カルシウム･鉄･高エネルギー電子の分布を表す．©NASA/CXC/SAO.

参考文献

Adams, W. S., 1915 , *PASP*, 27 , 236 .

Aharonian, F.A., Akhperjanian, A.G., et al., 2004 , *Nature*, 432 , 75 .

Bamba, A., Yamazaki, R., et al., 2003 , *Astrophys. J.* , 589 , 827 .

Bell, A.R., 1978 , *MNRAS*, 182 , 147 .

Bessel, F. W., 1844 , *MNRAS*, 6 , 136 .

Bond, G., 1862 , Astronomische Nachrichiten, 57 , 131 .

Caiazzo, I. et al., 2021 , *Nature*, 596 , E.15 .

Campbell, W. W., 1920 , PASP, 32 , 199 .

Chandrasekhar, S. and Milne, E.A., 1931 , *MNRAS*, 91 , 456 .

Giacconi, R., Gursky, H., , 1962 , Physical Review Letters, 9 , 439 .

Hewish, A., Bell, S. J., , 1968 , *Nature*, 217 , 709 .

Kaastra, J.S., Paerels, F.B.S., et al., 2008 , Space Science Reviews, 134 , 155 .

Kotera, K. and Olinto, A.V., 2011 , Annu. Rev. Astron. Astrophys., 4 , 49 , 119 .

Koyama, K., Petre, R., , 1995 , *Nature*, 378 , 255 .

Lyne, A. G., Pritchard, R. S., , 1993 , *MNRAS*, 265 , 1003 .

——, Jordan, C. A., , 2015 , *MNRAS*, 446 , 857 .

Manchester, R. N., Hobbs, G. B., , 2005 , *AJ*, 129 , 1993 .

Mitsuda, K., Bautz, M., , et al., 2007 , *PASJ*, 59 , S1 .

Sedov, L.I., 1959 , Similarity and Dimensional Methods in Mechanics, New York: Academic Press.

Shklovsky, I. S., 1967 , *ApJL*, 148 , L1 .

Swordy, S.P., 2001 , *Space Science Rev.*, 99 , 85 .

Tanaka, Y., Inoue, H., , 1994 , *PASJ*, 46 , L37 .

Tashiro, M., Maejima, H., , et al., 2020 , Proceedings of SPIE, 11444 , 1144422 .

Uchiyama, Y., Aharonian, F. A., , 2007 , *Nature*, 449 , 576 .

Yamaguchi, H., Ozawa, M., , et al., 2009 , *ApJL*, 705 , L6 .

第7章

ブラックホール

特異な時空構造と観測される姿

井上 一

1．ブラックホールとは何か

ブラックホールとは、一般相対性理論の下で得られた、「特異点と呼ばれる無限に小さな領域に物質が集中している時、その周りに作られる、光さえも出てこられない特異な時空構造」のことである。そして、その特異性について、さまざまな理論的研究が進められてきている。ここでは、ブラックホールが理論的に見出されてきた経緯を述べ、これまでに研究されてきたブラックホールの特性について概観する。

1-1．古典的「暗黒の星」

われわれは、物を高いところから落とした時(空気の抵抗が無視できる場合)、より高いところから落とすほどより速い速度で落ちてくることを知っている。これは、「物体が何らかの力に引っ張られて動く時、その物体はエネルギーを得る」という物理学の教えによる。そしてその力が一定ならば、得たエネルギーは動いた距離に比例する。上の場合、地上での重力を受けて物は落下し、より高いところから落とせば動く距離がより長くなって、得るエネルギーがより大きくなるわけである。そして、そのエネルギーは物体の質量と速度の2乗に比例する運動のエネルギーとして還元される。大きなエネルギーを得れば速度が速くなることになる。

一方、逆に地面から物を投げ上げる時は、勢いよく投げ上げないと高いところまで届かない。これは、物を落とす時とは逆に、「物体が力に抗して動こうとするとエネルギーが必要となる」ことによる。物が、重力に抗してより高いところまで飛んでいくためには、より大きなエネルギーを与えることが必要で、飛び上がる速度をより大きなものにしなければならない。

飛び上がる速度をどんどん大きくすれば、飛び上がれる高度はどんどん高くなる。そして、物の飛び上がり速度を秒速11㎞より大きくすることができると、飛び出した物は、地球からの重力が支配的な領域から脱出し、惑星間空間に飛び出すことができるようになる。この秒速11㎞という速度は、地球の重力圏から脱出できる最低限の速度で、地球の脱出速度と呼ばれる。そして、地球の脱出速度は、地球表面での重力の大きさで決まっている。

一般に、2つの物体があるとそれらの間には万有引力が働き、その力の大きさは、2つの物体の質量に比例し、2つの物体間の距離の2乗に反比例することが知られている(万有引力の法則)。ふだんわれわれが受けている重力は、われわれの体に対し、大きな地球のすべての場所の質量が、それぞれの距離に応じた引力を及ぼし、それらが足し合わされた結果である。地球は完璧な球対称構造を持つと仮定して計算してみると、地球のいろいろな場所からの引力をすべて足し合わせた地表での重力は、地球の全質量が地球の中心に集まっていた場合に受ける引力と同じ結果になる。ふつう、重力とは、その物体が受ける引力をその物体の質量で割った単位質量あたりの力(加速度に相当)のことを指し、地球表面での重力は地球の全質量に比例し地球の半径の2乗に反比例する。地球の半径が小さくなることがあると、表面での重力は強くなるのである。

ここで、ある質量と半径を持った球状の星を考える。地球の時と同様に、この星からの脱出速度は、星表面での重力の大きさで決まり、重力が大きければ大きいほど、より大きな速度で飛び出さなければ脱出できない。今、この星を押し潰して半径をどんどん小さくしていったとしよう。すると、表面での重力はどんどん強くなり、脱出速度はどんどん大きくなる。その結果、半径がある値より小さくなると、脱出速度がついには光の速さを超えることが起こる。そうすると、その天体からは光さえも遠方まで届かないことになって、遠方から見たその天体は暗黒の星となるはずである。

このような「暗黒の星」の描像[注1)]は、すでに18世紀の末にJ. ミッチェルやP.ラプラスによって考えられた、ブラックホールの原初的な描像ともいえる。そして、この脱出速度が光の速度に一致してしまう天体の半径は、奇しくも、後で述べるシュバルツシルト·ブラックホールで光が出てこられなくなる事象の地平面の半径と一致している。

1-2．一般相対性理論の登場とブラックホール

上で述べた「光さえも出てこられない暗黒の星」の概念は、20世紀になると、一般相対性理論の登場で脚光を浴びるようになる。

一般相対性理論は、A. アインシュタインが1915年に発表した、重力を時空の歪みで説明する理論である。時空とは、時間の軸と3次元空間を表す3つの軸で記述される4次元の世界のことである。一般相対性理論では、エネルギーと物質の密度分布が与えられた時の時空の構造(重力場)を決める方程式が示され、アインシュタイン方程式と呼ばれる。そして、その重力場の何らかの変化は、時空構造の変化の波として光速で伝わる。この波は重力波と呼ばれ、今や、実際に観測される対象となっている。重力波による新しい観測の成果については後に述べる。

一般相対性理論が発表されてすぐ、K. シュバルツシルトによって、中心に点状に置かれた星の周りの真空の時空に対し、球対称であり、かつ、無限遠で平坦な時空解につながるアインシュタイン方程式の解が見つけられた。シュバルツ

注1)描像とは主に物理で使われる用語で、現象や概念を把握するためにイメージ化したもの。

シルト解と呼ばれる。この解は、その後詳しく調べられ、大変興味深いことがわかった。この解には、シュバルツシルト半径と呼ばれる特別な半径の球面があり、この球面より外側で出た光は、無限遠まで出てくることもできれば、球面の中に入ることもできるが、この球面より中で出た光は、この球面の外には出てこられないのである。このシュバルツシルト半径の球面は、入ったら最後出てこられなくなる一方通行の面で、事象の地平面と呼ばれる。ニュートン力学の下で考えられた光さえも脱出できなくなる暗黒の星が、一般相対性理論の厳密な解としてもあり得ることになったわけである。

こうして、光さえも出てこられない暗黒の星の概念は、一般相対性理論という新しい理論の下で詳細な研究の対象となり、今ではブラックホールと呼ばれ、広く人々に知られるようになっている。この呼び名は、1967年、一般相対性理論の研究者だったJ. ホイーラーが講演で使ったのが最初で、その後、それが広まって定着したとされる。

1-3. ブラックホールの示す特異性

(1)ブラックホールの種類・属性

星が自分の重力で潰れることによりブラックホールが作られるとすると、星は回転しているのがふつうなので、それが潰れてできたブラックホールも回転していると考えられる。また、電荷を帯びる可能性も否定はできない。そのようなことから、星が潰れてできたブラックホールの時空は、それが持つ質量、回転の量、電荷の量の、3つの量で特徴づけられる。そして、球対称(回転していない)ブラックホールに対するシュバルツシルトの解(シュバルツシルト・ブラックホールと呼ばれる)のほかに、回転しているブラックホールの解(カー・ブラックホールと呼ばれる)、電荷をもった球対称ブラックホールの解、電荷も回転も持っているブラックホールの解が見つけられている。

ブラックホールを特徴づける事象の地平面の大きさは、まずは、質量に比例する。シュバルツシルトの解で見てみると、太陽と同じ質量の星のシュバルツシルト半径は約 3 km で、70 万 km ほどの半径の太陽は、歩いて 1 時間もかからないほどの距離に縮んで初めてブラックホールになれる。もし、地球の半径が 1 cm ほどに縮むとすれば、地球もブラックホールになる。そうやって、星に限らず、どんな物でもシュバルツシルト半径より小さく縮むことさえできればブラックホールになれるわけだが、ブラックホールになってしまうと、それが太陽だったか、地球だったか、というようなその物の属性を表すさまざまな情報は失われて、外から感知できるものは、もとの質量と回転の程度と電荷の量の 3 つの属性しか残らない。

(2) ホワイトホール

ブラックホールを表す時空の解には、ブラックホールの場合と時間が逆転したかのように見える解が存在する。事象の地平の球面より内側で出た光は外に出ていくしかなく、いったん外に出た光は二度ともとには戻れない解があるのである。ブラックホールの時、事象の地平面は、その中に入っていくばかりの一方通行だったものが、この解の場合、事象の地平面は、中から出ていくばかりの一方通行になっている。この解は、ブラックホールに対比して、ホワイトホールと呼ばれる。

シュバルツシルト時空の数学的解が示すもう 1 つのおもしろい点として、ブラックホールやホワイトホールの事象の地平面の外側には、2 つの異なる世界があり得ることも知られている。その 1 つがわれわれの住む世界だとすると、時空構造は似ていながらも中味は違うもう 1 つの世界があってもいいのである。しかし、これまでの研究によれば、われわれの住む世界から、その別の世界に行くことはできないとされている。

(3) 回転するブラックホールからのエネルギーの引き出し

回転するブラックホール（カー・ブラックホール）の場合、その周りの空間はブラックホールに引きずられて回転する。そのため、その時空構造においては、物がブラックホールの周りをブラックホールとは逆向きにどんなに速く回っていても、無限遠から見ると、ブラックホールと同じ方向に回っているように見えてしまう領域が、事象の地平面のすぐ外側にできる。それをエルゴ領域と呼ぶ。このエルゴ領域の中では、ブラックホールと逆向きに回っている物質のエネルギーは負の値として計算される。このことを用いて、物質を飲み込むばかりと考えられていたブラックホールからエネルギーを引き出す機構が考えられた。考えた研究者の名前をとってペンローズ過程と呼ばれる。

外部からある質量の物体がエルゴ領域に入り込んで、そこで2つの物体に分裂したとしよう。そして、その一方がブラックホールとは逆の向きに回るようになったとすると、その物体は負のエネルギーを持つことになる。そして、負のエネルギーとなった物体は事象の地平面の中のブラックホールに落ち込み、もう1つの物体はエルゴ領域の外に戻ってきたとする。ブラックホールは負のエネルギーを得たことになるが、それはエネルギーが減少したことと等価である。一方、分裂した2つの物体のエネルギーの和は保存するはずなので、外に戻ってきた物体は、ブラックホールに渡った負のエネルギーの絶対値に相当するエネルギーを得て出てきたことになる。これらの結果、エネルギー(一般相対性理論では質量と等価)を飲み込むばかりのはずのブラックホールからエネルギーを引き出せるというわけである。

回転するブラックホールの周りに、回転軸の方向に沿った磁場がある時には、ブラックホールが電気を流す導体のようにふるまうことで、その回転のエネルギーを取り出せることも示されている。こちらは、ブランドフォード・ナイエク過程と呼ばれ、活動銀河(後に説明する)の中心などでしばしば観測されるジェットと呼ばれる現象の起源である可能性についてさかんに研究が行われている。

(4)ブラックホールの蒸発

上で述べてきたブラックホールの時空構造の解は真空の空間に対するものである。ふつうの大きさの空間であれば真空とは物が何もない状態である。しかし、非常に小さなサイズの空間を考える場合には、量子論の効果を考えざるをえなくなり、そこでの真空は、正の質量を持った粒子と負の質量を持った粒子がペアで生まれたり消滅したりしている空間となる。ブラックホールの場合も、地球の十兆分の１もの小さい質量のブラックホールになるとその事象の地平面は量子効果を考えざるをえないサイズとなる。そのような状況のブラックホールがS. ホーキングによって調べられ、ブラックホールからはある温度の熱放射として粒子が放出されることが明らかとなった（この放射はホーキング放射と呼ばれている）。この熱放射の温度はブラックホールの質量が下がるとそれに反比例して高くなる。その結果、質量の小さいブラックホールで熱放射が顕著に起こると、それによってブラックホールの質量が減り、その結果温度が上がって熱放射がますます増えるという循環が起こって、質量があっという間に減って最終的にブラックホールが消滅することがわかった。この現象を「ブラックホールの蒸発」と呼ぶ。しかし、宇宙の年齢のうちに蒸発してしまうブラックホールは、地球質量の十兆分の１くらい小さな質量以下のものだけで、この宇宙に天体として存在しているブラックホールではその影響はまったく考えなくてよい。

ブラックホールの蒸発の議論は、ブラックホールに対し量子論の効果を考えることでもたらされた。実は、一般相対性理論と量子論を統合した理論を作ることは現代物理学の最大のテーマともいえるもので、「超弦理論」とか「ループ量子重力理論」といった難解な理論に世界トップクラスの理論物理学者が何人も挑戦している。ブラックホール蒸発の議論がきっかけとなって、ブラックホールは、まだ答えの見えない「量子重力理論」を探る１つの手がかりを与え得るものとしても注目されている。

2．宇宙に存在するブラックホールとその観測

上で述べてきたように、ブラックホールは、まずは、質量密度が無限大になるような特異点の周りの時空構造に対する数学的な解として見出され、その物理的な意味が理論的に研究され始めたものである。しかし、現実の宇宙にブラックホールが出現することがあるのかどうかは、長い間、理論的な確証が得られ

ずにいた。それが、1965年、R. ペンローズによって、「星が自分の重力で、ある大きさ以下に潰れると、その時は必ず特異点が出現しブラックホールとなる」ことが証明され、宇宙に現実にブラックホールが存在していることへの期待が高まった。そして、宇宙に存在するブラックホールの観測的探査が行われるようになり、今や、宇宙には当たり前にブラックホールが存在していると考えられるに至っている。ちなみに、2020年のノーベル物理学賞は、ブラックホールの観測的研究のきっかけを作った理論的業績に対しペンローズに、また、宇宙にブラックホールが存在する可能性を大きく高めた観測的業績に対しR. ゲンツェルとA. ゲズに与えられた。

以下、ブラックホールの観測的探査の歴史をたどり、宇宙に存在すると考えられるブラックホールのさまざまな顔を紹介する。

2-1. 恒星質量のブラックホール

天文学の歴史は古い。太古以来、人々は星を眺め、太陽や月、惑星の動きに思いを巡らせてきた。しかし、人々が宇宙を見る手段は、長い間、人間の目で見ることのできるきわめて狭い波長域(可視光)の電磁波に限られてきた。20世紀になって、電波通信の技術が発展し、ようやく、宇宙を見る波長域は電波の領域にも広がった。そして、20世紀後半、ロケット技術の発展に伴い観測装置を地球大気の外に持ち出すことができるようになってはじめて、すべての種類の電磁波による天体観測が行われるようになった。電磁波には、波長の長い方から電波、赤外線、可視光、紫外線、X線、ガンマ線と呼ばれる種類があるが、宇宙から来る電磁波のうち地球の大気を通過してくるものは、非常に長い方の波長域を除いた電波と、赤外線の一部と、可視光に限られる(非常に波長の短いガンマ線については特殊な方法により地上でも観測可能である)。残りの波長は観測装置を大気の外に出して初めて観測できるのである。

(1)観測ロケットによるX線星の発見

観測装置をロケットに載せて太陽より遠い天体からの電磁波を受ける試みは、1962年、R. ジャコーニらによってX線の波長域で初めて行われた。それは、X線は、その当時のロケットでも搭載可能な比較的軽量かつ簡単な装置で測ることができたからである。

物体は皆、その温度に応じた熱放射をしている。そして、放射される電磁波の波長は、物体の温度に逆比例する。太陽の表面はおよそ6000度で、可視光域の白色光が放射されている。X線の波長は、可視光の波長に比べて数100倍、数1000倍短く、熱放射でX線を出すような物体は数100万度、数1000万度といった非常に高温ということになる。実際、太陽から受けるX線は太陽を取り巻くコロナと呼ばれるおよそ100万度の希薄なガスの領域から出ている。しかし、太陽コロナのX線でのエネルギー放出量は、太陽の可視光でのエネルギー放出量の10万分の1にも満たない程度のものだった。ところが、新たに見つかったX線星は、太陽の可視光でのエネルギー放出量を10万倍近く上回る明るさのX線を放出しており、その温度も1000万度にも達する超高温だった。X線星は、当時の天文学による想像をはるかに超えたものだった。

(2)X線星の正体の解明

1960年代、ロケット技術は格段に進歩し、人工衛星が当たり前のように地球を周回するようになり、ついには、月に人が行く水準に至った。天文学の分野でも、X線・ガンマ線を観測する衛星が軌道に投入されるようになった。1970年には、全天のX線源をくまなく探査する目的のアメリカのX線観測天文衛星「ウフル」が打ち上げられ、全天で400ものX線源が見つけられた。中でも、先のロケット観測で見つけられたX線源を含むとりわけ明るい一群のX線源は、X線星と呼ばれ、観測データの詳しい解析が行われた。その結果、X線強度に時間変化が見られ、その中にいくつかの興味深い特徴が見られることがわかってきた。並行して、X線星が可視光ではどのような星に見えるかについても盛んに観測が行われるようになった。

X線強度の時間変動の解析から見つけられた興味深い第一の点は、いくつかのX線星からのX線強度が数秒程度の周期で変動していることであった。この頃、1秒程度の周期で電波の強度が変化する天体はすでに見つけられていてパルサーと呼ばれていた。そしてその周期は、中性子星(第6章参照)の自転周期とすでに理解されていた。X線星に見つけられた周期も電波でのパルサーに近く、中性子星の自転周期ではないかと考えるのが自然なことだった。これら数秒程度の周期性を示すX線星はX線パルサーと呼ばれる。

「ウフル」が観測したX線星の中には、明らかな周期性は見られないが、観測装置が測定できる最小時間分解能の0.1秒でX線強度がパタパタと変動していうものもあることが見つけられた。このX線星には0.1秒を切るような非常に速い時間変動があるらしいということになる。ある大きさの天体からの放射が時間変動している時、その大きさを光が通過する時間より速い変動は、違う場所からの変動の強弱が相殺してしまって観測されなくなる。よって、ある天体からある時間スケールでの放射強度変動が有意に観測された時、その天体の大きさは、変動の時間スケールに光の速度をかけたものより小さいと考えざるをえない。0.1秒を切るような短い時間スケールで変動するX線星の大きさはせいぜい1万㎞で、地球半径の数倍よりも小さいということになる。そして、その候補として白色矮星、中性子星とともに、ブラックホールも考えられるようになった。実際、この0.1秒を切るような速いX線強度の変動が初めに見つけられた天体は、白鳥座X-1と名付けられた天体で、後にブラックホールと認定されるに至った。

X線強度の時間変動の解析を通じ、いくつかのX線星からは、数時間から数日といった時間スケールの周期性も見つけられた。これらは、すぐに、X線星と何か別の星が互いの周りを回っている連星といわれる系の軌道周期であると理解されるようになった。次のようないくつかの観測事実が、X線星が連星の中にいることを指し示していたのである。まず、われわれが観測しているX線星の前を相手の星が横切って、X線星が隠されX線量が大きく減ることで周期性が示されているX線星が観測された。さらに、上で述べたX線パルサーのパルス周期が数時間から数日の時間スケールで周期的な変調を受けていることも発見された。このパルス周期の周期的変調は、X線星が相手の星の周りを回っていて、その時に生じるドップラー効果によると考えて見事に再現された。ドップラー効果は、光や音などの波を出している物体がわれわれに近づいてくるときにはその波長が短くなって観測され、遠ざかる時には波長が長くなって観測されることである。今の場合、X線パルサーから出るX線強度の周期的な変動の波がドップラー効果を受けているわけである。

X線星が連星の中にいることは、X線星の方向に可視光で見える星が同定されてその観測が行われ、その星が太陽の仲間の普通の星らしいということになって、ますます確かなものとなった。そして、その普通の星の可視光観測で輝線や吸収線(いろいろな元素に固有な波長の光が周りの波長の光より強められて観測されると輝線と呼び、弱められて観測されると吸収線と呼ぶ)が観測され、それらの波長が連星の周期で動くことが観測された。これも、ドップラー効果で説明できる現象で、普通の星が相手のX線星の周りを回っていることを示している。

以上のような経緯で、いくつものX線星が見つけられた1970年代の早い段階で、X線星は普通の星と連星をなしている高密度星(小さく縮んで密度のとても高い星。ふつう、中性子星かブラックホールをさす。)らしいということになった。そして、連星をなす2つの星の距離がとても近くて(近接連星と呼ばれる)、普通の星表面のガスが高密度星に流れ込むことが起きると、落ちていくガスは、高密度星の強い重力で引っ張られてたいへんな高速となり、その運動エネルギーが何らかの過程で熱エネルギーに変換されて高温になりX線で光っていると考えられるようになった。近接連星においての高密度星への流れは、渦を巻きながら落ちていく円盤状の流れとなると考えられ、降着円盤と呼ばれる(**図7・1**参照)。1973年には、N. シャクラとR. スニヤエフにより降着円盤の基本構造を考察した論文が発表され、円盤の表面がX線で光るような温度になることが示された。

(3) ブラックホールX線星の質量分布

こうしてX線星のおよその姿が見えてくると、X線星の中からブラックホールの存在を見つけ出すことが興味深いテーマとなった。そして、X線星の有力

図7・1　ブラックホールX線星の想像図
(https://chandra.harvard.edu/photo/2011/cygx1/より).

な候補である中性子星とブラックホールからブラックホールを観測的に識別する試みがなされた。

両者を識別する1つの方法は、高密度星の質量を調べる方法である。中性子星の質量は理論的に太陽の質量の3倍を超えられないことが知られている。したがって、高密度星の質量を知ることができ、それが3倍の太陽質量($M_\odot$)を超えていれば、ブラックホールらしいということになる。質量を知るには、連星を構成する2つの星の運動を知ればよい。しかし、天文学の宿命で現場に行って調べるわけにはいかず、観測的に得られる情報は限られる。できるかぎりの連星の運動に関する観測的情報を集めて質量の推定を行うしかないが、21世紀を迎える頃には、20個ほどのX線星が3倍の太陽質量を超える答えを得て、ブラックホールX線星として認識されるようになった。

こうして得られたブラックホールと考えられるX線星の質量は太陽の5〜6倍ほどのものから10数倍ほどのものである(**図7・2**参照)。星の進化の理論によれば、太陽の20〜30倍くらいの質量より重い星がその進化の最後に超新星爆発を起こし、大部分のガスは飛び散るが、中心には、太陽質量の数倍から10倍のブラックホールが残るとされる。得られているブラックホールX線星の質

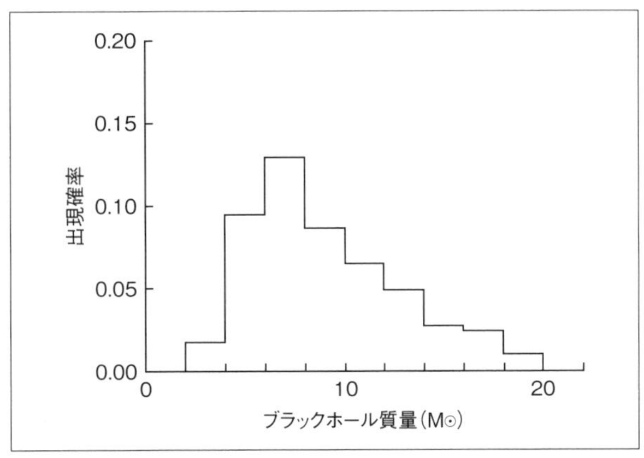

図7・2　観測的に求められたブラックホールX線星の質量分布(Charles and Coe 2006より作成).

量はその筋書きと矛盾しない。

(4)ブラックホールX線星の観測的特徴

X線星のX線観測でのさまざまな情報の中から、中心の高密度星がブラックホールである確かな証拠を探そうとする試みもいろいろとなされてきた。先に、X線パルサーと呼ばれるX線星では中心に中性子星があると考えられていることを話したが、この場合は中性子星がとても強い磁石になっている時に限られる。降ってくるガスはその磁場の圧力に押しとどめられ、最後は中性子星表面の磁石のN極とS極の部分に落ちていって、その付近だけがX線で光る。そして、磁石の軸と回転軸がずれていると、磁極部分が回転で見え隠れしてX線のパルスが見られる。ところが、中性子星には磁場が弱いものもあって、十分弱い磁場の場合には、降ってきたガスが磁場で押しとどめられることはなく、降着円盤が中性子星表面まで侵入していくことになる。ブラックホールの場合も、そのすぐ近くまで降着円盤が侵入していると考えられるので、高密度星が磁場の弱い中性子星である場合とブラックホールである場合では、降着円盤からのX線を見るかぎり違いはよくわからないことになる。しかし、降着流の最後の部分には大きな違いがある。中性子星には固い表面があるので、降ってきたガスは、最後は必ず中性子星の表面に降り積もって終わる。降着円盤の最内縁ガスは、ふつう中性子星の自転より速く回転しているので摩擦によって回転を落として中性子星表面に降り立つこととなり、回転のエネルギーが熱のエネルギーに変えられてX線で光るような高温な状態が作られる。一方、ブラックホールの場合は、降着ガスは事象の地平面を越えて吸い込まれていってしまうはずなので、境界の部分で熱いガスが作られるようなことはないはずである。

実際、観測によって、磁場の弱い中性子星と考えられるX線星には、降着円盤からくると考えられるX線成分と中性子星表面付近からくると考えられるX線成分があることが示された。それらの磁場の弱い中性子星のX線強度の変動を詳しく解析した結果、X線の中に、1秒や10秒の時間スケールで大きく変動する成分と、その時間スケールではほとんど変動しない成分が存在することが見つけられた。そして、それらのX線スペクトル（どの波長のX線がどれくらいの割合でやってくるかを見るもの）を調べた結果、変動の少ない成分は降着円盤からくると考えられるX線スペクトル、変動の大きい成分は中性子星表面付近からくると考えられるX線スペクトルの理論的予測とよく合うことがわかったのである。

一方、連星の運動の解析からブラックホールと考えられるX線星の強度変動の様子を調べてみると、やはり、1秒や10秒の速い時間スケールで大きく変動する成分と、その変動がほとんどない成分の2成分が見られる。そして、変動の少ない成分のX線スペクトルは降着円盤からくると考えられるX線スペクトルの理論的予測と矛盾のないものだったが、変動の大きい成分のX線スペクトルは磁場の弱い中性子星の変動の大きい成分のものとは明らかに違うものである。ブラックホールの場合には、磁場の弱い中性子星の場合のように固い芯がある時に見られる熱的なX線成分は見られないのである。質量の違いで識別されたブラックホールX線星はX線スペクトルの解析でもガスが落ちていく先には固い芯がないと考えて矛盾のないものだった。

ブラックホールX線星のX線スペクトルの解析からは、さらに興味深いことがわかってきた。そのX線スペクトルの中に、降着円盤からくると考えられる成分があるわけだが、それは降着円盤の表面が出す黒体放射と解釈される。黒体放射とは不透明な物体が出す熱放射のことで、ある温度の不透明な物体から単位時間に放射される熱放射のエネルギーは温度とその物体の面積で決まる。したがって、観測的に単位時間に放射されているエネルギー量と温度を測定できるとその熱放射体の面積を推定することができる。その原理を用い、観測された降着円盤からのX線のスペクトルを、理論的な降着円盤表面の温度分布に基づいた予測スペクトルと比べることで、降着円盤の一番内側の半径(最内縁半径)を求めることがされた。その結果、X線の強度が大きく変わっても、最内縁半径の位置が誤差の範囲で変わらないことがわかった。しかも、その値は一般相対性理論が予想する安定最内縁円軌道の半径と同じと思って矛盾のないものだった。降着円盤の中では、ガスは基本的には遠心力と重力が釣り合った円軌道を回りながらじわじわ落ちてきていると考えられている。しかし、一般相対性理論によると、ブラックホールの事象の地平面にある程度以上近づくと、重力が常に遠心力を上回るようになって両者が釣り合う安定な円軌道はなくなってしまうことが知られている。シュバルツシルト・ブラックホールの場合、その理論的な最内縁安定円軌道の半径はシュバルツシルト半径の3倍となる。そして、X線スペクトルの解析から求められた降着円盤の最内縁半径は、誤差の範囲でシュバルツシルト半径の3倍と考えて矛盾のないものだったのである。回転しているカー・ブラックホールの場合には、理論的最内縁安定軌道半径はもっと小さくなり得る。観測的にもそれが示唆されるものがあるが観測誤差やスペクトルモデルの仮定の幅を考えるとまだ確かとはいえない。

2-2. 銀河の中心にある大質量ブラックホール

(1)活動銀河核

これまで述べてきた恒星ブラックホールの話の発端は1962年のロケット実験によるX線星の発見にあったが、これからの話の発端は、同じ1960年代はじめの、クエーサーの発見に遡る。当時、電波技術の発展に伴って新しい電波源が続々と発見され、それら電波源の可視光での観測が精力的に行われた。そして、それらの中から、水素の出す特定の波長の光が強い輝線として見え、しかも波長の長い方に大きく偏移(赤方偏移という)している天体が発見された。この赤方偏移は、この天体がわれわれから遠ざかっていっていることによるドップラー効果と考えられ、その後退速度は光速の10％をも上回っている。一見、広がりが見られず恒星のように見えるにもかかわらず、ふつうの星ではそのような輝線が見えることはないので、恒星に準ずる天体という意味でクエーサー(準恒星状天体)という名が付けられた。

クエーサーの正体と大きな後退速度の起源については多くの議論を呼ぶこととなった。クエーサーが見つけられた頃にはすでに「遠くの天体ほど速く遠ざかっている」というハッブル・ルメートルの法則はすでに見つけられていて、宇宙が膨張していることは定説となっていた。このクエーサーの大きな後退速度も、その法則に従うもので、この天体は非常に遠方にあると考えるのは自然なことだった。しかし、もしクエーサーが非常に遠方にある天体だとすると、クエーサーが単位時間に放射しているエネルギー量は、太陽が放射している量より10兆倍も大きいこととなり、ふつうの銀河全体が放射している量に比べても100倍ほどの量になる。一般に、ある天体から光が放射されているとその表面にあるガスは放射の圧力を受けて飛ばされそうになる。しかし、その天体の表面が次から次へと飛ばされてしまったらその天体は次第にやせ細ってしまうはずで、そうならないためには天体の表面での重力が放射圧で飛ばされないほどの強さである必要がある。そのような理屈で計算すると、クエーサーである天体の質量は太陽の1億倍ほどより大きくないとならないとの答えを得る。一方、いくつかのクエーサーからの放射強度は1日の時間スケールで変化することも観測され、発光体の大きさは放射強度の変動の時間に光の速度をかけたものよりも小さいはずとの理屈から、クエーサーの大きさは海王星軌道長半径の数倍程度より小さいことになる。このように小さな領域に太陽を1億個以上集めた質量が集まっているとすると、それはブラックホールしかありえないのではないかとの議論になっていった。そして、同じ頃、X線星は中性子星やブラックホールへの質量降着によって光っていることが明らかになっていくにつれ、クエーサーにおいても大質量のブラックホールへの質量降着が起きているのだろうと考えられるようになった。

クエーサーが発見された頃、中心が目立って明るい銀河の存在が知られておりセイファート銀河と呼ばれていた。そして、いろいろな観測を重ね合わせると、クエーサーもセイファート銀河と同じく、銀河の中心が異様に明るい銀河ではないかと考えられるようになった。現在、これら銀河の中心が目立って明るい銀河は、活動銀河と呼ばれ、その中心は活動銀河核と呼ばれている。活動銀河核は大きなエネルギーを放出し、時に激しい強度変動や、ジェットと呼ばれる細く絞られた質量放出も見られることから「活動」という接頭語がつけられた。

活動銀河核の観測が進んでくると、そこからの広い波長範囲の放射スペクトルやその強度変動の様子に、ブラックホールX線星のものと傾向は似ているが量的には違っている点がいくつも見えてきた。活動銀河核においても中心の大質量ブラックホールへの降着流が起きているとすれば、そこで起こっていることは、定性的には、X線星で起こっていることと大差はないのだろうと考えられる。しかし、中心のブラックホールの質量は大きく違い、ブラックホールの大きさを特徴づける事象の地平面の大きさもその質量に比例して違う。活動銀河核では1カ月や1年の時間スケールで放射強度が変動することは当たり前のように見られ、その変動には1日といった短い時間スケールのものまである。一方、ブラックホールX線星は1秒や10秒の時間スケールの放射強度変動が当たり前のように見られ、その短い方の時間スケールは10ミリ秒といったところまで伸びている。両者の変動の様子を、時間スケールを中心ブラックホールの質量の違いに比例してずらして見比べてみると、両者はとてもよく似ている。このことは、放射強度変動を起こす物理過程は両者で違いはないのだが、ブラックホールの質量に比例してその周りの変動領域のサイズが変わり、サイズが大きいものは変動が伝搬するのに時間がかかってその典型的な時間スケールが長くなっていると考えるとよく理解できる。また、先にX線星のX線スペクトルには降着円盤からの黒体放射の成分が存在することを紹介したが、活動銀河核からも降着円盤からの黒体放射と考えられる成分が見えている。しかし、活動銀河核からのものは可視光から紫外線域に見えていて、見える波長域が違っている。それは、活動銀河核における降着円盤の典型的なサイズが、中心にあるブラックホールの質量に比例して、X線星のそれの1000万倍程も大きいことによると考えて矛盾なく説明される。活動銀河核の中に、細く絞られた噴出流(ジェット)を示すものがあることは1950年代から知られていたが、1990年代になって、X線星の中にもそのようなものがあることが知られるようになった。これらのジェットはいずれも光速に近い高速度で噴出しており、その噴出機構にはブラックホールが重要な役割を果たしていると考えられている。

これらのいくつかの例で示されるように、活動銀河核とブラックホールX線星の間には多くの相似性が見られ、「活動銀河核では中心の大質量ブラックホールに向けて大量のガスが落ち込んでいっていて、その過程で大量のエネルギーが放射の形で解放されて激しい活動現象を示している」という考えを支持している。活動銀河核を持つ銀河の銀河全体に対する割合はおよそ1割程度である。一方、次に述べるように、どの銀河の中心にも大質量ブラックホールは存在していると考えられる。ブラックホールへの質量降着現象は、どの銀河でも起こり得るが、何らかの条件が満たされた時だけ起こるもののようである。X線星の場合には、ブラックホールが普通の恒星と近接した連星を成し、普通の星の表面からブラックホールに向けてガスが流れ込むことが起こると考えられているわけだが、活動銀河は、2つの銀河が互いの周りを回っているような特別な場合にだけあらわれるものではない。活動銀河核で、なぜ大量のガスがブラックホールへ向けて流れ込んでいるのかは、まだ、必ずしも明らかになっていない。

(2)銀河中心の大質量ブラックホール

では、銀河の中心には、実際、どれくらいの質量のブラックホールが存在しているのだろうか？ X線星の場合には、連星の運動を知ってブラックホールの質量を推定する方法が使えたが、活動銀河核では、その方法は使えず、中心にあるブラックホールの質量を観測的に決めることはそう簡単ではない。いくつかの方法が試みられてきているが、いずれも、ブラックホールの周りを回転しているらしいガスの運動速度とブラックホールからの距離を測り、回転による遠心力で飛んで行ってしまわないですむための重力の大きさからブラックホールの質量を推定するやり方である。

精度の高い1つの方法は、メーザーと呼ばれる特殊な状況におかれた分子ガスが発する特定の電波を測る方法である。発生源が止まっている時の波長はわかっているので、その波長と観測した波長を比べ、ドップラー効果の程度を見ることで、電波源の視線方向の運動速度を知ることができる。日本の三好真らのグループは、1995年、ある活動銀河核からのメーザー電波を超長基線干渉法(VLBI)で観測し、メーザー電波源のドップラー効果をその空間分布と同時に測定することに成功した。その結果、メーザー源ガスのブラックホールの周りの回転速度と回転半径の関係が得られ、それからブラックホール質量は太陽の3700万倍という大きさで推定された。

多くの活動銀河核からは、発光ガスが毎秒1万km ほどの高速で動き回っているため、そのドップラー効果で幅が広くなった可視光域の輝線が観測される。ブラックホール周辺の活動領域からの放射で温められた周辺ガスから出ていると考えられている。観測された輝線のドップラー効果による幅を詳細に解析することで発光ガスの運動速度を知ることができる。一方、中心活動領域からの放射強度が変動することはしばしば観測される。その中心活動領域からの放射の強度変動に対し、幅の広い輝線の強度変動がどれだけ遅れているかを測定することができると、その間に光が走った距離として中心活動領域から幅の広い輝線の発光領域までの距離を推定することができる。そして、輝線の幅から決まった速度と時間遅れから決まった距離を回転速度と回転半径との関係とみなして計算することで、中心ブラックホールの質量を概算することができる。その方法で得られるブラックホール質量も平均するとおよそ太陽質量の1億倍くらいとなる。

上の方法は活動銀河核の中心のブラックホール質量を決めるものだったが、中心の活動のないふつうの銀河にも適用できる精度の高い方法が、銀河中心ブラックホールの周りを運動している恒星の動きを精密に測る方法である。この方法の観測は、撮像能力の高い可視光望遠鏡が導入され始めた1990年頃から盛んに行われるようになり、ふつうの銀河にも当たり前に大質量ブラックホールが存在することが明らかになった。その典型的な例がわれわれの天の川銀河(銀河系)の中心にあるブラックホールの質量を推定した観測である。R. ゲンツェルのグループとA. ゲズのグループは天の川銀河の中心部を運動しているいくつもの星の動きを10年以上にわたって精密に観測し、その結果、天の川銀河の中心には太陽の360万倍の質量を持った重力源がなければならないことを結論づけた。しかも、その中の1つの星は、中心の重力源に太陽系の大きさに近い距離まで近づく軌道を回っていることを明らかにし、中心の重力源の大きさは太陽系の大きさ以下であり、その質量の大きさを考えると、重力源はブラックホール以外には考えられないことを示した。ゲンツェルとゲズによる2020年のノーベル賞受賞はこの業績によるものである。

今や、これらの方法で多くの銀河の中心にあるブラックホールの質量が決められており、その分布を**図7・3**に示す。その質量は100万$M_{\odot}$のものから100億$M_{\odot}$のものまで広く分布している。

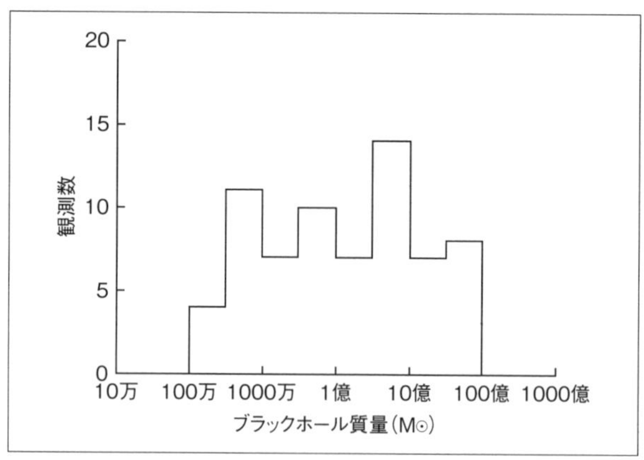

図7・3　観測から決められた銀河中心ブラックホールの質量分布(Kormendy and Ho 2013より作成).

(3)大質量ブラックホールの起源

それでは、銀河中心の大質量ブラックホールはどのようにして生まれてきたのだろうか？

1つの手がかりは、宇宙X線背景放射の観測を通じて得られた知見である。宇宙X線背景放射とは、宇宙のどの方向からも一様にやってきているX線のことで、初めてX線星を見つけた1962年のロケット実験で、同時に発見された。宇宙にはX線で光る数千万度にも達する高温のガスが満ちているのではないかとの可能性もあって、その起源を探る観測が進められてきた。X線観測の技術が進歩し、点状のX線源を識別する能力が格段に上がった結果、当初は一様に広がった成分に見えたものが、実は、たくさんの暗い点状のX線天体の集まりで、そのほとんどは遠方で暗い活動銀河であることが明らかとなった。そして、それら遠方の活動銀河の距離とX線の放射量が個別に調べられ、活動銀河からの平均的なX線放射量が距離とともにどう変わっていくかが研究された。上で見たように、活動銀河の中心には大質量ブラックホールがありそこへのガスの降着が起こってX線で光っていると考えられる。降着ガスは最終的にはブラックホールへ落ち込むので、ブラックホールの質量はだんだん増えていく。活動銀河核から単位時間に放射されるX線の量(X線輝度)は、ブラックホールに単位時間に落ち込んでいっているガスの質量に比例するはずなので、その比例定数を理論的に推定すれば、観測されたX線輝度からブラックホール質量が単位時間にどれだけ増えていくかを推定することができる。そして、遠方の宇宙は光が到達するのにかかる時間だけ昔の宇宙なので、X線放射率が距離とともにどう変わるかを見ることで、活動銀河核ブラックホールの質量が時間とともにどう増えてきたかを推定することができる。そのようにして、多くの活動銀河のX線輝度の観測から、銀河中心ブラックホールが平均的にどれだけ太ってきたかを計算してみると、現在の宇宙にあるすべての銀河中心ブラックホールの平均質量とほぼ一致することがわかった。これは、現在のすべての銀河はいずれも活動銀河の時代を経てきており、銀河中心ブラックホールは、その時代に質量降着を経験して太ってきた結果、今の大質量になっていることを示唆している。

もう１つの興味深い観測事実は、銀河中心ブラックホールの質量が、銀河中心を取り囲むようにして存在するバルジと呼ばれる星とガスからなる構造の全質量に比例していることである。銀河中心ブラックホールは平均的には１億 $M_{\odot}$ を持っているわけだが、対応するバルジの質量はそのおよそ 1000 倍になっているのである。このことは、ブラックホールの質量が、その周りにあるバルジによって制限を受けていることを示しており、銀河中心ブラックホールが周りのガスや星の影響を受けて成長してきたことを支持している。ブラックホール周辺の活動領域のサイズとバルジのサイズが大きく違うのにもかかわらず、どうしてそのような比例性が生まれているかは不思議なことで、共進化問題と呼ばれて多様な研究が行われている。

このように観測的には、銀河中心のブラックホールは質量降着によって太ってきた結果大質量になったことが示唆されるわけだが、では、その種となったブラックホールはどうして生まれたのだろうか？ この問題を考えるうえで、忘れてならない重要な観測事実は、活動銀河核が脚光を浴びるきっかけとなったクエーサーが、非常に遠方にあるきわめて明るい活動銀河核で、その中心には太陽の 10 億倍を超える質量のブラックホールがあるものも多いことである。そして、そのクエーサーの空間密度は宇宙の年齢が今の５分の１ほどの頃に最大となっているのである。さらに、最近の観測では宇宙の年齢が今の 10 分の１にも満たない頃の遠方にあるクエーサーが発見され、そのような若い宇宙にすでに太陽の数 10 億倍もの質量を持ったブラックホールが生まれていたことが明らかになった。したがって、これらのブラックホールの種は、生まれて間もない宇宙に最初に生まれた第１世代の星の中に作られたブラックホールだったと考えるのが自然である。生まれたばかりの宇宙には炭素や酸素といった重い元素はまだなく、重元素を含んだ星間ガスから生まれた星々と比べて重い星が作られやすく 1000 $M_{\odot}$ ほどのブラックホールが生成される可能性も論じられている。しかし、それでも宇宙年齢の 10 分の１にも満たない時間の間にクエーサーの中心にあるような大質量ブラックホールまで成長させることは簡単ではないことが質量降着過程のシミュレーション計算などで示されている。銀河中心の大質量ブラックホールの種となったブラックホールが、どのように、どのくらいの質量で生まれ、その後どのように成長してきたのかは、現代天文学最前線の課題の1つとなっている。

2-3. 重力波によるブラックホール観測

これまでのブラックホール観測の話は、すべて電磁波によるものだったが、2015年からは重力波によるものが加わることとなった。2015年9月、アメリカに設置された2台の重力波観測装置によって世界で初めて重力波が観測された。そして、それは、連星を成していた2体のブラックホールが合体した結果発生した重力波だったのである。観測データが詳細に解析され、この重力波イベントは、36 $M_\odot$のブラックホールと、29 $M_\odot$のブラックホールが合体して62 $M_\odot$のブラックホールになった結果のものだとされた。合体後のブラックホール質量は、もとの2つのブラックホール質量の和より3 $M_\odot$ほど減っており、その質量に相当するエネルギーが重力波のエネルギーとして解放されたと考えられる。この重力波検出の業績に対し、R. ワイス、B. バリッシュ、K. ソーンの3博士に2017年のノーベル物理学賞が授与されている。今や、アメリカの2台の装置にヨーロッパと日本の装置が加わって世界に4台の重力波観測装置が稼働し、重力波天文学が力強く動き出している。

2021年3月の時点で有意に検出された重力波イベントは47例あり、そのうちブラックホールとブラックホールが合体したと考えられるものが44例、中性子星と中性子星が合体したと考えられるものが2例、ブラックホールと中性子星が合体したと考えられるものが1例と発表されている。44例のブラックホール連星の合体イベントに対する解析で得られた合体前の2つのブラックホールの質量のうち重い方の質量の分布をよく再現するモデル曲線の1つを示したものが**図7・4**である。この図を見ると、5から10 $M_\odot$あたりと30から40 $M_\odot$あたりに2つのピークがあるように見える。小さい質量の方は、先に見たブラックホールX線星の質量と同じ領域にあり、それらと同種のふつうの恒星から生

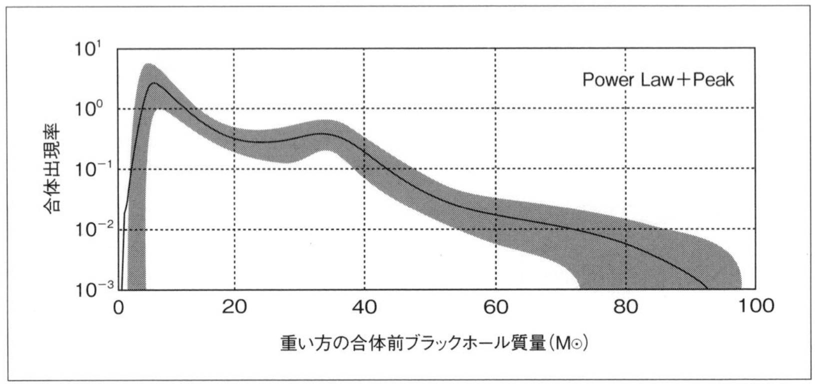

図7・4　2つのブラックホールが合体した際の重力波イベントの解析から得られた重い方のブラックホール質量の分布．観測結果を再現するモデル曲線の最適解（実線）とその誤差範囲（グレー部分）が示されている．（Abbott et al. 2021 からの転載）．

まれてきたブラックホールと考えることができる。それに対し、大きい質量の方に分布のピークを持つブラックホールは、宇宙に最初に生まれた第1世代の星の中に生成されたブラックホールなのではないかと考えられ始めている。活動銀河の項でも述べたように、宇宙が生まれてすぐの頃は、重い元素がまだないので質量の大きい星が生まれやすく、それらが潰れてできるブラックホールの質量も大きいものが多いはずだと考えられるのである。

2-4.「ブラックホールの影」の撮像

これまで、宇宙に存在するブラックホールの探査の話をしてきたわけだが、そこで観測的に捉えられたものは、あくまで、いろいろな状況証拠からブラックホールである確率が高いと思われるものであって、直接の証拠写真のようなものがあるわけではなかった。ところが、2019年4月、その直接の証拠写真といえる「ブラックホールの影」の撮像が成されたことが発表された。

図7・5（**口絵** p. viii）が、活動銀河M87の中心部、ブラックホールがあると考えられる位置から得られた電波の画像である。この画像についてはコラムⅦに

詳しい説明がなされているが、「ブラックホールの影」が見えているといえるものである。まさに、人類が初めて撮“影”したブラックホールの像といえるだろう。

3. まとめ

以上、ブラックホールとは何かについて、その理論的理解の歴史をたどり、現実に宇宙に存在するブラックホールを探索しその実像を得ようとする観測的試みの歴史を紹介した。

18 世紀の末、ニュートン力学に基づく思考の産物として、光さえも遠方まで到達できない「暗黒の星」が考えられ、それが、20 世紀になりアインシュタインによる一般相対性理論の導入を経て、「ブラックホール」として理論物理学の本格的な研究対象となった。そして、今や、一般相対性理論と量子論とをつなぐさらに大局的な理論の構築に向けても、ブラックホールの理解が重要な手掛かりを与えるものと期待されている。

観測的には、ブラックホールの質量分布に、X 線星として観測される太陽の 10 倍程度のもの、銀河の中心にある数 100 万から数 10 億太陽質量もの大質量のもの、そして、重力波で観測され始めた数 10 太陽質量の連星ブラックホール、の 3 つのものがあることがわかってきた。そして、X 線星として観測されているものは、太陽の数 10 倍の質量を持ったふつうの恒星が、進化の最後に潰れてできたものと考えられるが、残りの 2 つの質量分布のものの起源は、まだ、よくわかっていない。そして、それらの起源を知るべく、「われわれの宇宙の初期の段階で、どのような質量のブラックホールがどのようにして生まれてきたのか？」を探るさまざまな研究が行われている。

ブラックホールは、物理的には何もかも吸い込んでしまうばかりのものだが、研究対象としては、新しい学問的展開を次々と生み出す泉のようなものといえるだろう。

参考文献

Abbott, R., et al., 2021, *ApJ.*, 913, L7.

Charles, P.A., and Coe, M.J., 2006, in Compact Stellar X-Ray Sources, ed. Lewin, W.H.G. and van der Klis, M. Cambridge University Press, 215.

Kormendy, J., and Ho, L.C., 2013, *ARA & A.*, 51, 511.

コラムⅥ　タイムトラベルの理論的探究と最新の天文観測から切り開く可能性

森山小太郎

1. タイムマシンの魅力

時間旅行(タイムトラベル)、多くの人々が一度は夢に思い描く、魅力的なテーマの1つではないだろうか。たとえば、タイムトラベルは、昔話「浦島太郎」や、SF映画「バック・トゥ・ザ・フューチャー」などさまざまな作品で取り上げられ、今日のわれわれの想像力を大きく掻き立て続けている。本コラムでは、タイムトラベルの可能性を物理学、天文学における理論・観測を踏まえて簡単に紹介する。

2. 未来へのタイムトラベル

SFなどに限らず、実際の科学分野でも、多くの研究者がタイムマシンの可能性を研究し続けている。一昔前まで、多くの人々は時間が一定の間隔で過去から未来に向かって経過すると考えてきた。しかし1900年代、アインシュタインの提唱した相対性理論を通して、時間は一定に経過するのではなく、“伸び縮み“し得ることが示された。たとえば、光速の0.995倍で移動する人の経験する時間は、地球で止まっている人と比べて約10分の1に縮まる(**図Ⅵ・1**)。この場合、前者は1年過ごすと、後者(地球上の人)と比べて、10年後の未来に行くことができる。

3. 時間の伸びの具体例

この時間の伸び縮みは、われわれの身近なところでも検証が続いている。大

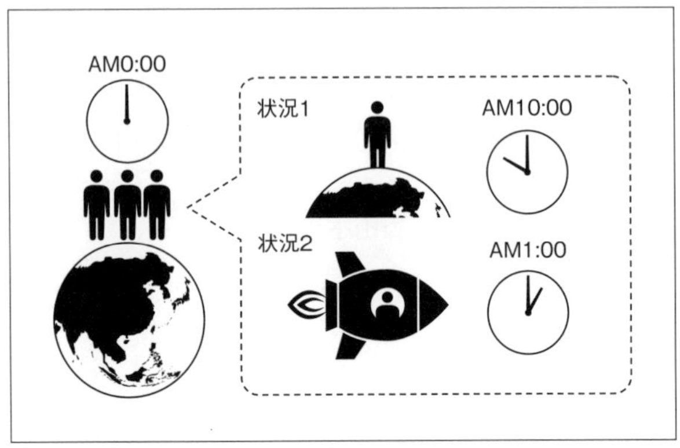

図Ⅵ・1　未来へのタイムトラベルの具体例. それぞれの運動と場所での時間の進みが異なる. ここで時計の進みはイメージしやすいよう目安の値を示している.

気の上空で生成される高速粒子（ミュー粒子）は本来の寿命（約50万分の1秒）の10倍以上の間、崩壊せずに地球表面まで到達することができる。また、地球を回るGPS衛星の時計は、時間の伸び縮みを計算･補正することで、これまでにない正確な時間測定を実現した。このように、未来へのタイムトラベルは現実的にも可能なのだ。

4. 過去へのタイムトラベル

ブラックホールの近くなど非常に強い重力場内では時間と空間（時空）が歪むため、時間の伸び縮みが起こる。特に、強い重力場内での時間と空間の歪みは、過去へのタイムトラベルをも理論的に予言している。その最も有名な具体例の1つとして、ワームホールを使ったタイムトラベルを紹介しよう。ワームホールとは、2つの時間と空間をつなぐトンネルのようなものである（Morris 1988）。ワームホールを自由に操作できる場合、理想的には以下のようなタイムトラベルが可能だろう（**図Ⅵ・2**）。

（1）地点Aと、そこから高速ロケットで5時間かかる、ブラックホール近

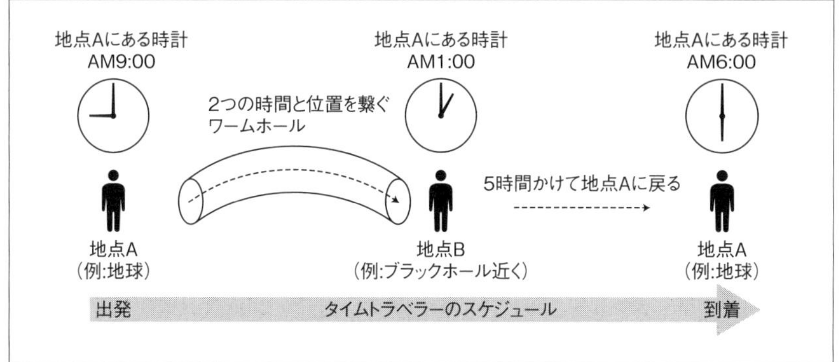

図Ⅵ・2　ワームホールを使った過去へのタイムトラベルの具体例．ここで時計の進みはイメージしやすいよう目安の値を示している．

くの地点Bとをつなぐワームホールを設置し、地点Aに時計を用意する[注1)]。

(2) 午前9:00にタイムトラベラーが地点Aからワームホールを通って、地点Bに移動するとしよう。ブラックホール近くでは地点Aに比べ、時間の流れが遅くなるので、ワームホールの出入り口の間に時間差が発生する。ワームホールをつなげてからしばらくの時間が経過すると、地点A(午前9:00)と時間の進みの遅い地点B(午前1:00)の間を瞬時に移動できる状況ができあがる[注2)]。

(3) ワームホールは地点AとBの異なる時間と空間を繋いでいるため、先ほどのワームホールで地点Aに戻っても午前9:00以降にしか戻ることはできない。しかし、地点Bから高速ロケットで5時間かけて地点Aに戻ると、地点Aの午前6:00に戻ることができる[注3)]。つまり、タ

注1) この時計は地点A、Bの両方から見えるものとする。
注2) 地点Bから地点Aの時計を見るとき、光が伝わるのにかかる時間の分だけ、実際の時刻とずれが生じる。タイムトラベラーは地点Bで時計を確認するとき、この光の伝搬にかかる時間を補正しているとする。
注3) 時計の進みはあくまでイメージの目安であり、実際にはこれよりもはるかに長い時間がそれぞれの行程にかかるだろう。

イムトラベラーは出発時刻である午前9:00より3時間過去へタイムトラベルできるのだ。

もちろん、このタイムマシンを実現するには、安定したワームホールを自由自在にコントロールする技術などが必要であるため、理論上の産物でしかないと思われるかもしれない。だが、これを一例として、さまざまな過去へのタイムトラベルモデルが考案されており、どのような時空構造なら、過去へタイムトラベルできるか、今日も研究が続いている(Gödel 1990; Tipler 1974)。このように、時空の歪みをうまく利用することで、過去へのタイムトラベルも理論上は可能なのである。

5. 過去へのタイムトラベルのパラドクス

一方で過去へのタイムトラベルには解決するべき課題がある。

先ほどの過去へのタイムマシンを使って過去へ移動したタイムトラベラーを想像してほしい。そのタイムトラベラーは、過去でやはりタイムトラベルをしようとしている自分に出会うことも可能だろう。極端な話、タイムトラベラーの気分次第で、過去の自身のタイムトラベルの行為を邪魔することもできるのである。そして自分自身がタイムトラベルを行うことを邪魔したとすると、本人は過去へ到達することができていないことになり、実際にタイムトラベルを行った本人の存在との間で避けられない矛盾が生じる。この矛盾(日本では親殺しのパラドクスと呼ばれる)は過去へのタイムトラベルを自然界が妨げている根拠の1つとしてたびたび取り上げられている。

6. パラドクスの解決策

このパラドクスをうまく回避する仮説がいくつか考えられている(Tobar 2020;Deutsch 1997)。

1つは、過去へタイムトラベルすることは許容されるが、パラドクスを起こし得るいかなる現象にもタイムトラベラーは干渉できないという仮説である。この場合、過去へのタイムトラベルをもってしても変更することができない歴史の流れがあるという考え方である。

第二に、パラレルワールドを用いた解決策が挙げられる。パラレルワールドとは、われわれの世界の他に起こり得る無数の並行世界があり、互いに干渉し合っているというものである。過去へのタイムトラベルは、出発した世界から別の並行世界に移動することだとすると、元の世界での過去の出来事は邪魔されず、矛盾は発生しないわけである。

第三に、過去へのタイムマシンが開発され、そのスイッチが入った直後に、われわれのこれまでの常識が覆り、パラドクスを許容する世界となるかもしれない。

これらの仮説が本当に起こり得るのかを、実際の現象を使って検証することは、過去へのタイムトラベルの研究に不可欠な要素といえる。

7. 最先端の観測によるタイムトラベル現象の検出可能性と将来展望

ブラックホールなどの重い天体は時空を強く歪ませるので、その近くの現象を観測し明らかにすることは、タイムトラベル現象を発見、解明できる可能性を秘めている。

近年、それらの現象を観測する技術が急速に発展している。重力波は、ブラックホールや中性子星などの重い天体の合体などから発生し、その観測によって周辺の時空構造を測定するための手掛かりとなる(Abbott 2016 a, 2016 b)。また、イベントホライズンテレスコープ計画では、地球サイズの仮想的な望遠鏡を超長基線干渉計の原理を使って実現し、ブラックホールごく近くのプラズマ流の観測から時空構造の測定を行なっている(**図7・5**；**口絵**p. viii)(Event Horizon Telescope Collaboration 2019)。さらに、プラズマ流は強い重力場内での時空の伸び縮みの影響を受けるため、その運動を観測することで過去へのタイムトラベルを引き起こす仕組みを解明できるかもしれない。

タイムトラベル実現に向けた、次世代研究はすでに始まっているのだ。

参考文献

Abbott, B. P., Abbott, R., et al., 2016 a, *Physical Review Letters*, 116 , 6 .

——, et al., 2016 b, *Physical Review Letter*, 116 , 131103 .

Deutsch, D., The Fabric of Reality: The Science of Parallel Universes and Its Implications, 1997 , Viking Adult.

Event Horizon Telescope Collaboration, Akiyama, K., et al., 2019, *Astrophysical journal letters*, 875 , L1 -6 .

Gödel, K. An Example of a New Type of Cosmolsogical Solutions of Einstein's Field Equations of Gravitation. In Collected Works Volume II: Publications 1938 - 1974 ; Feferman, eds. Dawson, S., and Kleene, J.W.,Jr. et al., Oxford University Press: Oxford, , 1990 ; pp. 190 -198 .

Maldacena, J. and Milekhin, A., 2021 , *Physical Review D*,103 , 066007 (https://ui.adsabs.harvard.edu/abs/2020 arXiv200806618 M/abstract).

Morris, M.S. and Thorne, Kip S., 1988 , *American Journal of Physics*, 56 , 5 .

Tipler, F., 1974 , *Physical Review D*, 9 , 2203 -2206 .

Tobar, G. and Costa, F., 2020 , *Classical and Quantum Gravity*, 37 , 20 .

コラムⅦ　ブラックホールの観測と「時間」

本間希樹

Event Horizon Telescope（EHT）プロジェクトは2019年に楕円銀河M87の中心にある巨大ブラックホールの姿を写真に撮ることに成功した（**図7・5**；**口絵**p. viii）。また、2022年には天の川銀河（銀河系）の中心にある巨大ブラックホールの姿も撮影した。EHTによるブラックホールの影の撮影では、超長基線干渉法（VLBI：Very Long Baseline Interferometry）の技術が用いられた。実はこの観測には、「時間」の測定が非常に重要な役割を果たしているので、このコラムで紹介する。

VLBIでは、遠く離れた望遠鏡を組み合わせて仮想的に巨大な望遠鏡を作る。このとき観測ネットワークの大きさをDとして、観測波長をλとすると、達成される角度分解能（判別可能な最も小さな角度）θは

$$\theta \sim \lambda / D$$

という式で与えられる[注1)]。VLBIの観測では、Dを極限まで大きくすることで、ありとあらゆる望遠鏡の中で最も細かい角度分解能（あるいは最も高い視力ともいえる）を得ることができる。

実際のVLBIの観測では、各望遠鏡で観測された電波はいったん電圧としてハードディスクなどの媒体に記録され、その後1カ所に集めて再生して掛け合わせることで「焦点を結ぶ」作業が完了する。データを掛け合わせる際には、望遠鏡のペアごとに相関をとることでビジビリティという観測量が得られる。こ

注1）この式の「～」は等号（＝）の代わりに用いられていて、厳密ではないがほぼ正しい値であることを示す。

のビジビリティをさまざまな望遠鏡ペアに対してたくさん集め、そのデータをフーリエ変換すると画像を得ることができる。しかし、VLBIの望遠鏡は地球上にまばらにしかないので、たくさんの情報を集めるには地球の回転を利用する。VLBIの観測ではだいたい8～10時間かけて、天体が昇ってから沈むまで観測している。ご存じのように地球の回転は1日＝24時間の基準であり、「時間」の基礎であるといってよい。人類の時間の基礎となった地球の自転なしには、VLBIによる撮像観測は成立しないのである。

またVLBIの観測時には、各望遠鏡で波面を正確に揃えないと各望遠鏡で得られた電波を「干渉」させることができない。電磁波は光の速さで伝わるために、この波面合わせに要求される時間精度はきわめて高いものとなる。たとえばEHTでは、観測波長1.3 mmの電磁波を干渉させるために、最終的に0.1 mm程度の精度で波面を合わせる必要がある。この長さを光速度で割ると、観測に要求される時間精度となり、実に3兆分の1秒という精度になる。この時間精度を達成するために、VLBIの観測所では水素メーザーという原子時計を各局に設置し、データを記録する際に波面が到達した時刻をタイムスタンプとして付加している。現在の水素メーザーを使うと、アラン標準偏差[注2)]の1秒値として10^{-13}程度が達成されており、13桁に達する安定度を有する。このような高精度な原子時計の導入により初めて、VLBIによるブラックホール撮影が可能となるのである。

各局の原子時計は歩度のゆらぎが小さいことも重要であるが、それと同時に時刻がそれなりの精度であっていることも必要である。異なる場所の時計を合わせるのは、現在ではGPSを用いれば、10億分の1秒程度は比較的簡単に到達できる。しかし、VLBIではそれよりさらに高い精度で合わせる必要があるため、日々の観測では実際の天体を用いて時計間の時刻差を測定して補正している。このためにVLBIの観測では、位置があらかじめ正確にわかっている天体を観測して異なる局の時計の時間差や進み具合の差を測定している。

注2）時計の安定度を表す量。小さいほど安定な時計である。

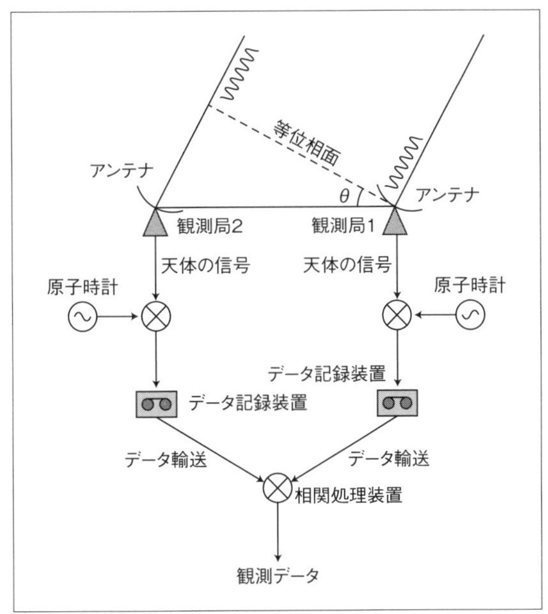

図Ⅶ・1　VLBIの装置. 異なるアンテナ間で捉えた電波の時間差を原子時計を基準に測定している.

VLBIの観測において、2台の電波望遠鏡で記録された波面を掛け合わせる際には、到達時間差をあらかじめ精度よく予測する必要があり、このためには地球上での望遠鏡の局位置を数cm程度で知っておく必要がある。さらに、太陽や地球の重力による時間の遅れの効果も考慮して時間差を予測している。地球公転軌道上での太陽の重力ポテンシャルによる一般相対論効果は 10^{-8} のオーダーであり、また地球重力による地球表面上での一般相対論効果は 7×10^{-10} のオーダーである。これは、VLBIの観測で波面合わせに必要となる時間安定度（10^{-13} 程度ないしそれ以下）よりも大きい。したがって、VLBIの観測では一般相対性理論による時間の遅れの効果も適切に考慮する必要があるのである。

さらに、EHTの観測天体であるブラックホールは、そもそも「時間」ときわめて縁の深い天体である。ブラックホールは時空の歪みが最も大きな天体で、その空間的な大きさはシュバルツシルト半径で定義される。この半径は、ブラックホールの内側と外側を分ける一方通行の場所であり、そこでは物質や光は外から中に向かって通過できるが、その逆はまったく許されない。重力による時空の歪みが強すぎて、光の速度ですら脱出できないからである。中の情報が得られなくなるので、この場所は「事象の地平面」とも呼ばれる。

さて、「時間」という観点でブラックホールを見ると、無限遠に置かれた時計に対して、ブラックホール近くに置かれた時計は、強い重力のために進み方が遅くなる。そして、事象の地平面すれすれに時計があったとすると、その時計は無限遠から見てほぼ静止して見える。これは時間の流れの相対性が最も極端な形で現れる例で、時間は決して絶対的でもなければ万人にとって共通のものでないことを示している。あるいは、時計の代わりに、ブラックホール探検を目指した宇宙船を考えると、この宇宙船の乗組員たちは、有限の時間内にブラックホールに飛び込むことができるが、遠くの観測者には宇宙船が事象の地平面近くでほぼ静止して見え、永遠にブラックホールに入ることがない。このような時間の進み方の極端な違いもブラックホールでしか起こりえない奇妙な現象である。ブラックホールの写真に写った黒い影は、言葉を換えればこのような時間の遅れが極限に達する場所を見たもの、ということができる。

このようにブラックホールの観測には、人類誕生以来の古典的な時間の尺度であった地球回転が使われているとともに、波面合わせでは最高精度を持つ原子時計、さらには一般相対性理論による時間の遅れなど、「時間」に関わるありとあらゆる要素が含まれる。その意味でEHTが捉えた「ブラックホールの影の写真」は、人類がこれまで進めてきた「時間」に関する研究の集大成であるといってもよいであろう。

第8章

暦と時間の構築と文明史

主に日本に即して

細井浩志

人類が登場したとき、最初に時間を認識したのは日出と日没に伴う1日であろう。もっとも古代日本の史書である『古事記』(景行天皇)を参考にすると、昼と夜の2種類の時間として認識したのかもしれない。昼と夜では動物も人間も、行動様式が異なるからである。昼と夜、あるいは朝と正午(太陽の南中)と夕方という区分は、時刻の登場の前段階ということになる。

また人類が登場した当初の狩猟採集経済の中で認識したのは、植物が食用となる果実を付けたり、動物が食用に適した状況となる季節の変化とそのサイクルということになろう。これを自然暦と呼ぶ。この季節の変化は、太陽の運行によって起こる。太陽の運行は1年単位なので、どこかの時点で「年」に当たる時間の単位が大まかにでも成立する。人の成長と老化という、人間の身体にプログラムされた生物時計のような時間の進行を、太陽の運行による「年」という単位の積み重ねとして把握する思考法が、地球上の各地で、いつか生まれたはずである。

日常の時間を、1日単位で計るのに適しているのが、月の満ち欠け(朔望)である。月は平均29.5日単位で満ち欠けする。また観察が容易なので、世界各地の文明で時間の計測の単位として「月」(暦月、Month)が使われた。また天の月は潮汐とも関係し、新月と満月の日は干満差が大きく、上弦･下弦の日は小さい。よって海やその潮汐の影響を受ける河川を使う場合は、月の動きに注意をする必要があった。ただし月は主に夜間に出るので、月の満ち欠けを観察して時間の物差しとする思考は、1日や1年よりも登場が遅れたのかもしれない。

いずれにしても、時間が天文学的な時間として登場し、生理的な時間とも関係しながら精緻になっていったのが、時間の歴史である。現代では原子時計をはじめとする精密な時間計測装置が発明され、これによって、時間と天文学は離れていくようになった。だが時間は天文学とともに始まり、天文学は時間計測のために発展したことは間違いない。この天文学を前提に作られたのが、暦(カレンダー)と時計である。

社会の基礎には、暦と時計によって計られる「時間」(以後、後者は「時刻」と表記)がある。暦と時刻は人間生活を律するので、その構築は為政者にとって重要な任務だった。そこで本章では主に暦の作成とその利用を解説し、時計の制作と利用にも言及しつつ、それが社会に果たした役割について、日本の事例を中心に説明したい。

1. 東アジアでの暦の成立

東アジアは現在の中国で文明が発達して、国家や社会も中国でいち早く発展した(「中国」が1つの国となったのは紀元前221年だが、便宜的にその地域と文明をこう呼ぶ)。これに伴って、暦も時刻も中国で発達した。中国で国家がいち早く都市国家から領域的国家へと発展し、ついに秦始皇帝によって統一され、巨大な版図を持つようになった。このような巨大な版図が、時には分裂することがあったとはいえ、その後2000年以上にわたって1つの国として、中央政府によって統治され続けてきた。これは第一には中央政府の命令を末端に及ぼして実行できる官僚制が成立したことによる。そして官僚制によって中央の命令を素早く末端まで及ぼすことができた背景には、交通網の整備と文字や度量衡の統一があった。広い中国で都を中心とする道路、あるいは運河などの水路が整備されたことで、書状や人物の移動による情報伝達が速くなる。文字や度量衡が統一されていなければ、情報の翻訳や換算に労力と時間を要するので、情報伝達の障害となる。始皇帝に始まるこれらの統一は、律などの法令の整備とともに、官僚制に基づく巨大版図の統合を可能とする条件整備だったといえよう。こうした諸制度統一の一環に、暦もあった。

暦が統一されていなければ、命令の期日を指定することができない。期日の曖昧な命令では、強制力は弱くなる。サボタージュが可能だからである。また暦が統一されていれば、社会的な取引の際にも期日は明確になり、流通経済の発展に資するであろう。つまり経済圏の統合も可能となる。

ヨーロッパのローマ帝国の場合、地中海沿岸を征服して巨大な版図を形成する過程で、G.I.カエサルは、エジプトにならって、太陽暦であるユリウス暦を採用した。このユリウス暦は、1年を365日として、4年に一度閏年として2月を1日増し、1年を366日とするものであった。これは1年を平均365.25日とするものである。もちろん、地球が太陽の周りを公転する周期（正確には約365.2422日）に基づく。また古来のローマ暦である太陰太陽暦を踏襲して、ヤヌスの月（January、1月）～第10月（December、12月）まで暦月で12分した。しかしこの暦月には天文学的な根拠はない。このユリウス暦は1年と暦月の日数が固定しており、暦月と季節の対応もおよそ一定なのでわかりやすい暦法である。だからユリウス暦のカレンダーは社会で共有がしやすい。またローマ帝国はキリスト教を国教とする。そして西ヨーロッパの場合は、ローマ帝国が東西に分裂してできた西ローマ帝国が滅亡した後、ローマ教皇を頂点とするカトリック教会が成立した。西欧の都市や村々には教会があり、カトリックのネットワークでつながっていた。西ローマ帝国滅亡後の西欧は多くの国に分裂したが、教会はどこへ行っても同じラテン語が使われた。クリスマスや復活祭をはじめ、天使や聖人を記念する祝日は、ユリウス暦を前提にこのネットワークで共有された。中世は教会自体が一種の政治権力体ではあったが、領域的な国家と暦という時間とが、互いに独立して存在したといえよう。

これに対して東アジアは事情が異なっていた。もとの中国はローマ帝国時代以前のヨーロッパと同様、多くの都市国家が自立していた。その時代に、農業と関わる1年と暦月とを組み合わせた太陰太陽暦が発達し、閏月を入れて1年を13暦月として調整をした。ところが1太陽年365.2422日と、1暦月平均29.53日とは倍数がなかなか一致しない。ローマ帝国時代以前にギリシャのポリスでは、メトン周期やカリポス周期・ヒッパルコス周期などが考案され、中国でも同様の工夫により適切な時期に閏月を配そうとした。しかしそれでも1年と12暦月とはずれが生じてしまう。このずれが積み重なると、暦月と季節とのずれに至る。このような暦では季節の変化で農作業を営む古代・中世の多くの人々にとって不都合であるし、彼らを統治するためにも使いづらい。このため中国では、天体の運行を観察して暦を補正するために天文学が発達した。ちなみに時刻も、太陽の南中時を基準に設定するので、天体観察が必要となる。この結果、観象授時の思想が生まれた。王者は天体を観察して、時間を授けるという思想である。このことと、中国にある天への信仰が結びついて、天の意思を知るために天体観測をするという中国天文学の思想的根拠が成立するのである。中国やその影響を受けた国々の統治イデオロギーである儒教も、この考え方を重視する。

統一帝国となった中国歴代王朝では、観象授時思想に基づいて、国立天文台が設けられ、天体観測が続けられた。国立天文台にはおよそ2つの役目があった。

第一には、占星術である。天への信仰に基づいて、天体に異常、たとえば彗星や流星、日月蝕、あるいは雷や異常雲などがあれば、国家や社会に異変がある前兆だと判断する。おそらく月の朔望による潮汐や、空の模様で気象が変化する、大地震前の発光現象などの経験より、天変を社会的事件の前兆とする考え方が発達したのだろう。これを学術用語では変異占星術という。皇帝は天子、つまり天の子として天下の統治を委ねられているという観念のもと、天の異常を見張って、天変があった場合は事件を警戒し、同時に身を慎んで徳を積んだり、祭祀を行うことで事件を予防しようとした。このため多くの天体観測員が配置されることとなった。

第二には、皇帝の暦の作成である。天文台に属する暦算家が暦法に基づいて翌年の暦原稿を作成し、それを大量に書写・成巻して、全国に頒布し、これ以外の暦の使用を禁じる。つまり暦も版図全体で統一するのである。また暦法は長年同じものを使っていると、誤差が蓄積する。このことは皇帝の暦の信用を毀損することになる。このため天文台での観測に基づき、データを蓄積して新しい暦法を編纂した。観象授時はこのように発展したのである。

ところで中国に統一国家ができた頃、すでに暦という習慣自体は、都市を中心に広く浸透していた。そして日々にそれぞれ吉凶があるという考え方が生まれていた。こうした日々の吉凶をまとめたものが日書である。日々の吉凶は、暦の定めた日への人々の関心を深める。日の吉凶は迷信だと見る向きがあろうが、これが時間意識の深化をもたらした点は見逃すことはできない。この日書が後世の具注暦の暦注につながるのである。

2．日本への中国暦の伝来と定着

日本列島の人々は、弥生時代まで自然暦により季節の変化を知るだけであった。『裴松之(はいしょうし)注魏志倭人伝』が引用する魏に関する歴史書『魏略』によると、3世紀の倭（日本列島）の社会は、「その俗、正歳四節を知らず、ただし春耕秋収を計りて年紀となす」とある。「正歳四節」つまり中国流の太陰太陽暦による暦を使っていなかったということである。もっとも春の耕作と秋の収穫を記憶して年数を数えることは知っていたことになる。『魏志倭人伝』に記された邪馬台国に代表される倭国は、文明が一定の発達をしている。また3世紀後半には古墳時代に入っていたので、文字がないにせよ多数の人々を動員して墳丘を造営するだけの、複雑な社会が形成されていた。そこで近年は、柱を立てて日の出や月の出の方位の目印として、自然暦よりは高度な季節の目安としていたのではないかという推測もなされている。なお『漢書地理志』には、百余りに分かれていた倭の国々の王が、朝鮮半島に置かれた漢の拠点である楽浪郡に、「歳時をもって来たりて献見すと云々」と、定期的に朝貢の使節を派遣していたことが見える。この記事を信じるなら、紀元前の漢の時代には、倭はすでに年次を数えることと、柱の影の観察などで大まかな季節を判断することできていた可能性が高い。また『魏志倭人伝』によれば、倭の国々には市が存在したが、中世日本との比較で考えれば、消費と流通の発達の程度から見て、市が毎日開かれていたとは考えがたい。とすれば月の満ち欠けなどを基準に特定の日に開かれたものと考えることもできよう。

古墳時代には大型の墳丘墓が造成されるが、とりわけ前方後円墳は、3世紀後半にヤマト(現在の奈良県)に出現し、列島の広範囲に広がり、一部は朝鮮半島沿岸部にも出現することとなった。複数の倭の国々の上位に君臨する倭王は、すでに2世紀には登場し(『後漢書東夷伝』)、3世紀の邪馬台国は30国余りを従えたとみられ、親魏倭王の称号を三国時代の中国の魏より得ていた。前方後円墳の分布の拡大は、ヤマトの王権主導による他の国との同盟ないしは征服を意味すると考えられる。この時代、大陸で制作された刀剣が倭に持ち込まれ、その一部が現在まで伝存する。その中には暦日が記されたものもある。一本は東大寺山古墳出土の中平刀であり、一本は石上神宮所蔵の七支刀である。七支刀は、朝鮮半島西部にあった百済国の世子(＝王太子)が、倭王に贈ったもので、「泰■四年■月十六日丙午正陽造」とある。これをもらった倭王(ヤマト王権)側が暦日を理解できたかどうかは不明だが、倭との関係が深く、朝鮮半島内での戦争に倭の軍事力を利用していた百済王が、暦日を使っていた点は注目される。この時期には、その後の6世紀の史料に見えるように、百済王が派遣する暦博士により中国系の暦法で毎年の暦が作られ、少なくとも倭王の周辺では使われるようになった可能性があろう。あるいは4世紀末から5世紀にかけて起こった、大王墳の巨大化は、この暦に基づく労働管理、つまり期間を決めて豪族たちに労働力の提供を求めた結果、実現したものかもしれない。5世紀の倭五王の時代に、大王が暦を使ったことは確実である。なぜなら倭五王最後の武ことワカタケル大王の時代に制作された刀剣(稲荷山古墳出土鉄剣·江田船山古墳出土大刀)が発見され、そこに「辛亥年七月中」「八月中」の文字が記されているからである。

ただしこの刀剣銘やその他の史料を検討すると、5世紀代の倭国の豪族たちは、暦月は共有しても、暦の日付までは共有できていなかったと考えられる。暦月だけ共有しているところから、倭大王は百済派遣の暦博士に作らせた暦で、正月～12月および閏月を指定して、日付は各豪族がおそらく天月の朔望で大まかに認識していただけであろう。新月は天月を目視で観察できないため、暦月の基準とするのは難しいからである。後世の民俗に見える小正月が満月の頃に行われるのは、古い年初の決め方の影響を受けていることも指摘されている。また年初をいつにするかも、気候や農業慣習の違いにより、地域ごとに異なっていたはずである。逆に言えば不十分とはいえ、新月を暦月の初日とし、立春(太陽黄度315度)･雨水(同330度)を目安に年初(正月)を決める中国系の暦をヤマト王権が豪族たちに強制したことは、倭社会の時間観念に大きな変化をもたらしたといえよう。

『日本書紀』によると、6世紀の欽明天皇の時に(実際の天皇号は7世紀以降の使用と考えられる)、百済から暦博士が交代で派遣されていたことが知られる。また百済王が倭王に使者を派遣する日を「三月十日」と通告している(544年)。百済からヤマト王権にはしばしば援軍の要請が来ており、百済との外交関係を通じて暦日の使用が倭の社会に浸透していったとみられる。東アジアでは十干十二支を年表記に使ったが、百済はこの干支年を「太歳」と表現した。この時代にあたる「大歳庚寅正月六日庚寅日」(570年1月27日)と記された鉄刀が福岡県元岡G6号墳より発見されている。九州より朝鮮半島に向けて出撃する通路である博多湾周辺での発見は、上記の推測と整合的である。こうした百済との緊密な関係の延長に、暦法の伝来という技術移転が行われた。

602年に百済僧 観勒が倭に来て、暦法などの諸学術を倭にいる渡来系の人々に教授した。7世紀は前世紀に百済より伝来した仏教が倭の豪族に受容され、寺院が非常に増えた時代である。暦法も主にこの寺院において伝授されたとみられる。暦の流通が不十分な朝鮮半島や列島社会において、涅槃会･降誕会などの仏教行事の式日を決めるため、自前で暦を作成する必要があったためであろう。9～11世紀の状況も考えると、この寺院では勤行や式日の儀式時刻を決めるため、漏刻(水時計)も使われたのではないかと推測される。この時代の暦法は百済が元嘉暦(中国南朝宋では445年施行)を使っているので(『隋書百済伝』)、元嘉暦と考えて史料的にも問題はない。7世紀は、東アジア諸国で権力の集中が進む時期で、645年に倭国で起こった大化改新(乙巳の変)も、そうした権力闘争の一環だと考えられている。この結果として、8世紀に中央集権国家である律令国家が成立する。この間、仏教も読経などによる護国のための呪術と、暦や占いなどの周辺の学術が複合した総合的文化として、王権の強化のために保護され、使われた。7世紀の文章とされるものに暦日記載が多いのも、寺院を拠点とした畿内地域(ヤマト周辺)での暦の普及によるのかもしれない。

中大兄皇子(後の天智天皇)が660年に漏刻を設置したのも、中央権力を強化するために、豪族を官僚化し、時刻で彼らを管理するためだと考えられる。その15年ほど前、乙巳の変直後に孝徳天皇が訴訟のある者のために訴状を収める櫃を設け、昧旦(夜明け)ごとにこの訴状を報告せよと命じている。これは日出･日没に伴う空の明るさを観察して行動する時を定めていたことを意味する。『隋書倭国伝』でも7世紀初頭、倭王は夜明け前に政務を聞き、日出とともに「弟に譲る」と称して政務を止めていたとするのと同じである。一方漏刻の設置と報時開始により、大王宮(あるいは天皇宮)周囲では機械的に定められる定時法で、中国系の時刻が使われるようになった。なおこの時刻は1日を12等分して十二支で辰刻を「子刻」「丑刻」などと呼ぶところは中国と同じである。だがさらに細分化する際に、中国は1日100等分(100刻)するのに対して、倭･日本は1日48刻である点が異なっている。これは中国南朝･百済の時刻制度の影響という可能性がある。

天武天皇が即位して後の764年頃、中国の国立天文台をモデルに陰陽寮が設置され、占星台も建てられた。天体の異変を観察するための楼閣だと考えられる。また675年頃、これも中国と同じく暦を全国に頒布する頒暦制度が整備される。これにより、各寺院で暦算が行われた場合に懸念される、計算違いによる暦日の齟齬は起こらなくなる。この時から、中国や朝鮮半島とは別に、日本(当時は倭)の中央政府が独自に定める暦日がその支配領域に及ぶこととなった。日本全国に張り巡らされる道路網の整備や、都からの国司の派遣によって、日本が1つの領域として意識されるようになるうえで、画期的な出来事だったといえよう。また日付の観念が地方まで浸透することとなったはずである。

次の持統天皇の時代に、元嘉暦と儀鳳暦とを用いるようにとの命令が出された。史料と暦学的検討から推測すると、これは、暦日は元嘉暦、日月蝕や占星術用の天体位置表としての七曜暦の計算は、唐でちょうど使われていた儀鳳暦(唐名麟徳暦)で行えとの命令だと理解される。百済は663年に最終的に滅亡したので、この時期に中国の文化を倭国にもたらしたのは、朝鮮半島全域を支配するようになった新羅であった。暦日はこれまでも元嘉暦で計算されてきたのだが、この時の命令の意図として、元嘉暦の暦注の使用も命じたと想定される。天武年間に始まった頒暦に暦注がついていたのかどうかはわからないが、元嘉暦と儀鳳暦では暦注が異なり、出土した持統天皇3(689)年の暦には元嘉暦のものと考えられる暦注が載っている。これは日々に吉凶の意味づけがなされていたことを示すものである。出土した8世紀初頭の木簡には、暦注に基づきある官人が出仕する吉日時を記したものがある。暦注によって、官人を中心に日付への関心が強まったことであろう。645年の先の孝徳天皇の命令では、訴状に天皇が「年月」を記して群卿に示すとあった。それが公文書は日付まで記すのが当たり前になっていくのである。

701年に大宝律令が施行されて、律令国家が完成する。これとともに、倭も国号を日本国と変え、君主号は確実に天皇号となった。また年も年号で表されるようになり、この大宝元年から現代まで続くのである。陰陽寮は、国家占星術としての天文、造暦、占い(陰陽)、漏刻を主管した。陰陽寮のモデルである中国や朝鮮の国立天文台では、天体観測と暦算·漏刻による計時が結びついていた。しかし日本の陰陽寮は、暦博士·天文博士·陰陽師·漏刻博士が、それぞれの仕事を遂行するだけであった。国家占星術として天文は、実質的には陰陽師の行う占いの一種とされ、天体観測は天変の発見を目的とするだけであった。よって陰陽寮は、国立天文台として機能したとはいいがたい。

702年に遣唐使が再開される。遣唐使は日本側の建前では天皇の唐皇帝への対等な外交使節だが、唐側にすれば日本国からの朝貢使節であった。律令国家は、これまでの倭国とは異なる国家「日本国」を名乗って、およそ十数年に一度遣唐使を派遣して、国際情勢を探り、唐の先進的な学術を輸入した。その一環として、唐で現に使われている大衍暦(735年)・五紀暦(780年)を持ち帰っている。このうち大衍暦は、764年より857年まで使われたが、その暦注は江戸時代初期まで使われる日本の暦注のもととなった。一方の五紀暦は、858～861年に大衍暦と併用された。おそらく暦日は五紀暦、暦注は大衍暦のものを使ったのであろう。

しかし唐の衰退によって、9世紀には遣唐使の派遣が減少する。外交関係を持つ渤海国の使者が、唐の現行暦法である宣明暦を伝え、これによって暦日の計算は862年から江戸時代の貞享暦施行(1685年)まで、823年の長きにわたって宣明暦法が使われることとなった。

中国では観象授時思想によって、新皇帝が新しい治世を印象づけるために、新暦法を制定する事例が見られる。また皇帝の徳を慕って帰服した朝貢国には、暦を授けた。日本の唐暦法輸入もこれによるものと考えられ、また7世紀末から9世紀にかけては、新天皇や権力者も、自身を唐の新暦法の採用によって印象づけようとしたと見られる。

日本古代の暦法は、すべて中国暦法であった。このうち元嘉暦は百済僧により、儀鳳暦は、詳細は不明だが、新羅使から暦法が伝えられたか、新羅僧 行心の子の隆観が算暦をもって登用されていることから、同じく新羅僧から伝授されたものと推測される。遣唐使が持ち帰った唐の新暦法は大衍暦と五紀暦である。ただし両暦法とも書物だけ持ち帰られ、唐の国立天文台で修得したものではなかったらしく、これを理解して採用されるまでに相当の年数を要した。

遣唐使は朝貢使節ではあっても、日本の君主は唐皇帝から正式に王公に冊封(＝認定)されていないことも関係するのかもしれない。ちなみに9世紀の承和の遣唐使は、唐で新暦法を学ぶための暦留学生、暦請益生(＝短期留学生)が任命されたが、事前に逃亡したため実現していない。遣唐使は唐の滅亡のために9世紀をもって終了する。日本人が実際に中国の国立天文台で暦法を学んで日本に持ち帰ったのは、事例としてはやや特殊な、10世紀の符天暦だけである。

これは天台僧 日延が、天台山への派遣のついでに五代十国の呉越国の司天台で学び、日本では958年から七曜暦の造暦およびホロスコープ占星術である宿曜道で使われた。ちなみに符天暦は私的に編纂された暦法だが、後述する授時暦につながる重要な暦法でもあった。

以上より、日本における暦·時刻の始まりを見ると、暦も時刻も中国のものの移入によっていた。ただ中国の暦は天文学と密接不可分であったが、日本では暦と天文（＝国家占星術）は別のものとする捉え方が中世まで続いた。

暦法は中国でできたものが輸入され、その計算によって作られた毎年の暦が律令国家の支配する日本という領域に浸透し、社会の発展に寄与した。一方、天文の学定着により人々の天体に関する知識は深まったが、暦と十分に結びつくことはなかった。暦算家（暦道）が出す日月蝕予報が的中したかどうかを、天文家（天文道）が観測して判定はしたが、暦法の改訂には至らず、暦算の補正を行うに留まった。もっとも時刻の方は、太陽の高度や北斗七星の向きなどで計測する方法によって、天体との関係が意識された。10世紀の漏刻博士は天文道を修得した陰陽師が兼ねたところを見ると、漏刻の時刻調整の際に、天体観測を使ったと考えられる。また古代の暦·時刻は、仏教との関係が深い。この点は、ヨーロッパにおけるキリスト教と時間との関係に似た側面もあるだろう。11～12世紀の比叡山には、興味深い漏刻があった。これは漏刻の水力で、天体を描いた円盤（天盤）とともに童子の人形が回転し、それとともに方形の台（地盤）の窓に時刻が現れる仕組みである。これは中国で発達した水運渾天儀（漏刻の水力で時刻に合わせて観測装置である渾天儀の環が回転するもの）と同じ仕組みと考えられ、一種の脱進装置を備えたものといえよう。

3．中世における暦

12世紀末に、鎌倉幕府が成立する。鎌倉幕府は律令国家の後裔である京都の朝廷の軍事部門担当組織という側面もあるが、朝廷に働きかけて全国的な影響力を持つなど、複雑な性格を有する。また一面で、東日本を支配する東国国家という性格も持っていた。だから京都で天文道を担っていた安倍氏の一族が、鎌倉に下って天変を観察した。天変があればその観測記録と異変の占星術的な意味を報告し、幕府はそれに応じて徳政を行った。天の報せである天変が示す災厄を祓うために、君主は徳のある政治を行うことが有効だと儒教では考えられているからである。こうした活動から、鎌倉将軍こそ東国の君主であるという幕府の自負心が見て取れる。ただし当初の幕府は、京都の暦道が作る暦をそのまま使っていた。

ところが当時の日本は京都だけではなく、各地の経済力も向上して流通が発達した。すると交易活動のために、日を特定する暦の必要性が高まる。

律令国家の時代は、陰陽寮が暦を百巻以上製作して11月1日に、天皇用の具注暦とともに献上し(御暦奏)、この暦が役所に頒賜(はんし)された。こうした暦は、中央から今の県に当たる国に派遣される国司が写して地方にもたらし、地方でさらに転写されて広まった。ところがこの頒暦制度は、10世紀には形骸化してしまう。つまり暦博士が作った暦を献上されるのは天皇や摂政関白くらいで、他の貴族官人は銘々紙を陰陽師に与えて依頼したり、暦を借りて写したりするようになる。このため新しい年の暦が地方へ伝わるまでに時間がかかるようになる。特に鎌倉幕府が東国を支配すると、京都の暦の東国への伝播が遅いのは問題である。そのせいか、おそらく13世紀に、三島暦と呼ばれる東国独自の暦が誕生する。京都の暦道 賀茂氏の一族が三島に下って作るようになったらしい。

さらに1337年に、南北朝時代が始まり、朝廷が京都と吉野の北朝·南朝に分かれただけではなく、全国の武士も時には南朝方、時には北朝方について、55年にわたって争った。陰陽師も南北朝に別れ、北朝朝廷はもちろん、南朝朝廷でも暦が作られたらしい。14世紀末に南北朝が合一した後は、朝廷の任命する国司の影響力は衰え、実質的に北朝を支配する室町幕府が任命した国ごとの守護(守護大名)が、地方統治を行うようになった。ところが15世紀後半になって戦国時代となり、室町幕府と守護大名の力が衰える。戦国大名は常時地方に在住して、領国を支配した。

地域での暦の需要が社会発展によって高まる一方で、京都の政治権力の全国への影響力が失われたことで、さまざまな暦が小地域ごとに作られ始めた。こうした暦は宣明暦に基づいて計算されたが、ローカルルールがあった。たとえば同じ東国でも三島暦の他に、常陸国（茨城県）には鹿島暦があり、鹿島神宮のクジで閏月を決めたし、対馬では時には朝鮮の暦日を使った。戦国大名も自分の領国内で、いずれかの暦を採用して支配に必要な文書に使った。こうして日本の暦日は統一性を失うこととなる。有名な話としては、1582年に、織田信長が自分の出身地の尾張暦に基づいて、朝廷の暦を改変せよと申し入れ、朝廷側を困惑させている。この申し入れは同年6月に勃発した本能寺の変で信長が横死したため立ち消えとなったが、地域による暦の違いが政治問題となった事例である。

一方、朝廷の暦は、中世も一貫して賀茂氏が作った。賀茂氏は安倍氏と並び陰陽道も支配していた。賀茂氏が作る暦には、カレンダーとしての具注暦の他に、日月五惑星の天体位置を示す七曜暦（七曜とは日月五惑星のこと）があり、元日に天皇に献上していた。賀茂氏が七曜暦を戦国時代にも作っていたことは、愛知県西尾市の岩瀬文庫に所蔵される明応3、6、9（1494、97、1500）年七曜暦の写しから確認できる。

賀茂氏は鎌倉時代以降、諸家に分かれていたが、室町時代になると勘解由小路家（かでのこうじけ）が、室町将軍の信頼を得て地位を上昇させ、暦道を支配した。賀茂氏と並んで陰陽道を支配し、天文道を担っていた安倍氏（土御門家）は、戦国時代の朝廷の衰退で地方の荘園からの年貢が入りにくくなったため、所領の若狭国名田庄に住むようになり、賀茂氏は京都で天体観察と天変の報告も行うようになる。実は賀茂氏は平安時代末期から、諸陵寮の長官（諸陵頭）の地位を世襲していた。この結果、天皇陵とその祭祀のための附属地を私領化していたのである。戦国時代になっても現在の京都市山科区に所在する天智天皇陵を領有していた。また戦国時代になると経済的発展によって、一般庶民の間でも暦の需要が高まり、京都には摺暦座（すりごよみざ）（木版印刷したカレンダーの販売組合）ができ、幕府は明応9（1500）年に経師良椿（きょうじりょうちん）に座の支配を任せた。賀茂氏が座を後援していたのであろうとの推測もある。実際この時期は京都の貴族たちが、同業者組合の座を支配して上納金をとり、独占的な営業権を認める事例が多くあった。おそらく陵墓や座からの上納金といった経済的裏付けのお陰で、勘解由小路家は京都に留まることができたのだろう。

4．西洋天文学との邂逅と勘解由小路家の断絶

賀茂氏は宣明暦･符天暦を駆使して毎年の暦を作っていた。それだけではなく、その撰述した『暦林問答集』を見ると、中国の新しい知識も取り込もうとしていた。だが、独自に天体観測を行って新暦法を編纂することがなかったのはもちろん、中国最新の暦法である授時暦やその変種である大統暦を修得することもなかったようである。これは、授時暦を独力で理解することが難しかったことに加え、宣明暦が善暦法で、偶然もあって天体との整合性が比較的よく、暦法を変更しなければならない差し迫った理由がなかったことも要因らしい。

その賀茂氏にとって大事件が起こる。それはキリスト教の伝来であった。カトリック修道会であるイエズス会のフランシスコ･ザビエルが、1549年に九州に上陸し、西日本で布教を始めた。やがて日本では知識人から庶民に至るまで、多数の信者を獲得する。

ヨーロッパ人宣教師の風貌のエキゾチックさや、修道士の清貧を重んずる態度、病院や孤児院を創設するなどの福祉活動、そしてキリスト教を保護するとポルトガル貿易に有利だという実利的側面、こうしたものが組み合わさった結果が、キリシタンの増加であった。ところで日本の知識人がキリスト教に関心を持った最大の理由は、その学術的知識にある。なかでも衝撃だったのは地球説だった。

それまでの日本の知識人が持っていた宇宙構造の理論は、仏教の須弥山説と、渾天説である。須弥山説によれば、われわれの住む宇宙は、風輪･水輪･金輪という円筒形の大地が虚空に浮かび、その上に海があって、その中に四大大陸があるとされた。われわれが住むのは閻浮提(えんぶだい)(贍部洲(ぜんぶしゅう))と呼ばれる南の大陸とその周

辺の島々である。そして世界の中心には、須弥山と呼ばれるきわめて高い山がそびえていた。この説は仏教発祥の地のインドが逆台形で、その北に世界の天井ヒマラヤ山脈がある影響だとされる。

この須弥山の上には、さまざまな天上世界があり、釈迦の次に仏陀としてやっ

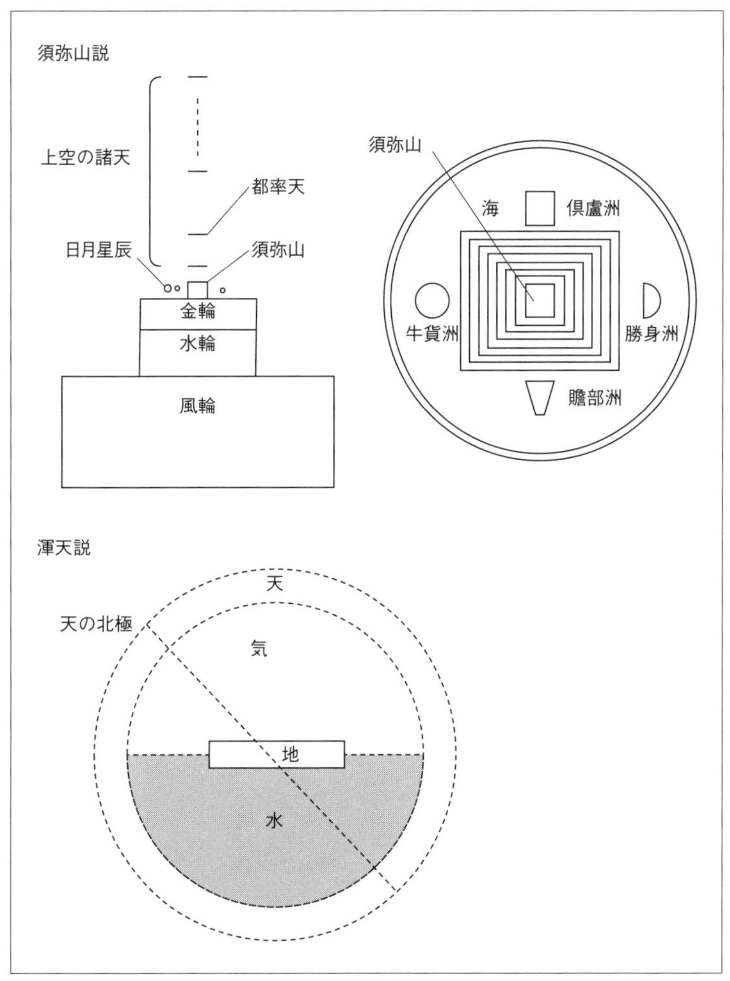

図8・1　須弥山説と渾天説.

てきて人々を救ってくれるとされる弥勒菩薩が、現在この中の都率天(とそつてん)(兜率天)にいて、仏陀になるため修行中だとされた。

この須弥山説では太陽・月・星がそれぞれ具体的な大きさを持っており、須弥山をめぐる強い風(いわばジェット気流のようなもの)に乗って須弥山の周りを旋回しているとされた。ところがこの考え方だと、日月星は地下に沈まない。たとえば日没も、太陽が遠くに行ってしまうので、見えなくなるだけとなる。しかし現実には、太陽は西の地平線に沈むように見える。

一方の渾天説は中国で一般的な宇宙構造論である。天は球状で、その中に水があって、その上に大地が浮かんでいると考えた。この説によれば、日や月、惑星の大地からの出入は、北極と南極を結んだ軸を中心とする天球の回転でうまく説明できる。しかし熱い太陽がなぜ海の中に沈んで消えてしまわないのか、また惑星が複雑な動きをするのはなぜか、こうした点の説明がうまくできない。

ところがキリスト教が伝えた宇宙構造論である地球説(地球中心説)によれば、これらの問題が一気に解決できた。この地球説では、地球の周りを惑星や太陽や月が貼り付いたガラスの球のような天球が覆っている。これらの天球が神(天

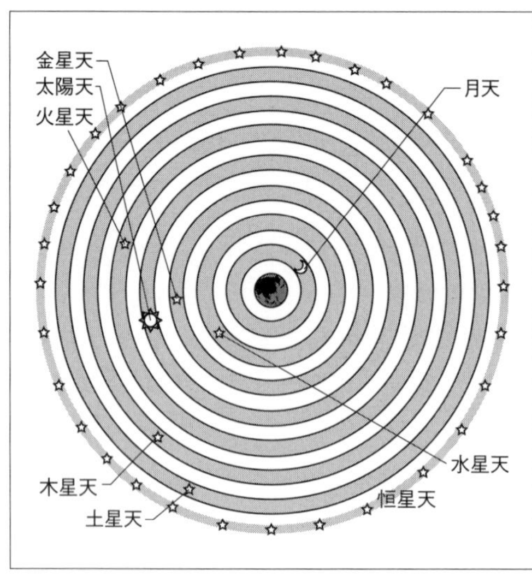

図8・2　アリストテレスの地球中心説(キリスト教の宇宙像の概念図).

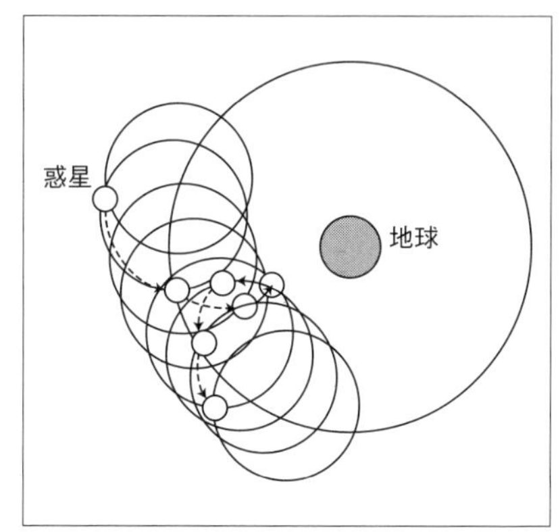

図8・3　プトレマイオスの周天円説(キリスト教の宇宙像の補助理論).

使)の力でぐるぐる廻っているとされたのである。ちなみに天体の一番外側の天球は恒星天と呼ばれ、無数の恒星が貼り付いているとされた。その外側に、天球を動かす天球や神の国があるとされていた。これだとまず、太陽が海に沈むという渾天説の無理が解決できる。また下の天球と上の天球の運動の合成という形で、惑星の複雑な運動がある程度は説明できた。

さらに周天円という考え方を導入しており、惑星の複雑な運動はさらに説明が可能になる。周転円説は、地球の周りの軌道上を惑星軌道が公転するという考え方である。これは惑星の明るさが周期的に変わる理由まで説明できた。

この地球説にいたく感心したため、勘解由小路家の賀茂在昌(かものあきまさ)は洗礼を受けてマノエルの洗礼名を持つキリシタンになったのである。L. フロイス著『日本史』第1部29章によると、宣教師と仏僧による天文現象に関する論争の場に在昌は登場する。彼はこれ以前に宣教師から、日蝕、月蝕、およびいくつかの天体の運行に関することを聞き、宣教師を深く尊敬するようになり、都でキリシタンになった最初の1人となり、家族にも洗礼を受けさせたとされている。

ところが在昌の父の在富は、おそらく彼がキリシタンになったことで義絶したらしい。陰陽師はキリスト教が排斥するさまざまな神を祀る必要があったからであろう。このことが1つの引き金となり、勘解由小路家は16世紀末前後に断絶をしてしまい、陰陽道・天文道とともに、暦道は土御門家(安倍氏)の職務となったのである。

いずれにせよ西洋天文学は、それまで儒教(中国)と仏教の相異なる2つの宇宙観が並び立っていた日本に、これらを止揚する新しい宇宙観を提供した。それまでの暦法は、日月五惑星の理由のわからない動きを、とにかく近似的に算出する手続きにすぎなかったといえよう。西洋天文学に接して初めて、暦算と天体の動きを統一的に把握する見通しがついたのだと思われる。西洋天文学に対するこの信頼感が、江戸時代の暦学·天文学の発展に影響することとなるのである。なおこの時期に、ヨーロッパから機械時計も入ってくる。

5．江戸時代の天文学と暦

5-1．貞享暦の編纂:日本人による初めての暦法編纂

日本で天体観測を行って暦法を編纂するようになるのは、貞享暦からである。この前提に、江戸幕府による日本統一があった。戦国時代は、豊臣秀吉による統一政権の成立をもって終了し、その後、徳川家康が秀吉の後継者である豊臣秀頼を滅ぼして、江戸幕府が統一政権を引き継いだ。

江戸幕府の全国支配が確立すると、暦の統一が問題となった。たとえば江戸時代は参勤交代制度があり、大名は定期的に江戸にやってくることになっていた。しかし江戸に来るべき4月がいつかはっきりしなければ、遵守させることは難しい。実際、1617(元和3)年に将軍 徳川秀忠の上京の日取りが6月14日となったのだが、京暦によるか三島暦によるかが問題となり、駿府(静岡)に出張中の土御門(安倍)泰重も大いにとまどっている。

そこで、皆が納得する優秀な新暦法を決めて、全国の暦を統一することが幕府の課題となったのである。江戸時代に和算といって日本独自の数学の発展があったのだが、実はこの暦法改訂も背景として存在した。

もっとも有力候補であったのは、中国の明王朝で使われた大統暦と、大統暦

のモデルとなった授時暦であった。授時暦はモンゴル帝国時代に作られた、中国暦法の最高傑作といわれる暦法である。イスラム世界で発達した大型観測器の影響もあって従来に類のない精密な観測を行い、幸運もあったが冬至･夏至の日時を正確に観測して、1年＝365.2425日の値を採用していた。これは今日われわれが使うグレゴリオ暦と同じ数値で、実際より約0.0003日しか違わない精巧なものであった。またその他の計算法にも種々の工夫があったとされる。大統暦は、授時暦の一部を簡略化したものだが、日本を攻めたモンゴルではなく、明代の実用暦法として日本でも重んじる人がいた。江戸時代の日本には授時暦も大統暦も伝わっており、知識人たちはその研究を始めていた。

それまで使われていた宣明暦も優れた暦法だが、唐代に作られた暦法で、さすがに実際の天体現象とは誤差が大きくなっていると考えられた。また宣明暦はもともと日食予報の的中率は45％未満、操作を加えても当たるか当たらないかで70％ほどの的中率に過ぎなかったので、しばしば予報を外した。このため暦法を変えた方がよいという意見が出されたのである。

そうした授時暦研究に従事した1人が、渋川春海である。春海は幕府の囲碁方に務めていた。囲碁の白石と黒石で盤を埋めていくことが陰陽を表すものとして、東アジア天文暦学の自然哲学的前提である陰陽五行説に通じる。そのためか春海は若い頃より天文暦学を勉強して精通し、その才能を幕府の重鎮･保科正之（3代将軍 徳川家光の弟）に見いだされ、正之の指示で改暦を目指していたのである。

さらに春海は山崎闇斎（やまざきあんさい）の垂加（すいか）神道に弟子入りする。春海と陰陽道の土御門泰福（やすとみ）とは闇斎門下の兄弟弟子であった。この垂加神道は『日本書紀』を重視しており、春海は『日本書紀』の記事に付けられた○月○日という暦日を研究して、「これは中国伝来の暦法に基づくのではない、日本古来の独自の暦法による暦日だ」などと主張した（実際は中国の元嘉暦や、儀鳳暦の日付を一部修正したもの）。

また泰福にも弟子入りして、天社神道（＝陰陽道）を学び、土守神道を創始した、筋金入りの神道家であり、同時に陰陽師でもあった。こうしたわけで、春海と土御門家の関係は良好であった。この人脈が800年ぶりの改暦という大事業を実現できた理由である。

そして天体観測に加えて、中国で活躍したイエズス会宣教師マテオ・リッチの世界地図(『坤輿万国全図』)により、中国と日本の距離(里差)を考慮して「大和暦」という授時暦の改訂版を作った。

それまで中国暦法は中国の空を基準にしていた。それを春海は、京都の空を基準とする暦法を作ったのである。今風にいうと、経度差を考慮したのであった。

また延宝8(1680)年に徳川綱吉が第5代将軍に就任したことが、大きく影響した。これ以前、4代将軍 家綱を補佐して幕府に絶大な権力を振るっていた大老 酒井忠清は、延宝3(1675)年5月1日の日蝕予報(京都食分0.14、江戸0.22、中国なし)を授時暦によった当時の春海が外したため、春海の要望する暦法改訂には消極的だった。ところが将軍 家綱が亡くなり、綱吉が将軍になると、忠清は失脚する。

綱吉は儒教を好んでしきりに文化政策を行った。神道方・歌学方などの設置も行い、その一環として天文学を取り扱う天文方を置き、春海を配属した。儒教は天の意志を重視し、儒教の本場中国では政権交代のシンボルとして、天体運動と密接に関わる暦法の変更をしばしば行った。綱吉としては自分の将軍就任の象徴として、暦法改正に乗り気だったようである。そこで春海に暦法改正を命じ、その意向を受けて泰福が改暦を霊元天皇に上奏する。

しかし朝廷や、幕府の出先機関である京都所司代でも、大統暦の採用を決議して、貞享元(1684)年3月3日に大統暦への改暦が宣下された。その後、紆余曲折はあるが、土御門邸のある京都の梅小路で春海と泰福が観測を行い、ついに春海の「大和暦」採用が決まって、「貞享暦」の名が霊元天皇から与えられたのである。

貞享暦は授時暦の改訂版とはいえ、日本人が作った初めての暦法であった。また毎年の暦を計算して定める編暦権は、事実上、幕府の天文方に移動した。以後、日本全国の暦は、天文方が貞享暦で計算したものを使うよう命令された。

ここに、日本全国の暦日が統一されたのである。ただし薩摩藩だけが辺境だということで貞享暦を学んで、独自に暦を計算することが許された。また琉球王国(現在の沖縄県)は、薩摩藩の支配を受けながらも独立国として明·清·日本に朝貢しており、清の時憲暦による毎年の暦を使っている。

5-2. 宝暦暦:改暦をめぐる暗闘

8代将軍 徳川吉宗は大の学問好きで、キリスト教関係以外の西洋の書物の輸入を許可するなど、日本の学術に大きな影響を与えた。彼には、進んだ西洋流の天文学を使って暦法を改正したいという希望があった。彼はもともと将軍家直系ではなくて、御三家の1つ紀州藩の、これまた四男だったという出自の負い目がある。そこで暦法改正によって、政権交代の正統性を示したいという願望もあったようである。このため吉宗は長崎の知識人で有名な西川如見の息子の西川正休を採用して、翌寛保元(1741)年より暦術測量御用に当たらせ、延享3(1746)年に正休と渋川六蔵に貞享暦の改訂を命じた。なお天文方渋川氏は有為な人材が早く亡くなったため、単に世襲するだけの状態であった。一方の正休は、西洋の天文学知識を中国に紹介した『天経或問』という書物に訓点を付けて出版しており、天文暦学の著名人だった。ところが正休は実は天の儒教的な意味を説くという意味での「天学」の専門家だが、天体観測に熟練していたわけではなく、またその天文知識も基本は中国流で西洋の天文学に精しいというほどではなかった。それを吉宗は、西洋流天体観測のエキスパートとして採用したわけである。

一方京都の土御門泰邦は、この改暦もまた土御門家が関与したいと考えた。泰邦は陰陽道に限らずさまざまな学問を勉強し、天文暦学もある程度修得していた。また春海の暦学の伝統を継承する仙台藩の天文暦学者が、春海ゆかりの土御門家の門下となっていた。泰邦は貞享改暦を機に、編暦権が幕府天文方に奪われたことを不本意に思っていたらしい。

そこで上京した正休ら天文方と相談して、京都西八条梅小路の土御門邸で測量をすることとなる。その際に泰邦は配下である伊勢の暦師を強引に測量に動員し、測量費用の援助を幕府がするよう正休に依頼した。これに対して正休は色よい返事をしながら、幕府には土御門家の要求を拒否するよう働きかけている。

この改暦では、関東でも測量が行われた。ところが測量中の宝暦元(1751)年に正休の後援者の吉宗が亡くなり、さらに翌年2月に正休提出の新暦書の校正作業が始まると誤りが多く見つかった。正休の天文学は西洋流ではなく中国流なので、泰邦にもその間違いが理解できたのである。

そこで泰邦は正休を詰問して幕府に働きかけ、ついに改暦の主導権を握り、天文方を土御門家の門下生とする形式を勝ち得た。正休は江戸に召還され、測量所への出入りも禁止となる。こうして土御門家は暦を編纂する権利を奪回した。宝暦5(1755)年に土御門家主導で制定した宝暦暦が施行されたのである。

5-3. 寛政暦と天保暦:西洋流天文学による改暦

宝暦暦は、貞享暦を多少変更しただけだった。早くも宝暦13年9月1日(1763.10.7)の日蝕予報が暦に載らず、評判を落としてしまった。この日蝕は実際には朝方に京都0.73、江戸で0.64というかなり大きな食分だった。月の1日は江戸城で将軍が大名·旗本などと接見する大事な月次御礼日であり、日蝕時間がわかっていればその時刻は外して接見時間を設定するはずであった。そしてこの日に日蝕が起こるという意見は、実は民間の暦学者の多くから寄せられており、幕府と朝廷は体面を損なったことになる。

そこで幕府は暦学者の佐々木長秀を天文方に任じて宝暦暦の修正を行い、明和8(1771)年からは修正暦法で毎年の暦を作らせた。さらに幕府は、従来のように優秀な個人に暦法改訂作業を丸投げしたり、改暦の時だけ臨時の観測所を設けることをやめ、明和2(1765)年に江戸牛込の火除地に常設の天体観測所(取調所)を設置した。そして幕府事業として常時観測体制を整えて、データの集積を考えるようになったのである。また土御門家に知られないよう、内密に改暦の計画を練り始めた。

しかし世襲の天文方には有為な人材はいなかったので、幕府は寛政7(1795)年になって、大分出身で大坂にて天文暦学の講義をして評判の高かった麻田剛(あさだごう)

立(りゅう)をスカウトし、改暦担当者に充てようとした。天文暦学は公的機関ではなく在野の研究に支えられていた。だが剛立は老齢を理由に断り、弟子の間重富(はざましげとみ)と高橋至時(よしとき)を推薦した。そこで幕府は両人に西洋暦法での改暦を命じ、至時を天文方に任じた。

彼らは清でイエズス会宣教師が関わって編纂された『暦象考成後編』などを参考に、日月運動を実際の楕円軌道として計算するなど西洋天文学の数値と理論の導入に努めた。

古株の天文方との不和に悩みながらも、ついに寛政 9（1797）年 10 月に、新暦法の寛政暦採用の宣下が朝廷よりあり、翌年より施行された。

この間、京都の土御門泰栄は儀式的な観測を幕府天文方に行わせ、そして改暦の申請は彼を通じて朝廷に行われた。しかし西洋暦法は土御門家の当主には充分理解できるものではなかった。以後、毎年の暦を作る編暦権は完全に幕府天文方に移るのである。

なお寛政暦は老中 松平定信による寛政の改革、次の天保暦は老中 水野忠邦による天保の改革を印象づけるために特に行わせたのだという意見もある。

寛政暦の日月蝕予報が外れ、これへの批判が起こったため、天保 15（1844）年に日本で最後の太陰太陽暦である天保暦が施行された。寛政暦は中国で成立した西洋天文学書をもとにしたものなので、中国天文学で活躍したカトリック宣教師が支持する天動説（周転円説）の影響があり、理論的に不十分であったとされる。一方、天保暦はフランスの天文学者　J. ラランデの著書『アストロノミア』のオランダ語訳『ラランデ天文書』に基づいて、地動説理論をとる、非常に精密な暦法であった。なお、現在のいわゆる「旧暦」は、天保暦を現代の天文学的数値で修正したものといえる。

6．明治維新後の天文学と暦

明治元(1868)年に明治維新が起こり、江戸幕府は崩壊した。江戸は新政府に占領されて東京となる。このため天文方も機能が停止して、幕府の浅草天文台も荒廃した。この機会を捉えて動き出したのが土御門晴雄(はれたけ)である。彼は同年2月1日に願いを新政府宛に出して、「暦は本来は京都での天体観測をもとに作るのに、幕府の要望で宝暦4年に土御門家の門下生の渋川図書を派遣したところ、天文方と名付けて勝手に江戸で測量を始めて暦を作るようになってしまった。せっかくの明治維新なので、こうした弊害を改めてもとのように土御門家で観測をして暦を作りたい」と申し入れた。これは事実とは異なるが、幕府も天文方も機能停止しているうえ、何しろ明治維新は朝廷が政治の実権を取り戻した事件なので、土御門家にとって状況は有利であった。

よってこの願いは即日許可された。その後、土御門家は再び上申した。土御門家は2月の願いに基づいて暦計算をするから、そのための人件費を政府が払い、さらに一般への暦頒布も土御門家が一手に管理して、納められた冥加金は土御門家から政府に納入すると申し入れた。これも7月9日に政府に受け入れられる。つまり、土御門家は編暦権だけではなく頒暦権も手に入れ、暦に関する支配者となった。たとえば東京暦問屋は、ひとまず年200両の冥加金を土御門家に支払うことで、従来通り暦の印刷･販売をすることとなる。

明治3(1870)年2月10日に天文暦学は大学の管轄となり、天文暦道局が設立された。そして天文暦道局は4月には土御門家に歳給金を下付するよう政府事務局の弁官に申請し、さらに来年の暦原本の提出を土御門家に求めた。その後、土御門家は正式に天文暦道御用掛を拝命する。ところが土御門家による天文暦学支配は、だんだん明治政府にとっても困ると認識されるようになった。そもそも明治政府は戊辰戦争などの出費で、ただでさえ財政状況が悪いのに、土御門家は暦算に必要な人件費として、従来以上の額を請求したからである。

もともと土御門家自体の天体観測は形式的で、土御門家の当主は西洋の天文暦学も一応勉強したが、いわば「天文暦学の家元」としての教養を付けるためであって、実際の計算は配下の和算家などが担っていた。それだけでなく代々の家来なども養うため、能力に関係なく過剰な人員を御用掛に推薦した。これでは明治政府が目指す西洋流の本格的な天文学の運用にも役立たない。

そこで6月2日、内田五観・小林六蔵・渋川敬典ら、もと幕府天文方で活躍していた人材が天文暦道局御用掛に任じられた。五観は蛮社の獄で有名な高野長英に蘭学を学び、後に太陽暦への改暦に尽力した人物である。さらに8月には京都の土御門家にあった天文暦道局が東京に移されて星学局と改称され、五観が星学局督務となる。さらに12月9日には土御門家当主の和丸が大学御用掛を罷免された。ここに土御門家は平安時代の安倍晴明以来ほぼ900年にわたって携わってきた天文暦学に関する業務から、締め出されることとなった。天体観測業務は、その後、紆余曲折を経て東京天文台（現在の国立天文台）の任務となる。

また明治5（1872）年12月に、明治改暦が行われる。これにより日本の暦は太陽暦に変わった。年の始まりから12カ月の各日数も西洋諸国と同じとなった。同時に、現在の1日24時間制が採用された。そして明治31（1898）年に勅令によってこの太陽暦がグレゴリオ暦と同じ仕組みであることが確定する。つまり西暦の4の倍数年を閏年として、2月を29日とするだけでなく、100の倍数年の場合、400で割れない年は平年とするルールが採用されたのである。これによって、1年は平均して365.2425日となる。

この改暦で、暦によって政府の正統性を保証するために天文学研究を行うという在り方は終わったといえそうである。なぜならグレゴリオ暦のルールによって、暦ははるか未来まで定まるのであり、天体を観測する必要は当分ないからである。旧暦（太陰太陽暦）はしばらく暦に併記されたが、それもやがて廃止された。また人々に親しまれた暦注は禁止された。天文学研究は暦からは解放され、近代国家・近代的学問の原理に基づいて研究されるようになったのである。

ただし生活と密着した旧暦の需要はその後も根強く、政府に規制されながらも暦注を併記した「おばけ暦」と称されて民間に出回った。一方、公的な暦の発行は、天皇の祖先神である天照大神を祀る伊勢神宮の役割となり、暦には歴代天皇に関わる祝日が載せられることとなる。暦と政治の関係は、第二次世界大戦の終結まで続くのであった。

【付記】

本章は紙幅と著者の都合により、近世·近代の暦に関する最新の研究成果(梅田 2021;林 2021;下村 2023など)を十分に盛り込めず、特に明治以降についてはほとんど触れることができなかった。また時刻·時計については一部触れるに留まっている。読者のご寛恕を切にお願いしたい。また林淳氏より貴重な意見を頂戴したので、感謝したい。

参考文献

赤澤春彦 編, 2021,『新陰陽道叢書第二巻中世』名著出版.

荒川紘, 2005,『東と西の宇宙観 東洋篇 西洋篇』紀伊国屋書店.

林淳, 2005,『近世陰陽道の研究』吉川弘文館.

——, 2006,『天文方と陰陽道』山川出版社.

——, 2018,『渋川春海』山川出版社.

—— 編, 2021,『新陰陽道叢書第五巻特論』名著出版.

細井浩志, 2002,「時間·暦と天皇」『岩波講座 天皇と王権を考える第8巻コスモロジーと身体』岩波書店.

——, 2007,『古代の天文異変と史書』吉川弘文館.

——, 2010,「中世日本の宇宙構造論に関する覚書」,服部英雄代表科学研究費成果報告『非文字知社会と中世の時間·暦·交通通信·流通に関する研究』.

——, 2014,『日本史を学ぶための<古代の暦>入門』吉川弘文館.

—— 編, 2020,『新陰陽道叢書第一巻古代』名著出版.

北條芳隆, 2017,『古墳の方位と太陽』同成社.

川原秀城, 1996,『中国の科学思想』創文社.

小池淳一 編, 2021,『新陰陽道叢書第四巻民俗·説話』名著出版.

桃裕行, 1990,『暦法の研究 上下』思文閣出版.

村山修一, 1981,『日本陰陽道史総説』塙書房.

岡田芳朗, 1994,『明治改暦』大修館書店.

岡田芳朗他編, 2014,『暦の大事典』朝倉書店.

陰陽道史研究の会 編, 2022,『呪術と学術の東アジア』勉誠出版.

下村育世, 2023,『明治改暦のゆくえ』ぺりかん社.

竹迫忍, 2020,「符天暦による七曜暦の造暦について」『数学史研究』237.

角山榮, 2014,『時計の社会史』吉川弘文館.

内田正男, 1986,『暦と時の事典』雄山閣出版.

梅田千尋 編, 2021,『新陰陽道叢書第三巻近世』名著出版.

海野一隆, 2006,『日本の大地像』大修館書店.

渡辺敏夫, 1979,『日本・朝鮮・中国―日食月食宝典』雄山閣出版.

――, 1984,『日本の暦〔第二版〕』雄山閣出版.

――, 1986・87,『近世日本天文学史 上下』恒星社厚生閣.

藪内清, 1990,『増補改訂中国の天文暦法』平凡社.

山田慶児, 1978,『朱子の自然学』岩波書店.

――, 1980,『授時暦の道』みすず書房.

山下克明, 1996,『平安時代の宗教文化と陰陽道』岩田書院.

第9章

時間計測精度の向上がつなぐ人と宇宙

細川瑞彦

1. 天体の周期

人類は、宇宙との関わりの中で時間の概念を得て、時間の基準を作り上げてきた、といってよいだろう。その大きな成果が、前章で語られた暦である。暦の基本単位となるのは身近な天体の周期であり、特に主要なものは地球の自転と、太陽をめぐる地球の公転、地球をめぐる月の公転であるが、本章では、これらの構造と周期について、もう一度考え直すことから話を始めたい。

まず基本的なことを確認しよう。太陽系の中では太陽の質量が圧倒的に大きいため、実質的に地球を含む諸惑星は太陽を中心に楕円軌道を公転しているとみなせる。地球の自転軸は、この公転軸に対し約23.4度傾いており、さらにいわゆる歳差運動で、自転軸は公転軸に対しこの傾きの大きさを保ったまま、約2万5800年かけてその周りを一周する。月は地球の周りを公転しているが、その公転面は、地球が太陽を中心に公転する面と5度程度しか傾いておらずほぼ平行となっている。暦の基礎となる天体の周期は、このような太陽系の構造から生み出されている。

暦の周期では、地球の太陽に対する公転周期、地球上から見た月の満ち欠け(朔望)の周期、地球の太陽に対する自転周期、の3つが主なものである。それぞれ、いわゆる年月日に相当するが、正確な表現は太陽年(回帰年ともいう)、朔望月、太陽日である。ここで公転や自転の周期が、何に対するものか考えてみる。太陽に対してか、恒星に対してか、などでこれらの周期は思いの外大きく変わる。物理的には、恒星や最近ではクエーサーの位置を基準に決められる天球座標が宇宙の基準と考えられ、この基準に対する運動の周期が重要である。恒星年、月の公転周期、恒星日と呼ばれる周期である。これに対し先に述べた暦で重要となる周期は、皆これらとは基準が異なる。地球の自転については太陽に対する太陽日と天球に対する恒星日では、その周期が約4分違うことはよく知られている。これは1日の間に地球が公転を進めた分だけ、また太陽の方を向くには天球に対するより余計に自転する必要があるためである。また、月が地球の周りを天球上で一周する公転周期は平均で約27.3日だが、その間の地球の公転のため天球上での太陽の位置が変わり、その動きに追いつくだけ回転する分、暦で重要となる新月から新月までの朔望月の平均周期は約2.2日長い29.5日ほどになる。地球の公転にしても、地軸の傾きが2万5800年で回転する歳差のため季節の基準となる春分点(地球から見て太陽の天球上の動きが春に赤道面を横切る位置)が1年間に黄道上を一周の2万5800分の1だけ動くことから、春分点を基準とする太陽年と天球に対する恒星年では1年の長さにその2万5800分の1の違いが存在する。これは一見小さいものと思えるかもしれないが、改めて計算すると、約20分24秒と結構な長さになる。さらには、地球の太陽系での公転軌道は楕円であることがわかっており、これと地軸の傾きがあいまって、1太陽日の時間、そしてその中の昼と夜の時間は地球上の各地点でそれぞれ、緯度に応じて変化する。具体的には、公転軌道が楕円であることによる1年周期と自転軸が公転面に対し傾いていることによる昼夜に関する1年周期、1日に関する半年周期の変動が重ね合わさって、1太陽日と昼夜の時間は1太陽年周期で規則的に変化する。日本など中緯度地帯での四季の変化は主として地軸の傾きの効果によりもたらされている。この1太陽日の時間変化による南中時刻の変化は均時差と呼ばれていて、日本付近の中緯度では、南中時刻がおよそ15分から20分程度、1年間に早くなったり遅くなったりしている。地球を中心に、黄道、赤道、春分点とその動きを模式的に描いたものを**図9・1**に示す。

このように天体の周期といっても何に対してかで異なり、人間社会にとっては、力学的な宇宙に対しての絶対的周期より生活に関わる対象天体間の相対的な周期の方が重要であるため、暦においては太陽年、朔望月、太陽日を基本としている（細川 2015）。時の流れを記述する体系である暦は、ごく例外的なものを除けば、太陽暦、太陰暦、太陰太陽暦の3種類に区分される。このうち太陽暦は、人工光で夜間活動を月に依存しなくなった現在、世界で最も広く使われている。最もポピュラーなのが現在日本でも使われているグレゴリオ暦であろう。1528年グレゴリオ13世によって定められたこの暦は平年の1年は365日で、4年に一度の閏年を366日とし、そこから400年に3回閏年をなくすことで、長期的に1年の平均の長さを365.2425日としている。この暦法において、1カ月は朔望月の周期と近いが、ずれの補正は行われないので、グレゴリオ暦の1カ月と朔望月との関係は絶ち切られている。現在の天文観測によると1太陽年はおよそ365.2422日なので、この暦法の1年はかなり実際の太陽年に近く、その差1年につき0.0003日を積算していくと、グレゴリオ暦に新たな閏年の補正が必要になるにはおよそ3000年かかることになる。また、1日の長さも、地

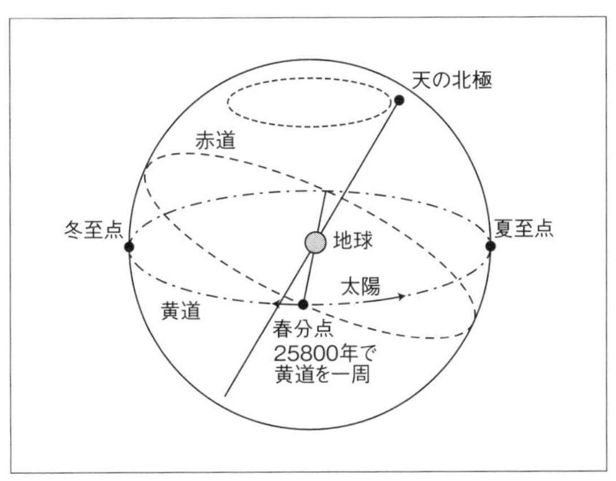

図9・1　地球から見た赤道，自転軸と太陽の公転，春分点の移動

球の自転による平均太陽日は、1億秒(約3年)に対して1〜2秒程度のふらつきがあることがわかっていて、原子時計を基準とした1日に対し、現在はおよそ数年に一度、不定期にうるう秒というものが挿入されることで調整されている。

天体の周期というと、年月日に加えて、太古から人を驚かせてきた現象の周期がある。日食と月食である。暦の大きな役割には、日食と月食の予測があった。現在からすると、太陽、地球、月の運動は精密に計算し予測できるものであるが、人類は宇宙の構造を十分に理解する以前に、長い間の観測と記録の積み重ねにより、日食と月食の周期を明らかにしてかなり精度の高い予測ができるようになっていた。古代バビロニアで、一連の日食と月食は18年11日と8時間で繰り返すという周期が発見されていて、現在、これはサロス周期と呼ばれている[注1)]。18年というのは人の一生の中でも数回しか繰り返せない周期である、さらに端数の8時間というのが微妙な効果で、1サロス周期後の日食は、経度にして約120度離れた地域で見えることになり、前に起きた地域では見えない。しかしこれを3倍すると、およそ54年と1カ月後に、同じ地域で同じような日食月食が見えることがわかる。このサロス周期の3倍にはエクセリグモスという周期名が付けられている。近年の日本の例でいうと、1981年7月31日の日食では日本のさらに北、樺太島などを皆既帯が横切り、北海道でかなり大きな部分食が観測されたが、その54年後の2035年9月2日には、日本の北陸から北関東を皆既帯が横断する皆既日食が予測されている。ほぼ人の一生に近い間隔で、比較的近い地域において同じような日食と月食が見られるという周期が地球には存在していて、世代を超えて長い間天体の運行を観測し続ける中でこのような周期が発見されてきた(細川 2015)。

このように天体の周期を測定し、宇宙の構造を明らかにしてきたことは、人類が文明を発達させてきた重要な1ステップといえるだろう。天体の周期を計

注1)この周期は現代では，次のように理解されている．新月から新月への期間である朔望月の223倍の期間(これがおよそ18年11日と8時間)が，交点月，食年，近点年と呼ばれる黄道と白道の位置関係の変化の指標となる周期の整数倍と，有効数字5桁程度で非常によく一致している．これがサロス周期の起源である．

測できるようになった、というのは、その計測のために天体の周期以外のものを時間の基準とできるようになった、ということを意味している。次にその測定の基準の構築と精度の向上について見てみよう。

2. 時間計測技術の進歩

天体の運行を記録し、自然を理解するために、また多数の人が集まって、協調の取れた社会生活を送るために、時を測る技術が発達し、時間計測の精度が上がってきた。このような時間計測の技術に求めるものとしては次の2つが考えられる。1つには、時計の針の獲得である。地上から観察される太陽の動きを時間の基準とするなら、日時計が便利である。しかしそれは曇天や夜間は時刻を示すことはできないし、太陽の運行の季節変化や読み取り精度の限界もある。このため、いつでもどこでも時刻を指し示してくれる時間の計測装置、つまり時計が望まれた。2つ目は、天体の周期とは独立な時間計測の基準である。太陽が見えていて日時計が使えたとしても、中緯度、高緯度地方では、季節によって日の出、日の入りの時刻は大きく変わる。南中時刻にも変化はある。これらの影響を排した通年一定の時間の計測が多くの社会で求められていったと思われる。また、天体の運行そのものを計測するためにも、天体の運行とは独立した基準が求められる。さらに、人間の活動領域が広がるにつれ、場所に依存しない時間の計測が重要になってきた。最後の点については次節で少し詳しく述べるが、これらを求めて人類が進めてきた時間の基準の構築と、それを用いた時計の開発をここで見ていこう。

まずは時間の基準といっても、それは何に対してなのか、という大きな疑問が起きるだろう。この疑問に対する正確な答えは、自然界の法則をすべて明らかにしていない段階にあっては得ることは難しい。むしろ、その時代時代で常にこれを問いかけそれに答えようと最善の努力をしてきたことで、各時代での基準を作り続けたといえるだろう。これまでになされてきたその努力を振り返ると、その答えにはまず大きく2つの形があるように思われる。1つは、この宇宙に、かなり正確でできれば永遠に不変の周期を持つように見えるものがあれば、その周期を基準にすることで正確な時間が測れる、というものだ。今ひとつは周期には捉われず、運動の法則を表すのに適切で、過去、現在、未来のスケールをできるだけ一様にする基準単位によって記述される時間である。

前者では周知のように、まずは地球の自転が不変の周期と考えられ、基準に選ばれた。しかしこれとは独立した基準を求める中で、火時計、水時計、砂時計などが開発されていった。これらは利用上の制限があったり維持管理の手間がかかるものが多く、また精度的な限界もあった。そのため、現在につながる機械時計が取って代わり、開発が進められるようになった。機械式時計とは、人工的な機械によって、できるだけ正確と思われる繰り返しの基準を作って時を測る機械ということができるだろう。その必要不可欠な構成要素は、動力源、基準振動源、表示機構であるという。中でも基準振動源は時計の精度に直結する重要な要素だが、これを得るうえで核となるのは、回転の速度を制御して時計の時間表示を進める仕組みで脱進機と呼ばれる。この仕組みを現在わかっている範囲で最初に使った時計は、11 世紀の北宋の水運儀象台とされている。西洋のものでは、13世紀末あたりから、機械式時計が製作されたという記録が残っている。機械式時計は、その初期には、動力源は水力や重りの重力、基準振動源としては棒テンプと呼ばれるものと脱進機を組み合わせていたが、その精度はあまり良くなく、14 ~ 15 世紀に作られたもので、その精度はおよそ2%、1分に1秒以上の狂いがあったという。17 世紀になり、ガリレオの発見した振り子の等時性を活用し基準とする振り子時計の開発によって、時計の精度は一桁からそれ以上の向上があった。これにより、1年を通しての南中時刻の変化をかなり正確に測定できるようになり、まず、太陽に対する自転周期は1年の中で周期的に変化していることが明らかになってきた。前節で述べた、均時差の計測である。そこから標準時は、見かけの太陽による時間(視太陽時)ではなく、年間を通して一定の動きをする仮想的な太陽による時間(平均太陽時)に改めたものがよく使われるようになった。時計機構はさまざまな改良が施され、振り子時計は脱進機の改良によりその精度を高めていった。また、振り子によらないテンプなどを用いた機械式時計も精密工業の発展とともに精度を上げていった。このタイプで特筆すべきは、次節で詳述する18世紀のJ. ハリソンによって開発されたマリンクロノメーターであろう。

地球の自転に基づく標準時は、次節で述べる経緯により1920年代後半から世界時という名で呼ばれるようになってきた。世界時での一秒の定義は、平均太陽日の8万6400分の1の時間間隔と表される。地球の自転そのものは、現在わかっている範囲では、1秒の変化が生じるのにおよそ数千万秒かかる程度、およそ10^{-8}台の精度を持っているため、平均太陽時も非常に精度が高い。しかしこれも、精密な振り子時計や、水晶時計の開発によって、変動があることが測定された。1921年に英国のW.H.ショートによって開発された振り子時計は、真空容器や電気回路による制御など新たな工夫が多くなされ、1日に1000分の1～2秒程度しか狂わないとされた。これは1秒狂うのに5000万秒から1億秒かかることに相当する。1930年代に高精度化が進んだ水晶時計も、このレベルに達するものが開発されるようになってきた。このような高精度の時計の開発によって、地球の自転運動の変化が検出されるようになっていった。機械式時計は、振り子やテンプの精密工作、そして水晶発振など、正確と思われる周期を人工的に開発してきた中で開発され、高精度化が進んだものである。これら、日時計、水時計から機械式時計、そして小型精密化された腕時計の発展については、(織田 2017)、(セイコーミュージアム銀座ホームページ)に詳しい。

このような高精度時計で20世紀前半に明らかになった地球の自転のふらつきは、月と太陽によって引き起こされる潮汐が摩擦を引き起こして自転が減速することが大きな要因となっていることが当時からわかっていたが、それだけでは説明のつかない不規則な変動があった。現在では、大気の流れが不規則に変動することがこの不規則変動の主原因であることがわかっている。特に大気による変動は長期予測ができないことが判明したため、地球の自転よりも正確で安定な時間の基準が探索されるようになってきた。だが当時の機械式時計ではまだ世界中で共通の定義ができるほど普及も技術確立もされていなかった。

しかし1952年に、普遍的な基準として暦表時と呼ばれる、太陽系天体の運行を力学的に計算し、その観測から時刻を求める時刻系の採用が、国際天文学連合(IAU)によって勧告された。地球の公転周期である1年の長さが太陽系天体の影響で変化していくことを前提としていて、1956年の国際度量衡委員会で新たな秒の定義として決議され、1960年の国際度量衡総会で採択されて使われるようになったその定義は、「秒は、暦表時の1900年1月0日12時に対する太陽年の1/31556925.9794倍である」というものである。

この暦表時は、19世紀末にS. ニューカムによって発表された太陽黄経の計算理論と、20世紀初頭にE. ブラウンによって発表された月の暦の理論が基になっており、どちらもニュートン力学を用いた計算が行われている。暦表時は、何かの周期を基準にするのではなく、運動の法則から時間の基準を定める、という、時間標準の2つ目の考え方に基づくものである。この考え方はガリレオ、J. ケプラーからI. ニュートンに至る力学の発展によって明らかにされていった。特に古典力学において、慣性の法則が成り立つよう時間と空間の座標系を取ることができれば、一様にして不変で、エネルギーの保存が保障される時空の基準座標系となることが知られている。このように運動の法則を研究するうえで、基幹の基準を定めることの重要性は認識されていたが、その法則を体現する理想の系としては、身近なものとしては天体の運動が唯一無二であろう。このようにして定められた暦表時は、IAUに勧告された時点で、その精度は長期的な天体運動の観測と組み合わせることで10^{-10}台、100億秒(300年)に数秒程度しか狂いがないとされていた。その後暦表時は、1956年には国際度量衡総会によっても支持され、1960年から世界の標準時として用いられるようになる。しかし時計の針に相当する正確な時刻は、天体の位置観測によって測られ、地球から見て最も早く運行する月によって星が隠される星食を用いても、日常的な時計の針としては不便だった。ちょうどその頃、原子時計の開発が進んでいて、またも不変と思われる周期の基準に基づく、原子時と呼ばれる新たな標準が作られていく。

原子時計は、時計遷移と呼ばれる、ある特定の周波数の電磁波のみと共鳴する原子の量子遷移に基づいている。時計遷移の際に発射、吸収される電磁波の周波数、いわゆる原子時計の共鳴周波数を基準としていて、これに基づく標準時は原子時と呼ばれている。1955年に英国で開発されたセシウム原子時計は、超微細構造遷移と呼ばれるセシウム原子の原子核と電子の磁力の変化による量子遷移を時計遷移として基準にしているが、開発当初からその精度は 10^{-10} 程度と見込まれていた。この成果から1967年の国際度量衡総会で、秒の定義は「秒は、セシウム133の原子の基底状態の2つの超微細構造準位の間の遷移に対応する放射の周期の9 192 631 770倍の継続時間である」というものに改定された。これら定義の変遷はたとえば（細川 2020）を参照されたい。

現在達成されている原子時計の精度について述べる前に、精度という言葉について見直してみたい。現在では、原子時計の性能を表す指標は、正確さを表す「確度」と、その安定度合いを表す「安定度」に分けて考えられている。確度とは定義の値に対しどれだけ正確か、を表す指標であり、安定度は、定義値より周波数がずれていたとしても、そのずれ具合をどれだけ安定に保つか、を表すものである。確度が良ければ少なくとも長期的には安定度も良いが、その逆は必ずしも成り立たない。アラン分散と呼ばれる安定度の定義など詳しくは（福島編 2010; 細川 2021）を参照いただきたい。

現在の原子時計の性能は非常に高くなっており、市販されているセシウム原子時計ではその確度は 10^{-12} のレベルに達し、また1カ月平均の安定度では 10^{-14} レベルが得られている。世界でいくつかの先端的な研究所で開発されて正確さに特化したもの（一次周波数標準器と呼ばれている）では、その確度は 10^{-16} レベルに達している。このような高精度に達する中で、原子時の秒の定義にはいくつか補正が加えられている。まず相対性理論により、標高が1m違うとおよそ 10^{-16} 周波数が変化することから1970年に、SI単位の秒そのものでなく国際原子時に用いる秒についてだが「地球ジオイド面でのセシウムの時計遷移の共鳴周波数である」という補則が加わった。また、セシウム原子の時計遷移周波数は、温度による黒体輻射により常温では 10^{-14} レベルの変化があることから1997年には、絶対零度における時計遷移周波数、という補則がつけられ、これはさらに2018年に、無摂動なセシウム原子の時計遷移、というように改められている。また、同年には、SI単位は必要な場合には一般相対性理論の効果を含める必要がある、とされている。一般相対性理論もまた究極の理論ではないと考えられているが、現実に達成された計測精度での観測の中では、この理論と矛盾のある結果はまだ見出されておらず、現時点では計測の標準を定めるための基礎理論としては十分有効と考えられている。

現在の定義となっているセシウム原子の電波領域での時計遷移を用いたものではいくつかの理由から今の10^{-16}レベルがかなり限界に近いのではないかと考えられているが、セシウム以外の原子の、光領域の時計遷移を用いたいわゆる光時計では、確度が10^{-18}からそれ以上に達することがわかってきている。このためセシウム原子を用いた秒の定義は改定がかなり前から検討されている。これについては第5節で少し触れたい。

ここに見てきたように、秒の定義はこれまで何度も改定や修正が施されているが、特筆すべきは、実用上の影響ができるかぎり出ないように、その定義改定がなされていることである。世界時から暦表時への定義改定では、それまでの1秒にできるだけ同じになるようにその値は選ばれているし、暦表時から原子時への定義改定では、1955〜1958年までの3年にわたる暦表時とセシウム原子時計の進み方の比較から、暦表時の1秒の間に、セシウムの時計遷移の電磁波は9192631770 ± 20回の振動を行うことが計測されて、現在の定義が選ばれている。概念的には大きな変化であっても、表面的には、これほど目立たぬ変化は少ないだろう。原子時計の原理と種類、その仕組みについては(細川2021)に非専門家向けの解説がある。

宇宙はわれわれに最初の時間の基準をもたらし、次にさらに進んだ時間の基準を用いて精密計測をする対象を用意してくれたといえよう。宇宙と標準時の科学的意義やさらに進んだ現代の基準に話を進める前に、生物としての人間と天体周期、そして社会生活を営む人類としての天体周期と標準時について次節で見ていきたい。

3. 天体の周期と人、社会

宇宙の中での時間の基準とは何かを見てきたが、ここで少し、人間との関わりを見てみよう。人間(生物学的には「ヒト」というべきか)は、地球の長い歴史の中で発生し進化し続けてきた生物であり、その過程において、地球の環境に影響を及ぼす天体の運行と無関係ではいられないと思われる。また人間は、集団で社会を作り、その中で生活するという性質を持っているが、これも太陽や月の運行と無縁にはいられないものである。

人間を含む地球上の生命は、短いものでは心臓の鼓動などから、長いものでは数年単位のものまでさまざまな周期の活動をしている。地球の自転周期にほぼ等しい約1日周期の生物リズムは概日周期(サーカディアンリズム)と呼ばれていて、これより短い周期はウルトラディアンリズム、長いものはインフラディアンリズムと呼ばれている。概日周期は地球の自転と密接な関係があると推測されるし、インフラディアンリズムの中には、概月周期や概年周期など、天体運行の影響と考えられるものも含まれている。このようにさまざまな周期が多様な生物の中に存在していることはわかっており、長い進化の中で獲得されたものと考えられるが、生物を対象とした実験は難しく、その機構的な解明はまだまだできていないことが多い。この中で、概日周期については、ここ数十年で大きな進歩があり、かなり解明されてきたといえるようになってきている。それはショウジョウバエとマウスを用いた分子生物学的な遺伝子の働きの解析と、その働きが人間にも共通のものであることが明らかにされてきたためであり、これらの研究による「時計遺伝子」の発見は2017年のノーベル生理学・医学賞の受賞対象となっている。その仕組みや働きは、たとえば(粂 2022)に詳しい。

このように、天体の周期に合わせた生命の進化があったと考えられる中で発生した「ヒト」という種は、集団で生活し、協力する「社会」というものを築いてきた。そこでもやはり、天体の周期は大きな影響を及ぼしている。次に社会生活の中での時間、標準時について見ていく。

1日の周期は人間の活動の最も基本的な周期であり、人工光が発達しても概日周期があるように、人は通常、24時間周期で起きて活動し、眠ることを繰り返す。さらには、多くの国、社会では週や月という周期が定められ、そして社会にも年度という1年の周期が作られている。暦や時刻の標準は元来、天体の運動をもとに作られたものだが、現在では社会生活に深く根付いた必須のものとなっている。

標準時は、狭い地域での社会生活なら、天体を基準にし、多少精度が悪くてもそれを補完する機械式時計があればよかった。時計の精度向上により、日の出日の入りに縛られていた不定時法から、季節変化によらない定時法を用いる地域が増えていった。しかし日本の江戸時代では、不思議なことにそれまでの定時法から不定時法が使われるようになり、それに合わせた独特の和時計と呼ばれるものが発達した。これについては(佐々木 2021)に興味深い話が書かれている。

人間の活動が地上に限られその移動手段も主に徒歩であった時代は、天体はもちろん方角の良い目印だが、地上にはさらに地形の目印も多く、自分の位置を見失うようなことはほとんどなかった。しかし人間の活動範囲が広がり、移動速度が上がることにより、新たな問題が出てきた。大航海時代に大洋を航行する際の位置を知ることである。目印のない大洋上でも南北については、たとえば北極星が見えてその高度が測れれば、容易に緯度はわかる。ところが東西については、出発地点からどれだけ進んだかは、天体の位置からだけでは判別は難しい。現代のような発達した月惑星の位置予測と観測技術がない時代には、出発地点と比べて、太陽や星が地平線から昇ったり沈んだりする時刻がどれだけ変わったかがわかって初めて経度を知ることができる。そのためには手元に、出発地点の標準時を教えてくれる装置が必要となる。手っ取り早いのは狂わない時計を出発地点から携行することだろう。それを実際に実現したのが前節でも触れた18世紀の英国の時計職人ハリソンである。彼が開発した機械式時計は船に乗せて用いるために揺れと温度変化で精度が損なわれないさまざまな工夫がされた精密なもので、マリンクロノメーターと呼ばれた。その精度は天体の運行に比べ、1日に3秒程度、10^{-5}の桁に達していたといわれ、1859年完成のH4というマリンクロノメーターは、81日の航海で5秒ほどしか狂いがなかった（10^{-6}の精度）という記録もある（ソベル 1997）。この高精度な時計を用いて天体の位置を観測することによって、人々は大洋航海中に、自分の位置を見失わずにすむようになった。

人の活動圏の拡大では、次に鉄道の発達でも問題が起きた。欧米で、大陸を横断する長距離鉄道が運行した時に、各地点で太陽が南中する時間を真昼としていると、経度によって南中時刻が変わるため、広域では時刻表が役に立たなくなる、という問題である。ある一定の経度範囲については同じ標準時を用い、地点によって南中時刻に差が出ることを容認する「経帯時」と呼ばれるものを採用することで、この困難は解決された。早い例では、米国で1880年頃にグリニッジ標準時に対して遅れが5時間から8時間までの子午線を中央とする4つの帯域に区分して、帯域ごとにその中では同じ時刻を標準時として定めたという（井上 2021）。

また、この経帯時が使われるようになった頃に、どの子午線を世界共通の本初子午線（時刻の基準となる子午線）とするかという国際的な議論がなされた。英国、仏国、独国などでそれぞれ自国の都市などの子午線を基準とする時刻系を採用し、国際標準がなかったためである。1884年に米国ワシントンD.C.で開かれた国際子午線会議において、英国グリニッジ天文台の子午儀の中心を通過する子午線が、国際的に唯一の本初子午線であると決められた。現在では世界中でこの本初子午線を基準として、多くは15度ごとの子午線を中心とする経帯時が採用されている。日本もその1つで東経135度の子午線を基準とする経帯時を採用している。

1日の始まりをどのように定めるか、ということも社会の決め事である。天文学では、古代ギリシャのプトレマイオスの時代より、太陽が南中する時刻を1日の始まりと定めていた。こう定めた時刻系は、時に天文時と呼ばれる。しかし産業革命以来、人が主に活動している昼の最中に日付が変わるのは不便で不都合が多くなり、常用時と呼ばれる、天文時より半日早く深夜に1日が始まり、その日は深夜に終わる、という時刻系が市民生活では用いられることが多くなってきた。天文学者の間で常用時が使われるようになったのは実はかなり遅く、1925年の第一回国際天文学連合(IAU)総会で常用時を天文学でも用いることにすることが決議された。先に出てきたグリニッジ標準時は、実は天文時で昼間に日付が変わる。これと区別するために夜中に1日が始まる時刻系はグリニッジ常用時と呼ばれていた。この総会では、天文学での常用時の採用を機に新たな名前を付けてはどうかという議論もあり、「世界時」という呼称が提案された。さまざまな議論の末、「世界時」がIAUで正式に採択されたのは1935年のことになる。

時間の単位である「秒」の定義は、前節に述べたように「暦表時」から「原子時」へと移り変わるが、太陽の動きと直接結びついている世界時を実用標準とする要求には強いものがあったようである。暦表時が採択された翌年の1961年には、原子時の周波数を少し調整することで世界時を近似する、協定世界時と当時呼ばれた時系の試験運用が始められた。1964年から正式運用となったこれは現在では「旧協定世界時」と呼ばれている。そして「原子時」により秒が定義されるようになった後に、原子時の秒の定義を用いつつ、時刻としては世界時と大きく乖離しないように時々うるう秒調整を行うことで定められる現在の協定世界時が1972年からスタートする。うるう秒については、通常存在しない「うるう秒」の挿入が時刻に1秒の飛びを生むことがデジタル化された社会システムにとっては負担になる、という制定当時には想定されなかったことが、今世紀に入って徐々に大きな問題となってきた。これを廃止した飛びのない新たな標準時を定める議論が現在まで続いている。この問題は、従来の体制の変化や世界時とのずれを調整しないある意味で地球の自転との決別を意味することなどより、簡単な議論では済まずにいるが、ようやく最近、国際度量衡総会と国際電気通信連合の主導により、現行の協定世界時に対し、世界時との差の許容値を大きく引き上げる方向でまとまりつつあるようである。

最後に簡単に報時についても述べたい。近代的な報時として、1911年から欧州では電波による常用時の報時が行われていた。さらに進んだ現代では、電話回線やラジオ、TVの放送を通じた報時、さらには通信ネットワーク、衛星測位システムを通じた報時もなされている。また高精度な時刻の伝達、比較技術は国際的に同期した標準時を各国が持つことにも重要である。国際原子時、協定世界時の構築と報時、時刻比較については（細川 2021）、国際的な標準制度の変遷については（細川 2020）などを参照されたい。

4．天体の周期と科学の発展

天体の周期は、地球上の生命の進化や、社会システムの構築に影響を及ぼすばかりでなく、その周期を計測し宇宙を観測することは人類の科学技術の発達にも大きな影響を与えてきた。素朴な人間中心の世界観である天動説から、観測と自然法則に基づいた地動説への転換は、多くの人の長年の努力によって行われ、人間の自然観を大きく変えた。これについては、この宇宙に普遍的に成り立つ運動の法則を明らかにし、力学という現代科学の重要な基礎の１つを確立したことにつながる。紀元前にはプトレマイオスに代表される地球が宇宙の中心で、すべての天体が地球を中心に回っているという天動説と、アリスタルコスに代表される太陽を中心にして地球や諸惑星がその周りを回っているという地動説が双方あり、どちらの説もその有利な点と、その時代の科学知識では説明しきれない問題点を有していた。その後特に中世ヨーロッパで、主として宗教的な理由から天動説が信じられ、地動説は異端とされて忌み嫌われていくが、15～17世紀にかけてさまざまな技術発達と観測データに基づいてそれがひっくり返されていくのはさまざまな史書、物語で語られている。科学的な面はたとえば（朝永 1979）を参考参照されたい。N. コペルニクス、B. ティコ、ガリレオ、ケプラー、ニュートンを軸として語られることが多いこの世界観の転換の中で、ニュートン力学が確立されていった。リンゴが落ちるのと月が地球の周囲を回るのが同じ法則によるものだ、ということを示したのは、天動説か地動説かという問題と同等かそれ以上に大きな意義を持つものではないだろうか。

力学による宇宙の理解、という点では２つの重要なトピックスが挙げられよう。

1つはハレー彗星の軌道と周期の予測である。ニュートンと親しかったE. ハレーによって1705年に出版された『彗星天文学概論』という著作に初めてハレー彗星の軌道要素が発表された。それにより過去の大彗星のいくつかが1680年の大彗星と同一であり、またこの彗星は1758年に再度観測される、という予測が立てられた。ハレーの予想からはやや遅れたが、1758年の暮れから1759年にかけて、予測通りの大彗星が観測され、予測時より進んだ観測と計算で、これがハレーの予測した彗星であることが確認された。この時、この大彗星はハレー彗星と名付けられた。ハレー自身はこの彗星を見ることなく1742年に逝去しているが、人が宇宙を理解し、天体の軌道と周期を予測できるようになった証左となる出来事と考えられる。

もう1つは、海王星の発見が挙げられる。望遠鏡を使った初めての惑星発見は、1781年にW. ハーシェルによって発見された天王星だった。その位置変化を長年にわたって観測していくと、既知の天体の影響によって計算された軌道では説明がつかない変化が見出された。もし天王星より外側に未知の惑星があり、その影響を受けているとしたら、この天王星の軌道変化は説明がつくのではないか。このアイデアのもと、仏のU. ルヴェリエと英のJ. アダムズがそれぞれ独立にその未知の惑星の位置を計算し、前者の計算結果をもとに独ベルリン天文台のJ. ガレが1946年9月に観測し、海王星が発見された。科学の発展の中で時折起こる、「誰が最初か」という問題も引き起こしたが、既知の天体の位置観測から、未知の惑星の存在を予測し、その通り発見できたということは、力学によって宇宙の法則を理解できた、と確信させる出来事だったのではないだろうか。

このように天体の位置と周期の観測から力学が確立され、またそれが天体を観測することで検証されつつ、宇宙についての理解を深めていく、ということが続けられている。この力学を基礎に、さまざまな機械が考案され、熱について調べられて熱力学が発展し、蒸気機関が生まれ重工業が発展していく。また、やはり力学をもとに電気と磁気の現象が調べられ、電磁気学が発展し、電気が文明を変えていく。さらには統計力学から量子力学が発展し、現代の電子機器、そして原子力エネルギーなどの開発につながっていく。これらの発展の中で、天文学は発展のさまざまなきっかけとなる事象を提供してきた。たとえば恒星の明るさや色と温度の関係、恒星からの光のスペクトルの中にあるさまざまな吸収線とそこに含まれる元素の関係、天体から来るさまざまな周波数の光、電波、恒星が発する莫大なエネルギーの源などである。熱機関から電力、原子力にまで科学技術が発展していく中でこれらは重要な役割を果たしたと考えられる。

その一方で、科学技術が発達していくことで天文学には宇宙を探るためのさまざまな道具が供給されてきた。初期には金属加工による精密な四分儀、六分儀があり、特に17世紀から始まる光学望遠鏡の発達は、それまで見えなかった宇宙を見るための欠かせない道具となっていく。さらに写真乾板からCCDなど電子デバイスに至る記録装置、可視光だけでなく電波から赤外線、紫外線、X線までをも検出する装置、計測の時刻を記録する精密な振り子時計、水晶時計から、超長基線電波干渉計までをも可能にする原子時計など、一方の発展が他方の発展を支える、という協力関係を築いてきたことが感じられる。

ここで原子時計による秒の定義についてこれまでとは少し違って、その定義を実際に利用する科学技術的な観点から見てみたい。計量の単位は、最初は専制君主の恣意によって決められるものだったが、18世紀のメートル法の制定では支配者の権力によらない、普遍的かつ理想的なものを目指して単位が定められた。しかしながらたとえばメートルは地球の大きさを基準として定められたが、現実的には、その大きさを正確に測るということは至難の業だった。秒もまた、地球の自転を正確に計測することは一般の人には難しく、その基準づくりは天文学者に任され、二次的な実用標準として機械式時計の開発が進んだ。それらの不便さを克服するため、メートルやキログラムの原器が定められたが、この原器の制定については、私見であるが、たった一人の王様に庶民はなかなか近づけない王政の復古のように感じられる。科学技術の発展に伴い、自然界の定数と量子力学の原理に従って定義され、技術さえあれば誰でもどこでも定義通りの標準を作り出せるものは量子標準と呼ばれている。原子時計による秒の定義はその先駆けの1つである。筆者にはこれが、原器による定義と比べると、科学によって民主化された標準と呼べるのではないかと思われる。さまざまな単位をこの民主化の流れに乗せるべく、2019年にはキログラムやアンペアなどさまざまな単位の定義改定が行われたことを付記しておく(臼田2018)。

最近では、宇宙技術が太陽系内の天体の探査を可能にし、また大気の影響を脱して大型望遠鏡を打ち上げ宇宙からの天体の観測が可能になってきている。宇宙技術の発達ではまた、現代の社会生活においては、欠かせない技術として宇宙通信や衛星測位システムが挙げられよう。人の活動範囲が広がることにより、クロノメーターや経帯時などの新たな技術と制度が必要になってきたことを前節で見てきたが、太陽系の探査や宇宙の利用など、宇宙への進出に伴って、また新たな技術と制度が必要になってきている。それは相対論効果を取り入れることである。第2節で触れたように、一般相対性理論は、究極の理論ではないかもしれないが、現状でのマクロな計測においては達成されている制度の範囲内で、それに矛盾する実験事実は確認されておらず、計測の基礎理論としては実用上十分なものと考えられている。この理論に基づく技術や制度が重要になってきていることを次節で見てみる。

5. 相対論と光時計時空標準の最前線

人類の宇宙進出は、国際地球観測年に合わせてソ連が1957年に打ち上げたスプートニク1号から始まるとされている。それが本格化するのは、米の月探査アポロ計画や、惑星探査ではマリナー計画など1960年代からであるが、さらに1970年代に入って、パイオニア10号による木星探査やボイジャー計画などに発展する。また、この頃、原子時計を搭載し精密測位を可能とする全地球航法衛星システムGNSSの開発も始まり、その中で最も早くに開発が進められた米GPSは1978年に運用が開始されている。これら惑星探査や、地球近傍の精密測位では、ニュートン力学を超えて、相対性理論による効果を取る入れることが必須となっている。

相対論効果を取り入れることが必要、といわれても、日常的には感じられないレベルのものに対する必要性を感じることは難しいだろう。まず、GPSなど全地球航法衛星システムGNSSによる位置測定の原理を見てみよう。このシステムで使われる測位衛星はすべて正確な原子時計を搭載し、各時刻に正確に自分の位置を把握し、送信信号にその情報を載せている。地上にある受信器は、4つの航法衛星から信号を同時に受信することにより、それら衛星の位置と時刻を基準として、自分の位置(三次元)と時刻(一次元)という4つの未知数を解くことができる、というものである。この原理から、各衛星の発した衛星位置と時刻の狂いが、受信機の位置と時刻の測定の精度に直結することがわかる。電波信号は一定の速さ(光速＝1秒におよそ30万km)で伝搬する、ということを思い出してみると、このシステムの衛星と地上局に要求される精度は途方もないものであることがわかる。衛星の位置が1m間違っていたなら、受信器の位置も1m程度狂う可能性がある、というのは理解できよう。では、衛星の時刻が1億分の1秒(10ナノ秒)狂っていたらどうか。受信器の位置にはその間に電波が進む距離、3mの狂いをもたらすことになる。衛星の時刻をナノ秒レベルで管理する必要性がこれから理解される。仮に、10ナノ秒の同期精度が必要で、毎日一度時刻の比較と管理を行うとすると、約10万秒に10ナノ秒、比率として10^{-13}の精度が必要になる。

これに対して、相対論効果はどれくらいであるかを見てみよう。相対性理論による効果の大きさの程度を評価するのに良い方法がある。それは、第7章でも説明されている物体のシュバルツシルト半径と、その物体から影響を受ける場所までの距離の比を見てみることである。地球の質量ではシュバルツシルト半径が約9mmに対し地球半径約6000kmで、10^{-9}の程度となることがわかる。測位衛星でよく用いられる軌道の高度、2万6000kmでもその数分の1となる程度で桁としてはそう変わらない。相対性理論がもたらす効果より衛星測位システムが求めている精度の方がずっと高い、ということが理解できよう。さらにこれが太陽系探査などとなると、太陽の質量ではシュバルツシルト半径は約3km、地球の公転軌道付近では軌道半径約1.5億kmを用いると相対論効果は10^{-8}の程度、と地球近傍での地球による効果より桁違いに大きくなる。人類が地球の衛星軌道へ、そしてそれを超えて太陽系まで進出し、数mから数十mレベルの精度で軌道を精密に制御するには、1億分の1秒からそれ以上の精度で時間を計測し比較する技術とともに、相対性理論の効果を精密に計算し、補正する技術が欠かせないことがこれらの事実からわかる。

現在、精密な天文学・測地学の観測の国際的な取りまとめを行なっているのは国際地球回転・基準座標系事業(IERS)という団体であり、その精密計測と基準座標系づくりのために相対性理論を取り入れた時空の基準の定義もそこで定められている。そこで挙げられる基準座標系では、空間の基準は2通りある。地球上や、地球をめぐる衛星が利用するのに、地球を中心にするものと、太陽系天体の精緻な力学計算や惑星探査などのために、太陽を中心とするものである。時間の基準は現在の原子時の秒を用いるが、座標系として使うには、どこでのSI秒か、ということが問題になる。物理でよく行われる、重力の及ばない無限遠方を基準とするか、実用的な場所、つまり地球表面や地球の平均軌道を基準とするか、の2つがある。つまり現在は、場所で2通り、秒の基準で2通りの、計4通りの時空の基準[注2)]が定められている(Petit and Luzum 2010)。その中で地球ジオイド面に固定された点でのSI秒を基準とする「地球時TT」は国際原子時や協定世界時と直接つながるため、社会生活において重要である。

最後にもう1つの最前線、原子時計の秒の定義に関する新しい動向について述べる。第2節の終わりで少し触れたが、セシウムを用いた電波の原子時計より、他の原子を用いた光の原子時計の方が確度の高い原子時計が作れることがわかってきた。現在進められている手法は2つあって、1つは1980年代に欧州で提案されたものでインジウムなどの原子から電子を剥ぎ取ってイオン化したものを1個だけ電磁気の力で閉じ込めて、量子のシステムとしては理想的な状況を作ったうえでその時計遷移を計測するというものである。もう1つは2000年に日本の香取秀俊(東京大学)によって提案された光格子時計であり、ストロン

注2)「地球時」以外の残る3つは，太陽系重心を座標原点とし，無限遠方での時間の歩度を基準とする「太陽系重心座標時TCB」と地球の平均公転半径での歩度を基準とする「太陽系重心力学時TDB」，さらには地球中心を基準とするものでは，無限遠方の歩度を基準とする「地心座標時TCG」である．

チウムなどの原子を中性のまま強いレーザーの光の格子で多数閉じ込めて時計遷移の周波数を測ろうというものである。それまでの常識では、強いレーザーによって時計遷移の周波数がずれてしまうと思われていたが、香取は特殊な波長のレーザーを用いると、このずれをなくせることを見出し、その波長を魔法波長と名付け、また自ら実際に動作する光格子時計を開発した。現在では世界で多くの研究機関が光の原子時計を開発し、それが実際に国際原子時の構築にも使われるようになってきている。10^{-18}の精度では、地表近くでは数cmの高さの変化で、相対論効果による時計遷移周波数の変化があるとされるが、それが現実に検出されるようになってきている。このような状況の中、定義の改定についての議論も進んできており、2030年を目指した最終的な定義改定のための諸課題の調整が現在進められているところである。

このように、相対論を取り入れた時空標準の高度化が進み、また時間周波数の計測精度も上がっていくことにより、人類の宇宙進出と未知の解明が進んでいくことが期待される。人の紡ぐ宇宙と時間の深い関係は、今後も途切れることはないだろう。

参考文献

朝永振一郎, 1979,『物理学とは何だろうか』(上)岩波書店.

福島登志夫 編, 2010,『 天体の位置と運動』, 日本評論社.

D. ソベル, (藤井留美 訳), 1997,『経度への挑戦』角川書店.

細川瑞彦, 2015,「時間の社会インフラ暦—標準時とGPS」『数理科学』サイエンス社, 1月号.

細川瑞彦, 2020, 4月「時間周波数の国際標準の変遷と現状」『電子情報通信学会誌』電子情報通信学会編, 103, 4.

細川瑞彦, 2021,『時間の日本史』小学館, 4章.

井上毅, 2021,『時間の日本史』小学館, 2章.

粂和彦, 2022,『時間の分子生物学時計と睡眠の遺伝子』講談社.

織田一朗, 2017,『時計の科学—人と時計の5000年の歴史』講談社.

Petit, G. and Luzum, B., eds., 2010, IERS Conventions (2010) : https://www.iers.org/IERS/EN/Publications/TechnicalNotes/tn36.html-1.htm?nn=94912 (閲覧日 2023年5月26日).

佐々木勝浩, 2021,『時間の日本史』小学館, 1章.

セイコーミュージアム銀座ホームページ, https://museum.seiko.co.jp/history/ (閲覧日 2023年5月26日).

臼田孝, 2018,『新しい1キログラムの測り方』講談社.

コラムⅧ　文化人類学とコスモロジー

山口 睦

1．文化人類学におけるコスモロジー

文化人類学とは、簡単にいうとフィールドワークという方法で異文化を研究する学問である。その始まりは大航海時代に遡り、西欧社会の人々が地球上の隅々まで探検し、“新大陸を発見”し、植民地化した地域を研究対象として、その“未開”社会の人々が果たして自分たちと同じ人間であるか、という問いから発している。フランスの人類学者C. レヴィ＝ストロースは、社会科学や人文科学の中で人類学が占める位置は、物理学や自然科学の中で「天文学」が占める位置に相当する、と述べている（レヴィ＝ストロース 2005）。両者の共通点として、対象との地理的、知的、精神的距離の遠さがあり、その遠さが対象を単純化し、本質的に捉えることを可能にしていると指摘している。本コラムでは、宇宙と地球上という対象の違いはあるものの、未知なるものへの探求という同じ目的を持つ文化人類学からコスモロジーについて考察してみる。

その後、文化人類学の研究対象はかつての未開社会だけではなく、先進国にも広がっているが、主に文字記録のない無文字社会を研究してきた文化人類学は、対象社会のすべてを研究、記録した。その中には、科学的宇宙論が伝播、普及する以前の各民族社会に伝わる宇宙開闢（かいびゃく）神話を含む世界観（コスモロジー）も描かれていた。彼・彼女たちの考えるこの世界の始まり、神話として伝わる宇宙の始まり、世界の在り方が民族誌[注1)]には描かれている。それらをひも解くと、人類がいかに多様な宇宙認識を持っているかがわかる。

たとえば、ブラジルのアマゾン川流域に住む少数民族ピダハンは、宇宙をス

注１）民族誌（ethnography）とは、文化人類学においてフィールドワークによって得られた人々の生活や文化、社会についての詳細かつ体系的な記述をさす。

ポンジを重ねたケーキのようなものとして捉え、空の上にも地面の下にも世界があると考えている(エヴェレット 2012)。彼らの言語は非常に独特で、数詞や基本色彩語、左右、神を指す単語がなく、したがって創生神話もない。抽象化した概念を表す表現がなく、直接体験に重きをおいている。むろん単純な現在形、過去形、未来形は用いられるが、完了形がない。言語人類学者であり伝道者として彼らと生活をともにしたD. エヴェレットは、布教のためイエスの言葉を伝えるが、ピダハンからは「イエスはどんな容貌だ？」「その男(イエス、筆者補足)を見たことも聞いたこともないのなら、どうしてそいつの言葉をもっているんだ？」と問われ、エヴェレットが直接イエスを見たことがないなら、イエスについてのどんな話にも興味がないといわれる。

このような人々にあっては、見たことのない宇宙の始まり、自らが生きる時間軸をはるかに越えた宇宙の歴史や未来は語るべくもない。本書のもう1つのテーマである時間についても、人類は多様な感覚をもって捉え、その認識の違いは言語にも表れている。ピダハンの親族語彙は、親(親、親の親)、同胞、息子、娘、特別な子(母子·父子家庭の子、継子、お気に入りの子)しかない。平均寿命が45年前後のピダハンにとっては、曾祖父母はめったに会えず、それを指す語彙もない。自らが生きる人生の時間に意識があるピダハンからみれば、138億年前という宇宙の始まり、60億年後という太陽の終わり、10^{100}年後という宇宙の終わりなど考えるわれわれの方がおかしいのかもしれない。

2. 宇宙人類学という新しい動き

このような、各民族独自の宇宙論を扱う以外に、科学的な“宇宙”を対象とする人類学が近年登場した。「宇宙人類学(Space Anthropology)」という分野が21世紀に入り、欧米から始まり日本でも立ち上げられた(岡田他 2014)。2007年に欧州科学財団、欧州宇宙政策研究所において、今後50年の宇宙進出について検討するため人文社会学者が招かれ学際シンポジウムが開催された。以降、京都大学に宇宙総合学研究ユニットが設立、JAXAが人文社会科学研究者と連携するためコーディネーターを設置するなど国内外で人文社会学研究者が宇宙開発プロジェクトに参加する動きが続いている。文化人類学においては、ロシアの宇宙飛行士やNASAでの関係者へのフィールドワークを行った成果があり、日本では2012年に日本文化人類学会「宇宙人類学」懇談会が設立された。

宇宙人類学はこのように生まれたての分野であるが、そのスタートアップ論集から、宇宙人類学の課題について紹介する（岡田他 2014）。第一に宇宙開発を大航海時代以降進む地球上のグローバル化の延長線上に捉え、ポスト近代に位置づけられるか検討する。第二に人類学の方法論や概念が宇宙という新たな領域で有効性を持ち得るか検討する。第三に宇宙開発における人類の多様性の発展について、これまでの手法を用いて検証する。1961年の人類初の宇宙飛行から2020年まで566人が宇宙へ行っており[注2)]、ISS長期滞在者を対象に宇宙空間が人類に与える影響について心理的変容、身体的変容、環境認識の変化を検討した成果が挙げられている。民間会社による宇宙旅行が広がり一般人が宇宙へ行くようになったら、人類学者も宇宙で研究を行うようになるかもしれない。

3. 災害とコスモロジー

最後に、災害を通して現代社会に生きるわれわれの生活の中に現れるコスモロジーについて紹介したい。

日本は世界の中でも地震大国である。「地震がどうして起こるか」という問いに対してわれわれは「プレートが移動して、大陸プレートに海洋プレートが潜り込みひずみが大きくなると……」という知識を持っている。しかし、鯰絵（なまずえ）にみるように、江戸時代までは地中の鯰が身動きしたためと考えられていた。これは、世界蛇（竜）が世界をぐるりと取り巻いている、という世界観が基になっている。他にも、イスラム世界では、牛が片方の角に大地を乗せており、くたびれたら他方の角に乗せ換えることにより地震が起きると解釈されていた（大林 1976）。

注2）JAXAホームページ「よくあるご質問」参照（https://humans-in-space.jaxa.jp/faq/detail/000442.html 最終閲覧 2023年3月14日）

地震が起きるメカニズムについての科学的説明は、どのように(how)を説明し得るが、なぜ(why)その時、その場所で起きたのかを説明しえない。人間は、現象の理由や意味を求める性質があり、科学的ではない災害発生に対する説明は、現代社会にも現れる。東日本大震災の時には、当時の東京都知事が「天罰だ」「津波で我欲を洗い落とす」と発言して激しい批判を受けた[注3)]。このような発言は、自然災害は人間の力ではどうにもできない不可抗力であり、天が人間を罰するために災害を起こすと考える天災論/天譴論(てんけんろん)に由来すると考えられる。

その一方で災害を前向きに捉える社会もある(福田 2018)。2004年にマグニチュード9.1を観測したスマトラ島沖地震が発生し、10mを超す津波が複数回発生、20万人以上の死者･行方不明者が発生した。特に、インドネシアのアチェ州では被災前人口22万人のうち約3割が犠牲となった。アチェ州は、13世紀に東南アジア初のイスラム君主国家が誕生した、イスラム法を自治法とする特別州であり、分離独立派とインドネシア政府の間で内戦が30年続いていた。ところが、津波によって内戦が終わり、国際社会から多くの支援を得てアチェ州には平和と復興が訪れたのである。州主催の記念式典は、イスラム教にのっとって行われ、津波は懲罰ではなく祝福を与える前に必要とされる試練と捉えられ、「溺死者は殉教者」「神は内戦からアチェを救われた」と認識されている。

以上のように、この世界の自然現象が神によって起こされるという認識、自然災害が因果論として解釈されることは現代でも確認されるのである。

16世紀以降、西欧各国がキリスト教の布教、経済的利益、啓蒙思想による文明化などを目的として地球上に進出していった。その功罪はともかくグローバル化が果たされた地球上から宇宙へとさらに足を延ばすとき、人類は何を目的とするのだろうか。月や火星を目指す宇宙開発と並行してその理由や意味を考えていく必要があるだろう。

注3)朝日新聞2011年3月15日参照。

参考文献

エヴェレット, D. L., 2012,『ピダハン―「言語本能」を超える文化と世界観』みすず書房.

大林太良, 1976,「地震の神話と民間信仰」『東京大学公開講座 24 地震』東京大学出版会.

岡田浩樹, 木村大治, 大村敬一, 2014,『宇宙人類学の挑戦－人類の未来を問う』昭和堂.

福田雄, 2018,「インドネシアと日本の津波記念行事にみられる「救いの約束」」高倉浩樹, 山口睦編『震災後の地域文化と被災者の民俗誌』新泉社.

レヴィ＝ストロース, C., 2005,『レヴィ＝ストロース講義』平凡社.

索　引

■A－Z, 数字

■あ行

■か行

■さ行

■た行

■な・は行

■ま・や・ら・わ行

■人名索引

執筆者一覧

【編者】

嶺重 慎（みねしげ しん） （序章）

1957 年、北海道生まれ。東京大学大学院理学系研究科博士課程修了、理学博士。現在、京都大学名誉教授、山口大学客員教授。専門は宇宙物理学。著書に、『ファーストステップ 宇宙の物理』（朝倉書店、2018 年）『ブラックホールってなんだろう ?』（福音館書店、2022 年）。

藤沢健太（ふじさわ・けんた）

1967 年、大分県生まれ。東京大学大学院理学系研究科博士課程修了、博士（理学）。現在、山口大学時間学研究所教授。専門分野は、VLBI を主とする電波天文学。著書に、『放射素過程の基礎 シリーズ宇宙物理学の基礎』（共著、日本評論社、2022 年）。

【著者】

齊藤 遼（さいとう・りょう） （1 章）

1984年、茨城県生まれ。東京大学大学院理学系研究科博士課程修了、博士（理学）。現在、山口大学創成科学研究科講師。専門は、宇宙論および重力理論。

早田次郎（そうだ・じろう） （コラム I）

1963 年、長崎県生まれ。広島大学大学院理学研究科博士後期課程修了、博士（理学）。現在、神戸大学大学院理学研究科教授。専門分野は、宇宙論、重力理論。著書に、『現代物理のための解析力学』（サイエンス社、2006 年）など。

細川隆史（ほそかわ・たかし） （コラム II）

1977 年、大阪府生まれ。京都大学総合人間学部卒業、同大学院理学研究科修了、博士（理学）。現在、京都大学理学研究科物理学・宇宙物理学専攻准教授。専門分野は理論天体物理学、初期宇宙を含む多様な環境での星形成、星間現象、ブラックホールの起源の研究など。

諸隈智貴（もろくま・ともき） （2 章）

1979 年、東京都生まれ。東京大学大学院理学系研究科博士課程修了、博士（理学）。現在、千葉工業大学惑星探査研究センター主席研究員。専門分野は活動銀河核、超新星爆発などの突発現象の観測的研究、時間軸天文学、マルチメッセンジャー天文学。

廣田朋也（ひろた・ともや） （3 章）

1973 年、神奈川県生まれ。東京大学理学部物理学科卒業、同大学大学院理学系研究科物理学専攻博士課程修了、博士（理学）。現在、国立天文台水沢 VLBI 観測所准教授。電波干渉計を用いた高解像度観測による星惑星形成や星間化学の研究を推進している。

佐々木貴教（ささき・たかのり） （4 章）

1979 年、佐賀県生まれ。東京大学大学院理学系研究科博士課程修了、博士（理学）。現在、京都大学大学院理学研究科助教。専門分野は惑星科学。著書に、『地球以外に生命を宿す天体はあるのだろうか？』（岩波書店、2021 年）、『「惑星」の話』（工学社、2017 年）など。

大路樹生（おおじ・たつお） （5 章）

1956 年、愛知県生まれ。東京大学理学系研究科修士課程修了、理学博士。現在、名古屋大学名誉教授、名古屋市科学館館長。専門分野は古生物学、海洋動物学。著書に、『フィールド古生物学』（東京大学出版会、2009 年）など。

浅井 歩（あさい・あゆみ） （コラムⅢ）

1976 年、京都府生まれ。京都大学大学院理学研究科博士後期課程修了、博士（理学）。現在、京都大学大学院理学研究科附属天文台准教授。著書に、『シリーズ〈宇宙総合学〉』（共編著、朝倉書店、2019 年）、『最新画像で見る太陽』（共著、近代科学社、2011 年）など。

藤井友香（ふじい・ゆか） （コラムⅣ）

1986 年、京都府生まれ。東京大学理学系研究科博士課程修了、博士（理学）。現在、国立天文台科学研究部准教授および総合研究大学院大学先端学術院天文科学コース准教授。太陽系外惑星、特に地球型惑星の特徴付けに関する研究に従事。

高橋慶太郎（たかはし・けいたろう） （コラムⅤ）

1977 年、静岡県生まれ。東京大学理学部卒業、同大学大学院理学系研究科修了、博士（理学）。現在、熊本大学大学院先端科学研究部教授。宇宙物理学、特に重力波や宇宙最初の星、地球外生命・文明などについて研究している。国際電波望遠鏡プロジェクト MWA や国際パルサータイミングアレイなどの理事を務め、国際的な場での研究や若手育成に励んでいる。

馬場 彩（ばんば・あや） （6 章）

1975 年、滋賀県生まれ。京都大学大学院理学研究科博士課程修了、博士（理学）。現在、東京大学大学院理学系研究科准教授。専門分野は、X 線宇宙物理学で、特に星の爆発した残骸「超新星残骸」の研究を行う。著書に、『マンガでわかる物理数学』（オーム社、2021 年）など。

井上 一（いのうえ・はじめ） （7 章）

1949 年、東京都生まれ。東京大学大学院理学系研究科博士課程中退、理学博士。現在、JAXA 宇宙科学研究所名誉教授。専門分野は、X 線天文学。宇宙 X 線観測装置を搭載した科学衛星を開発・運用し、得た観測データをもとに各種 X 線天体の研究を行ってきた。

森山小太郎（もりやま・こたろう） （コラムⅥ）

1990年、兵庫県生まれ。京都大学大学院理学研究科博士課程修了、博士（理学）。現在、アンダルシア天体物理学研究所-CSIC所属の博士研究員。専門はVery Long Baseline Interferometry（VLBI）を用いたブラックホールの画像化及びその理論的考察で、Event Horizon Telescope（EHT）CollaborationのImaging Working Groupのコーディネーターとしても活躍中。

本間希樹（ほんま・まれき） （コラムⅦ）

1971年、米国テキサス州生まれ、神奈川県育ち。平成11年東京大学大学院博士課程修了、博士（理学）。その後国立天文台に勤務し、平成27年より現在まで国立天文台教授、水沢VLBI観測所所長を兼務。超長基線電波干渉計（VLBI）を用いて銀河系構造やブラックホールの研究を行っている。

細井浩志（ほそい・ひろし） （8章）

1963年、千葉県生まれ。九州大学大学院文学研究科博士後期課程単位取得退学、博士（文学）。現在、活水女子大学国際文化学部教授、山口大学時間学研究所客員教授。専門分野は、日本史学、特に古代の陰陽道、史書研究。著書に、『古代の天文異変と史書』（吉川弘文館、2007年）など。

細川瑞彦（ほそかわ・みずひこ） （9章）

1958年、石川県生まれ。東北大学大学院理学研究科博士課程修了、理学博士。現在、情報通信研究機構主席研究員。専門分野は精密時空計測、原子周波数標準。著書に、『時間の日本史』（共著、小学館、2021年）など。

山口 睦（やまぐち・むつみ） （コラムⅧ）

1976年、福島県生まれ。東北大学大学院環境科学研究科博士課程修了、博士（学術）。現在、山口大学人文学部准教授。専門分野は文化人類学、日本研究。著書に、『贈答の近代－人類学からみた贈与交換と日本社会』（東北大学出版会、2012年）など。

あとがき

本書は、山口大学時間学研究所が制作するシリーズ『時間学の構築』の第Ⅴ巻にあたる。これまでの4巻では防災、物語、ヒトの概日時計、現代社会というテーマを設定して、さまざまな観点から時間について論じてきた。この第Ⅴ巻は宇宙がテーマである。

序文にあるように、本書では宇宙の時間の多様性に注目し、またそれをできるだけ包括的に扱うことを試みた。まず、宇宙の始まりから地球と人間まで続く、宇宙史的な時間について、また中性子星やブラックホールといった極限的な物理状態の天体における時間について、いわゆる天文学および宇宙地球科学の観点で論じられている。

次に、宇宙に関連する時間が人間と無関係なものではなく、暦と時計の時間を作ることを通じて人間社会に深く関わっていること、さらにさまざまな文化において宇宙と時間がどのように認識されているのかという、文化人類学におけるコスモロジーにも触れた。これらは時間学という新しい学問の構築のための工夫で、本書の特徴でもある。

紙幅が限られている中で興味深いテーマをできる限り多く収集するために、特定のテーマに特化して短く論じるコラムを設定した。これもまた本書の特徴である。結果的に著者と編者を合わせて19名が執筆することとなった。これが宇宙の時間の多様性を示すことにつながったことを期待したい。

お忙しい中、執筆を引き受けてくださった各分野の専門家の皆様に、また本書の刊行に当たって多大なご尽力をいただいた片岡一成さん（恒星社厚生閣）と倉増紘子さん（山口大学）に、心より感謝を申し上げる。

2024年3月31日

山口大学時間学研究所＋時間学の構築編集委員会

時間学の構築V　宇宙と時間

山口大学時間学研究所　監修
時間学の構築編集委員会　編集

2024年3月31日　初版1刷発行

発行者　片岡　一成
印刷・製本　株式会社シナノ
発行所　株式会社恒星社厚生閣
〒160-0008　東京都新宿区四谷三栄町3番14号
TEL　03（3359）7371（代）
FAX　03（3359）7375
http://www.kouseisha.com/

ISBN978-4-7699-1701-4 C1044

（定価はカバーに表示）